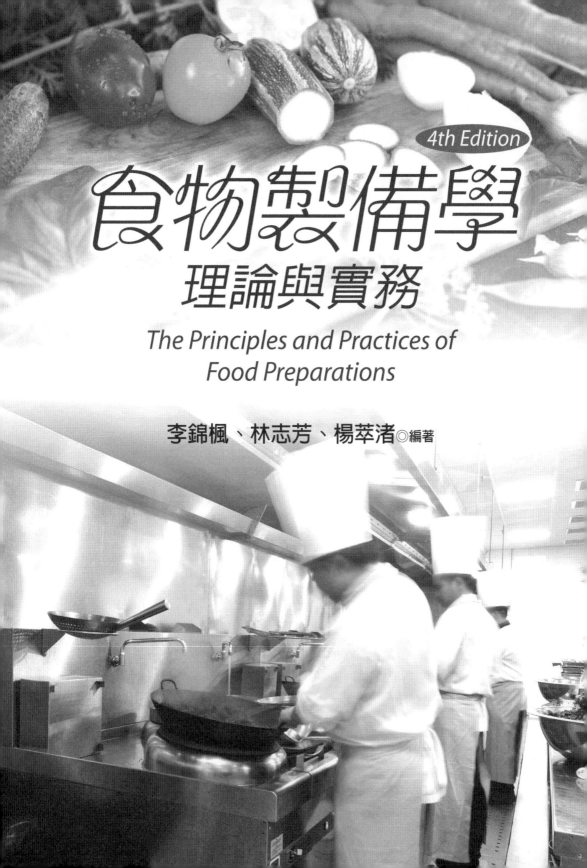

4th Edition

食物製備學
理論與實務

The Principles and Practices of
Food Preparations

李錦楓、林志芳、楊萃渚◎編著

四版序

　　食物製備學是爲大專院校中營養系、餐旅管理系等需要瞭解烹調技巧所必備的科目。著者以食品科技的專長爲背景，再以長年的經驗或學習爲基礎，並參考國外的參考書，執筆適合於國內環境的有關食物製備一書。

　　本書自2011年改版至今又經過六個年頭，有先進反映附錄太多，而且與各章節對應需前後頁反覆翻找，授課時頗花費些時間。有些讀者乾脆不理，忽略了著者編寫附錄的心思，故利用此次改版機會，將附錄大變動，有些比較偏向食品安全衛生的部分刪除，以後併入食品安全衛生一書。至於與各章節相關部分移至其適當位置，以便教學的一致性，讀者研讀起來也比較流暢。

　　外也增加一些比較新穎的食材，如近年來因健康因素，流行吃紫米、黑米，增加花青素的攝取，編寫時也加入，使內容更豐富，使讀者有進一步的瞭解。

　　著不顧菲學淺才，抽空完成修訂，諒必尚有不妥與誤謬，尚祈讀者給與鼓勵及改正，則望外之喜了。

李錦楓・林志芳・楊萃渚　謹誌

目　錄

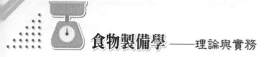

第1章
食物製備的意義與目的

- 食物製備
- 烹調處理的種類與目的
- 食品的酸、鹼性

第一節　食物製備

一、食品與食物

　　食品，在廣義上包括食物，然而在狹義的定義上專指被加工過的食物。因此，食物指的是尚未經過處理的天然材料，如米等穀類、肉類、蔬果類等。另外，各種加工食品，如罐頭、飲料、酒類、糕餅類等則稱之爲食品。在統稱時均稱爲食品化學、食品加工；但也有例外，如中毒時，即稱謂食物中毒，而不稱之爲食品中毒。

　　爲了生存我們要從各種食品攝取所需要的各種營養素，但是很多食品並不適合於直接食用，其所含的營養素以它原來的狀態並無法供應利用。例如：作爲主食的米，如不經過加熱，人體就無法將其加以消化利用。澱粉類食品要將澱粉糊化（α化）才能容易受到消化液的作用，並使消化與風味也可獲得改善。因此，對澱粉類食品，加熱烹調是必須的。平常我們食用的食品可達千種，但大都要經過烹調操作始能供爲食用。

　　烹調是將各種食物施予適宜的處理，以達到食品營養的目的而加以改造的工程。因此，將食物不經過烹調而直接食用者甚爲少見。

二、烹調的目的

　　平常的烹調大致上有下列的目的：

(一)符合衛生

　　食物易附著砂土、塵埃、寄生蟲卵、微生物、農藥等,所以要以水或清潔劑,將其充分洗滌,佐以加熱等處理,以保其安全與衛生。

(二)改善其消化吸收

　　澱粉類食品經加熱後,促使 β 澱粉轉為 α 澱粉,雞蛋、肉類則蛋白質變性等,改善其消化吸收。如所含纖維甚為強韌的蔬菜等,則經由加熱將其軟化並且容易受到消化液的作用。

澱粉的 α 化

　　直鏈澱粉是葡萄糖以 α-1, 4-,支鏈澱粉是葡萄糖以 α-1, 6-結合所成的聚合體,葡萄糖以一定方向配列所成部分,稱為微膠粒(micelle),這是由連水都不能侵入的緊密構造所成。有此種構造者稱謂生澱粉(β 澱粉),以此狀態不易受酵素作用,所以消化也不好。因此加水加熱(需要98℃以上,20分鐘),則澱粉粒會膨潤,微膠粒構造會鬆弛,水會浸入,微膠粒構造會崩潰變成糊狀,這就稱為 α 化(糊化),則消化酵素容易侵入並易被消化。由上述理由,澱粉的加熱烹調為必須的操作。

(三)改善風味

　　攝取食物並不完全為了營養,其不僅是生活中的樂趣之一,也成為精神糧食。所以為了考量提供嗜好與營養,除去澀苦味或不良風味,添加香辛料、調味料,使其成為美味可口。由此可增加食慾,幫助消化吸收。

(四)改善營養效果

　　少數的食品能夠單獨的即含有完整的營養素，而與其他食品的組合，透過烹調更能發揮其營養效果。例如，白米缺少維生素B₁，所以混合強化米煮飯（或加入黃豆一起煮成飯）。含有胡蘿蔔素的綠黃色蔬菜，以油炒可增加維生素A的吸收。將甲硫胺酸（methionine）、胱胺酸（cystine）等胺基酸含量少的黃豆製品與蛋白價100的蛋一併烹調食用，即可改善蛋白質的效果。

　　一般說來，動物性蛋白質的蛋白價都比植物性者高。

蛋白質的蛋白價

　　食物蛋白質的營養價，由其是否含有足夠量的合成人體蛋白質所需的胺基酸來決定；尤其重要的是必需胺基酸的組成，又受到在人體內以何種程度被利用來決定。因此，比較理想的蛋白質（含有理想的必需胺基酸組成者）與平常食品的蛋白質（其必需胺基酸組成），評價採分者稱謂該蛋白質的蛋白價（見**表1-1**、**表1-2**）。

(五)改善外觀

　　配色、形態漂亮，盛裝於清潔的食器會使人食慾大增，間接地增加營養效果。

(六)短暫的保存

　　將魚肉經過鹽漬、醋漬加工步驟，即可阻止短時間內的腐敗，又以加熱可以暫時防腐的紅燒類亦是一例。

表1-1 蛋白價的計算法

必需胺基酸	羥丁胺酸 (threonine)	含硫胺基酸	白胺酸 (leucine)	異白胺酸 (isoleucine)	離胺酸 (lysine)
比較蛋白質	180	270	306	270	270
雞蛋	290	380	530	330	440
精白米	220	270	520	280	210*

必需胺基酸	甲硫胺酸 (methionine)	苯丙胺酸 (phenylalanine)	色胺酸 (tryptophan)	蛋白價	
比較蛋白質	144	180	90	100	
雞蛋	210	320	100	100	
精白米	140	290	80	77～78**	

*表示第一限制胺基酸

**精白米中最缺少的是離胺酸，以下列公式計算其蛋白價：210/270×100＝77.7

註：必需胺基酸：人體不能合成，必須自體外攝取的胺基酸。

表1-2 各種食品的蛋白價與限制胺基酸

食品名稱	蛋白價	限制胺基酸	食品名稱	蛋白價	限制胺基酸
燕麥粥	74	離胺酸	比目魚	54	甲硫胺酸 半胱胺酸
低筋麵粉	55	離胺酸	鮪魚	88～90	甲硫胺酸 半胱胺酸
高筋麵粉	48	離胺酸	蜆	100	甲硫胺酸 半胱胺酸
土司	44	離胺酸	文蛤	80	甲硫胺酸
烏龍麵	55	離胺酸	魷魚	85	色胺酸
白米	77	離胺酸	芝蝦	58	半胱胺酸
蕎麥	81	甲硫胺酸 半胱胺酸	螃蟹	72	色胺酸
甘薯	52	甲硫胺酸 半胱胺酸	鱒魚	71	甲硫胺酸 半胱胺酸
馬鈴薯	47	甲硫胺酸 半胱胺酸	牛肉	79	甲硫胺酸 半胱胺酸
芋頭	75	色胺酸	牛肝	88	甲硫胺酸 半胱胺酸
芝麻	66	離胺酸	雞肉	86	色胺酸
花生	47	甲硫胺酸 半胱胺酸	雞肝	95	甲硫胺酸 半胱胺酸
紅豆	55	色胺酸	豬肉	90	甲硫胺酸 半胱胺酸

（續）表1-2　各種食品的蛋白價與限制胺基酸

食品名稱	蛋白價	限制胺基酸	食品名稱	蛋白價	限制胺基酸
豌豆	35	甲硫胺酸 半胱胺酸	豬肝	94	色胺酸
豆腐	50	甲硫胺酸 半胱胺酸	香腸	75	甲硫胺酸 半胱胺酸
黃豆	55	甲硫胺酸 半胱胺酸	蛋	100	甲硫胺酸 半胱胺酸
凍豆腐	52	甲硫胺酸 半胱胺酸	蛋白	100	甲硫胺酸 半胱胺酸
納豆	55	甲硫胺酸 半胱胺酸	奶粉	73	甲硫胺酸 半胱胺酸
味噌	43～45	甲硫胺酸 半胱胺酸	牛奶	74	甲硫胺酸 半胱胺酸
鰺魚	88	甲硫胺酸 半胱胺酸	鮮奶油	76	甲硫胺酸 半胱胺酸
鰯魚	91	色胺酸	乾酪	82	甲硫胺酸 半胱胺酸
鰻魚	64	色胺酸	母奶	81	甲硫胺酸 半胱胺酸
牡蠣	70	甲硫胺酸	羊奶	88	色胺酸
柴魚	83	甲硫胺酸	南瓜	44	甲硫胺酸 半胱胺酸
鯉魚	76	色胺酸	胡蘿蔔	25	甲硫胺酸 半胱胺酸
鮭魚	85	甲硫胺酸 半胱胺酸	菠菜	22	甲硫胺酸 半胱胺酸
鯖魚	61	甲硫胺酸 半胱胺酸	甘藍	46	色胺酸
秋刀魚	96	異白胺酸	牛蒡	34	甲硫胺酸 半胱胺酸
魚漿製品	76	色胺酸	洋蔥	41	羥丁胺酸
竹輪	73	色胺酸	山東白菜	38	甲硫胺酸 半胱胺酸
鯛魚	87	色胺酸	蓮藕	23	甲硫胺酸 半胱胺酸
泥鰍	75	色胺酸	柿子	74	甲硫胺酸 半胱胺酸
鰊魚	67	色胺酸	蘋果	49	甲硫胺酸
裙帶芽	66	異白胺酸	海苔	59	離胺酸

註：蛋白價係1957年FAO（聯合國糧農組）所發表者。

三、科學的烹調

對於一直被沿用的烹調法或所謂烹調的祕訣，若加以調查的話，不難發現必有科學的根據。例如：煮飯也十分符合完全糊化的條件，其加水量或加熱的方法都甚為合理。

在日本，將水加於裙帶菜、竹筍一起煮湯，這是利用海藻的褐藻酸（alginic acid），有助於把竹筍纖維軟化的緣故，經由長期的經驗所得到之合理的烹調法。

在台灣，以水煮雞湯，雞胸肉會變得又澀、又硬而不好吃。然而燒酒雞是利用米酒來煮雞，因為酒精的沸點只有攝氏七十多度，未到八十度，所以煮熟時胸部肉還不致於太硬、太澀，十分好吃。這都與蛋白質的過度變性有關。

在營養或食品的知識、烹調科學發達的今天，如能對食品的烹調性有更深入的瞭解，使用根據科學的正確烹調技術，即可將食品所具有的營養素百分之百地加以利用，獲得更美味可口的食物。由此觀點來學習食品所具有的烹調性，以及各種烹調的要點，這在膳食調整以及成功地製作可口的料理時甚為重要，也是烹調技術熟練的捷徑。

第二節　烹調處理的種類與目的

烹調可分為「水洗」、「截切」等次要處理，與決定菜餚的味道或外觀等的「燙煮」、「油炸」、「炒煮」等主要烹調處理。

一、次要烹調處理的種類與目的

(一)水洗

　　烹調的第一階段就是洗淨，不洗淨烹調就不成立。以洗潔劑將土砂、夾雜物、寄生蟲卵、微生物、農藥等洗掉，洗淨完全可使其安全且衛生。洗淨時要以流放的清水充分洗滌，蔬菜等以0.2%洗潔劑浸漬4～5分鐘後再以清水沖洗（有報告指出，如此可將寄生蟲卵、農藥等乳化，分解使其被洗去，但如農藥已浸透進入蔬菜組織者，則不易除去）。

(二)浸漬

　　浸漬有下列的各種目的，為甚重要的操作。

1.浸漬：將乾物（穀類、豆類、乾物）浸於水中，使其膨潤後再加熱，則可改善熱傳導，所以能迅速煮透。又將使用於沙拉、生魚片用的蔬菜浸漬，就可吸水且脆度提高。

2.減鹽：將鹹魚等浸漬於約1%食鹽水，就可以使其外部與內部均勻地減鹽，可溶出低級食鹽的鈣鹽、鎂鹽，有益於除去苦味（為了加速表面的鹽分逸出，甘味成分不要流失，所以要浸於鹽水）。

3.除澀：將不良味道（如澀味、苦味、血液等）以燙或浸水等方式使其溶出而除掉。

4.防止變色：截切蓮藕、牛蒡等時，食品的酚類等成分全在空氣的氧氣存在下，受到食品中的氧化酵素的氧化作用而褐變，味道也會劣化。浸於1%食鹽水或3%醋水則可防止酵素性褐變。

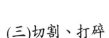

(三)切割、打碎

除去不可食的部分，調整爲容易入口的大小，容易煮熟的形態，調味料容易浸透爲其目的而截切。又將薯類壓濾過網，磨碎芝麻，以果汁機打碎成漿狀。

(四)攪拌、混合、煉捏

烹調中混合、攪拌等的操作，促使材料均勻地混合，又可使其均勻地加熱。攪打發泡（糖飾、蛋糕等蛋白打發）或做麵包時麵糰之揉捏的操作，促使其更容易加工（參閱麵粉的烹調）。

(五)絞搾、握捏、壓濾

將水分絞搾，做成丸子時握捏，將高湯壓濾除渣等的操作。

(六)壓延

餃子皮要先揉捏後，再以麵棍壓延使其變薄，容易包成水餃，麵條經過幾次壓延，則要使其組織均質化。

(七)冷卻、凝固、凍結、解凍

1. 冷卻：以已烹調材料的降溫爲目的的操作，可以放置在室內讓其自然放冷，或以電風扇的吹風、以冷水沖涼、放入冷藏庫（冰箱）冷卻（果凍、沙拉、冷盤等），也有裝入密閉容器內抽眞空的冷卻法。
2. 凝固：蛋豆腐、布丁等要以加熱來凝固，果凍、洋菜、肉凍等卻要以冷卻凝固。
3. 凍結：將食品的溫度降到冰點以下凍結，如冰淇淋、雪果霜（sherbet）等。
4. 解凍：冷凍食品已經極爲普遍，由不同種類以及烹調方法可

以採用不同的解凍方法。

(八)計量、測定

為了減少食品的浪費,並且好吃,材料或調味料的分量要正確地測量,溫度或時間也要適當,則都需要科學的烹調。換句話說,要積極地採用計量的觀念(請參照第二十章的計量換算表)。

(九)裝盛、盤飾

此為烹調的最後處理,也是十分重要的操作。

解凍法

1. 水果類的包裝冷凍者,將其放置在室內自然解凍。但如蘋果等解凍後,其組織會呈崩潰狀態者,不如直接食用冷凍狀態者。

2. 將密封PE袋放入流水中解凍(如不經包裝的魚類,淡水魚以0.7%,海水魚以1.3%食鹽水浸漬解凍,則水溶性蛋白質不會溶出)。

3. 在冰箱(10℃以下)內自然解凍。

4. 以凍結狀態直接放入煎鍋內煎、煮,或以約170℃油炸。例如冷凍餃子即以此方法處理,不經解凍直接放入滾水煮熟。又蔬菜等要以燙煮方式解凍,如此不但能迅速解凍,而且變質少,氧化作用也少,所以風味較佳。

5. 最近也有人以微波爐來解凍,以此方法可以迅速解凍,但是以編者的經驗,微波解凍也有其缺點。因為凍結的食品解凍時,微波對冰凍食品,其浸透率較非凍結部分慢,因此,雖然塊狀食品外面已解凍甚至已經熟了,但裡面還保留凍結狀態,很難均勻地解凍。

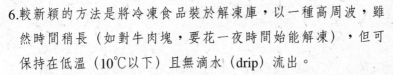

6. 較新穎的方法是將冷凍食品裝於解凍庫，以一種高周波，雖然時間稍長（如對牛肉塊，要花一夜時間始能解凍），但可保持在低溫（10℃以下）且無滴水（drip）流出。

7. 在工業上也有真空解凍方法，可控制解凍終點溫度，為一種頗為理想的方法。

對冷凍食品的解凍，要注意下列幾點：

1. 食用前才解凍。
2. 要均勻地解凍。
3. 不要解凍過度。
4. 不要接觸空氣，否則連包裝解凍。
5. 解凍者有剩餘時，要保存在5℃以下。

二、主要烹調處理的種類與目的

烹調法的種類由於食物的配合與種類，而可多種多樣，但可大致分為加熱烹調（熟食）與生食。

(一)加熱烹調（熟食）

改善消化吸收，為了殺菌、風味的改善等，加熱是重要的操作。但有時候會有營養素的損失及顏色的劣化。

◆煮菜

不管中、西、和餐菜餚，在菜單上均很重要，可增加食慾，有益於將整個餐桌顯出特色。煮菜的好壞與煮湯的好壞有關，所以高湯的做法甚為重要。

　　高湯的材料因和餐（海帶、柴魚、小魚乾、香菇、脯瓜絲）、西餐（腱子肉、骨頭、香味蔬菜）、中餐〔腱子肉、老雞肉（帶骨）、雞骨、香菇、乾蝦仁、乾干貝、乾鮑魚〕而稍有差異，材料以水的約2～5%（腱子肉、雞骨以最後高湯的約30%）為準。

　　甘味的主要成分如下：

1.柴魚〔肉苷酸（inosinic acid）、組織酸鹽（histidine salt）〕。
2.海帶〔麩胺酸鈉、甘露糖醇（mannitol）、核酸（nucleic acid）〕。
3.小魚乾（肉酸、組織酸鹽）。
4.香菇〔鳥苷酸（guanylic acid）〕。
5.貝類（琥珀酸）。
6.肉類〔肉苷酸、組織酸鹽、有機酸鹽（肉萃取物）〕。

　　甘味成分，以單獨使用者不如兩種以上混合者，較能顯出相乘效果，和式菜湯多併用柴魚與海帶煮湯。最近在店頭販售的複合調味料是配合麩胺酸鈉，肉苷酸鈉、檸檬酸鈉，鳥苷酸鹽者。

高湯配方

1.味精的使用量以對湯0.1～0.3%，複合調味料（高鮮味精）等，以對湯約0.05～0.06%為宜。
2.菜湯的鹹味對其風味有很大的影響，所以不能太鹹，以添加食鹽0.8～1%為宜。
3.菜湯中的材料以其種類不同而有差異，但以約30%（20～50%）為宜。

◆**煮菜（燙）**

以水（調味汁、高湯）為加熱媒體的烹調法，在約100℃加熱，不會升到更高溫度。在加熱中，水溶性成分會溶出，調味料會浸透進入材料中，材料會軟化，蛋白質會凝固。在加熱中，水分會蒸發，由食物具有的水分或煮法，適當的加入煮湯，火候以維持沸騰為度。

燙與煮菜的方法相同，不以調味為目的，而以除去澀、腥味等不良香味，軟化組織，改善顏色，凝固蛋白質，滅菌，不活化酵素等為目的。

◆**蒸煮菜**

以100℃蒸氣加熱者（利用氣化熱，以蒸氣的潛熱來達到比100℃水更高的熱能），蒸蛋（茶碗蒸）、蛋豆腐、包子、饅頭等都要以強火蒸熟。唯有蒸蛋，因全蛋本身在約80℃就會凝固，如溫度太高就不能獲得很平滑的表面，而且內部組織會產生海綿狀，為了讓其保持在約85℃蒸熟，所以要保持中火，或要讓蒸籠蓋子不要密封，故意留一點空隙。以此法烹調，較煮沸者具有其形態不會崩潰、水分的吸收也少、風味與營養的損失也少等優點，但比前者費時且燃料用量也多、調味不易等缺點。

據最近的論點，如烤麵包等與蒸饅頭比較時，被認為烘烤時（尤其是烤焦時）會生成致癌物，在保健的立場上，以後者較為優越。

◆**烘烤**

烘烤（roast）是以放射熱或在灼熱的金屬板上以高溫（150～200℃）加熱烹調的料理。食物表面的溫度，上界限不受限制，但材料內部因含有水分，所以最後也只能達到80～90℃，因

此，內外的差異很大，烘烤方法有下列兩種：

1.直火烘烤：如魚類或肉類，將其串起來，或以鐵絲網烘烤，因受到直接的放射熱（200～230℃），所以容易被烤焦，水分降低，蛋白質會嚴重收縮，所以還是以間接烘烤較佳〔內部80℃剛好是溶膠（sol）→凝膠（gel）化溫度可保留甘味〕。

2.間接烘烤：放在煎鍋或鐵板上烘烤，以鋁箔包起來後烘烤，或設計以炭火的放射熱間接利用者。為了避免水分蒸發的烘烤，布丁等則在鐵板烘烤時，注入水而以蒸烤方式烹調。

由於烘烤的操作，蛋白質會凝固，材料的水分（水溶性成分）會溶出，熱會傳導至內部，細胞會變軟，澱粉被糊化（α化），表面的水分減少而焦糖化（caramelization）與梅納反應〔梅納丁（melanoidin）形成〕而賦予芳香。

> 因為水分容易蒸發，以致容易烤焦，所以要採用適合該烹調的火候。

◆油炸

油炸（天婦羅、甜不辣）是在高溫（150～190℃）的油中加熱的烹調法，利用油的對流加熱。油本身可上升到300℃以上，但以150～190℃的範圍來利用較適宜。內部由外部以熱傳導而被加熱，因為有水分存在，所以不致於升到100℃以上。油炸後食品的水分會減少，代之吸收油分，賦予油脂的風味。

> 油炸食物增加熱量〔油炸食物（天婦羅）的吸油量約為材料的10～15%，炸菜肉丸（croquette）則為20%〕，因為加熱時間短，所以營養素，尤其是維生素B_1、維生素C的損失少。

◆炒菜

以燒熱的鍋與少量油脂（材料的5～7%）來加熱烹調者，介於烘烤與油炸的中間方法。因為以高溫處理，易燒焦，要不斷地混合攪動。炒菜的優點是以高溫處理，所以可在短時間內，加熱軟化，營養素損失較少。油分的吸收為材料的3～5%，可賦予香味與熱量，又能賦予金黃色表面者可增加香味。

◆乾炒

將芝麻、花生等乾炒，除去水分，使其變脆且易磨碎。又能賦予金黃色，改善風味，此時蛋白質凝固，澱粉變成糊精，如炒麵糊（roux），變成水溶性物質。

> 1.炒菜器具以較厚的圓底或平底鍋為宜，較薄或鋁鍋則溫度變化大，很難炒好菜餚。
> 2.炒菜時多採用強火，短時間內炒完，蔬菜類如以小火炒煮，則會因水分流出而炒不好。
> 3.在乾炒時，因為水分減少，但在內部水分尚未被完全除去時，外部易燒焦，所以乾炒至7～8分熟時，宜利用餘熱炒熟，才能得到完熟且脆的食品。

◆凍狀物

溶膠達到某濃度的凝膠，以保持其形態者，利用於這種食物的材料有下列幾項（參閱**表1-3**）：

1.洋菜（羊羹、牛乳羹、杏仁豆腐）。
2.明膠（牛奶膠凍、葡萄果凍）。
3.澱粉（仙草、涼丸）。

表1-3　凍狀食物的材料濃度、加熱溫度、凝固溫度

	濃度（%）	加熱溫度（℃）	凝固溫度（℃）
洋菜	0.8～1.5	80～100	約30
明膠	3～4	40～45	10以下
澱粉	10～20	80～100	—
果膠質	0.5～1（pH3.0～3.5，砂糖60～70%）	103～105（加熱溶液）	—
蛋	2.5～100	85～90	—

4.果膠（果凍、果醬）。

5.蛋〔布丁、雞蛋豆腐、蒸蛋（茶碗蒸）〕。

6.褐藻酸鈉等（人工愛玉）。

(二)生食料理

生食料理有下列幾種，多與加熱調理併用。

◆醋漬

將材料加熱，浸水除澀，撒鹽脫水使其組織柔軟等前處理後，再浸漬於調味醋者。

◆調味醋配方

1.食醋：材料的8～10%。

2.食鹽：材料的1～1.5%（可補充醬油）。

3.砂糖：材料的0～3%。

一人份的材料為50～70公克（蔬菜、魚貝類、雞肉等），調味醋可多樣化，如上述調味醋以外可用醋醬油、芝麻醋、花生醋、山葵醋（辣椒醋）、蒜頭醋、蛋黃醋等。

第三節　食品的酸、鹼性

最近以健康爲前提之鹼性、酸性食品的說法紛紜，然而食品的酸性或鹼性是如何決定的呢？

在食品加工上，稱爲鹼性食品及低酸性食品，要以該食品的pH值來決定。據規定，pH值4.6以下的食品稱爲酸性食品；而pH值4.6以上到7.0則爲低酸性食品；當然pH值7.0以上就是鹼性食品。

酸性食品在加工上，其殺菌溫度在100℃以下則可達到目的，如果汁、水果、鹽漬物、乳酸飲料等可在80～90℃施以加熱殺菌即可。相反地，如洋菇、蘆筍、竹筍等低酸性食品罐頭，就要在100℃以上，施以殺菌才符合安全規定。

食品的灰分在體內產生酸、鹼性很重要。在體內，由於緩衝作用而維持中性，但在食物攝取時希望能獲得緩衝，維持在中性。**表1-4**爲酸、鹼性食品的分類表。

表1-4　主要酸性食品與鹼性食品

酸性食品	鹼性食品
肉類、穀類、油脂類、蛋黃、乾酪、花生、豌豆、蘆筍、啤酒、紹興酒	奶類、蛋白、豆類、蔬菜類、水果類、薯類、鹽漬物、葡萄酒、咖啡、紅茶、海藻

在保健上，我們都聲稱鹼性食品對健康有益。由此可明瞭，在營養學上所稱的酸性食品不絕對地與食品的pH值有關。吃起來帶酸的食品，不一定就是酸性食品。其定義是將食品所含的灰分是否呈酸或鹼性為準，在食品檢驗分析時，將食品放入灰化爐燒至550～600℃，將其燒成白色灰分後，加入蒸餾水再測定其pH值，以便辨別；換句話說，食品的鹼性成分（K、Ca、Na、Mg、Fe等）與酸性成分（Cl、S、P、I等）的化學結合的總合，如果為鹼性即為鹼性食品，為酸性就是酸性食品。

食品的酸鹼性取決於所含礦物質的種類及含量多寡比率而定

第2章

米的製備

- 世界的米分布
- 白米、糙米、胚芽米、有色稻米
- 免洗米
- 米的成分與利用
- 米的烹調
- 糯米的烹調
- 澱粉的老化現象

 第一節　世界的米分布

　　世界的稻米可大別為Japonica（粳稻，日本型稻）與Indica（秈稻，印度型）。Japonica可再分為溫帶型與熱帶型，熱帶型又被稱為Jawanica或Japonica。

　　Japonica在日本、韓國、台灣、中國長江流域等溫帶地區栽培，米形呈圓形，澱粉以支鏈澱粉（amylopectin）含量為高，煮成米飯後黏度甚高為其特性。另一方面，Indica在印度、緬甸、泰國、菲律賓、中國南部、台灣等地區栽培，米形細長，因支鏈澱粉含量較低，經煮熟後，較無黏性為其特性，但亦有支鏈澱粉含量少的Japonica。所以不能單憑形態而將細長者稱為粳米（Indica），嚴格地說這並不正確。日本人以及台灣現在所攝取的是源於Japonica（即為粳米，蓬萊米），但是Japonica在世界上來說是屬於少數派，Indica卻占世界米總產量的90%。

　　全世界所食用的Indica都利用其散開不黏的口感來調理。印度或東南亞各民族即將米飯以手握捏，混合咖哩漿抓著食用。因為以手握捏，所以有黏性的Japonica很不方便，然而食用Indica的民族多不習慣食用Japonica，他們嫌其不容易消化。

　　義大利的rissots（米料理）、西班牙的海鮮飯，其他有米沙拉（rice salad）等常出現的米料理，加熱後均會散開，不會黏為一糰，是只有留下硬粒感的Indica才能做出來的料理，但都不是主食而當作為一種菜餚食用。

一、世界的米

在世界被栽培的水稻可分爲Japonica與Indica，茲分述如下：

(一)Indica

印度、東南亞、中國南部、台灣爲栽培中心。長粒米，多爲支鏈澱粉含量少的種類。

(二)Japonica

1. 熱帶型：又被稱爲Japonica或Jawanica，在東南亞、美國、義大利、台灣等地栽培。爲大粒種、支鏈澱粉含量少的種類。
2. 溫帶型：日本、韓國、中國南部、台灣等地有栽培。短粒種，多爲支鏈澱粉含量多的品種。

二、從形態、大小來分類

從植物學的分類來說，Indica和Japonica也可用形態、特性來分類。日本米及台灣的蓬萊米爲短粒（如**圖2-1**）且支鏈澱粉含量高（有黏性）。

圖2-2爲米的構造圖。

| 小粒 | 日本米（短粒） | 中粒 | 大粒 | 長粒 |

圖2-1　不同米粒形態

食物製備學──理論與實務

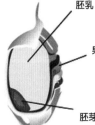

胚乳：米粒之主要可食部，儲藏
發芽後供給芽與根養分之
營養素的部分，多含澱粉

果皮：擔任保護胚及胚乳之角
色，皮部常含高濃度之
粗纖維，灰分。此部亦
含多量之蛋白質、脂
質、維生素B$_1$

胚芽：為種子之最主要部分，富含
蛋白質、脂質、維生素

外皮	食物纖維豐富
胚芽	維生素B群、E，礦物質（鐵、鈣、鉀）豐富
米糠	脂質

圖2-2 米的構造圖

西式的米料理

在義大利、西班牙等國家，米不當作主食的料理法頗多。

海鮮飯　　　　義大利式炒飯　　　　米布丁

三、由精白程度區分

如**表2-1**所述。

表2-1 以米的精白區分

名稱	收率	去除胚芽	消化率
糙米	100%	0%	90%
5分白米	96%	50%	一
7分白米	94%	70%	95.5%
白米	92%	100%	98%

　　糙米富含營養素，但相反地其消化、吸收不好。又胚芽部分有時會蓄積有污染物質（農藥、重金屬等）。

 ## 第二節　白米、糙米、胚芽米、有色稻米

　　粳米與秈米由精白程度的不同，稱呼也不同，米的澱粉可分為直鏈澱粉（amylose）與支鏈澱粉（amylopectin）兩種，支鏈澱粉的含量愈多，米的黏性也愈高。對日本或台灣的米來說，支鏈澱粉含量幾乎達100%的是糯米；支鏈澱粉含量約80～87%、直鏈澱粉約13～14%的是粳米（蓬萊米），秈米（在來米）則更低。

　　為了使米容易食用，容易消化吸收的加工方法就是精白。米由於精白方法可分為糙米、胚芽米、白米（精白米）。糙米只是除去稻殼（粗糠）者，胚芽米是從糙米除去米糠層，白米是從胚芽米除去胚芽者（如圖**2-3**）。

　　未經過精白的糙米，其所含維生素B群、E、鐵、鈣等維生素，礦物質等含量亦甚為豐富，食用纖維也很多。但煮熟後，米飯極硬，需要多咀嚼，送到胃腸後消化吸收也不良好，不適胃腸不好

糙米 只除去粗糠	胚芽米 除米糠留胚芽	七分白米 除去米糠、胚芽約70%	白米 除去米糠胚芽

圖2-3　不同精白後形態

者食用。現在大家注重健康，而糙米受到注意，但已習慣食用白米的現代人，要適應食用糙米尚需一段時間，但以壓力鍋煮飯卻可改善米粒硬及不易消化的缺點。

白米煮成米飯後柔軟美味，且外觀潔白，有消化吸收容易的優點。然而經精白去除部分成分後，在營養上卻較糙米差了。

最近成為話題的發芽米是使糙米稍微發芽者，在發芽過程，米中所含的營養素被活化，所以被認為比糙米營養豐富。又，雖然是糙米，煮熟後，比較柔軟易入口，所以受到歡迎。

台灣的米可分為粳米（蓬萊米）、秈米（在來米）、糯米。茲分述如下（如**表2-2**）：

1. 粳米：作為米飯食用。蓬萊米中，黏性強者，如壽司米，即做成壽司等食用。
2. 秈米：少量作為米飯，大部分利用於加工，如米粉絲、板條、碗粿等製造。秈米由於蛋白質含量不同而影響其組織，如台秈10號，其蛋白質含量為6.5%；台秈19號，其蛋白質含量較高為7.5%。因此，後者適合加工作為米粉絲來使用，即利用其彈性較佳的特性，前者即作為米飯用。
3. 糯米：
   (1)長糯米：作為粽子、油飯、蘿蔔糕等用途。
   (2)圓糯米：作為元宵、甜年糕等用途。
4. 有色稻米：目前市面上流行購買有色稻米，有色稻米在加工過

表2-2 粳米、秈米、糯米的比較

種類	直鏈澱粉 (%)	支鏈澱粉 (%)	註
粳米	12.7～14.1	87.3～85.9	支鏈澱粉容易膨潤，且有分支構造，所以黏性較強，老化速度也較慢，Indica米中有些直鏈澱粉可達到100%
秈米	23.8～26.1	76.2～73.9	
糯米	0	100	

程中保留了米糠層，屬於「糙米」，米糠層包含穎果皮、種皮及糊粉層。

由於米糠層含有維生素B群、膳食纖維及鎂、鋅、磷、鉀等礦物質，其膳食纖維可控制血糖、血脂及幫助排便，而礦物質鉀、鎂，則有助於血壓控制。有色稻米其皮層中含有大量的花青素，國內、外研究顯示，米的顏色越深，則抗氧化、抗衰老的效果越強，可保護DNA不受自由基的破壞，除了花青素外，尚含有黃酮類活性物質，有助於預防動脈硬化。所以強調食用比較健康。

一般賣場買黑米，米架上的商品都以黑米、黑糯米、黑糯糙米、紫米來命名，消費者常不知道內容物是什麼。紫米是一種糯米，黑米是一種秈米；但兩者都是糙米，如果將米糠層剝去，裡面仍是一般的白色。

黑米又稱為「烏米」、「黑粳米」，含蛋白質、脂肪、碳水化合物、維生素B、鈣、磷、鐵等礦物質。能滋補強身、養顏等，其營養價值勝於白米。

紫米，指的就是黑糯米，有糯性，吃起來Q軟彈牙，可以製成許多好吃的點心，像是紅豆紫米甜湯、紫米糕等。若要滋補強身，總會想到紫米。因為紫米富含蛋白質、醣類、不飽和脂肪酸、維生素B、鈣、磷、鐵等礦物質。其膳食纖維可促進腸胃蠕動，並有助於抗氧化，是養生的聖品之一。但紫米有糯米的特性，吃過多會有消化不良的情形。

紫米與黑米在外型上很像，都有黑色的麩皮，及長條狀的外型。但黑米較胖短一點。買回來的黑米、紫米，還未用水洗前，將米粒的紫黑色麩皮用指甲剝除，若裡面的米粒是跟我們平常吃的米粒一樣的天然白色，才是真正的黑米、紫米；若裡面的米粒顏色呈現色素不規則分布的現象，則是染色劑滲入米粒裡造成的，就是被染色的假黑米、假紫米。

第三節 免洗米

最近常聽到，而且在超級市場等場所也會看到「免洗米」銷售。如其名所表示，這是煮飯時不必經過搓洗就可以煮飯的米。稻米經過精米機精白後，會留下沒有完全除盡的米糠，所以在煮飯之前，要將其以水搓洗。然而，免洗米卻已將這米糠完全除盡，對於工作忙碌的人，可以節省洗米的時間，所以此產品受到現代人的歡迎。

但是免洗米原來不是為追求方便性而誕生的，這是以環保的觀點來開發者。原因是日本的海洋或河川之水質污染的最大元凶是洗米水。最近為了考慮對水質污染的問題，將洗米水不倒掉而散布於庭園，或作為盆栽的灑水之用，雖然具有如此環保意識的人也增加了，但免洗米還是可節省這些手續。

免洗米有四種製法，但被採用最多是「TBG精米法」，此法因不使用水或藥物等，所以極為安全。除去的米糠可作為有機肥料、飼料等有效利用。又以此法米糠可以完全除去，米的美味或維生素等也會完整地保留下來，較以水搓洗者會更好吃且富於營養。

現在的消費者已有愈來愈少吃米飯的趨勢，但簡單且好吃的免洗米，我們期待其可扮演阻止者的角色。

第四節 米的成分與利用

現在台灣消費最多的穀類為米與小麥，我們所攝取的熱量有60～70%來自這些穀類。其主成分為澱粉，具有連水分都不能進入的緻密結構，不易受到酵素的作用，也不好消化，所以要經過加熱

烹調後食用。要使澱粉質食品容易消化、味道佳，就要加水蒸煮，使其生澱粉糊化；又可不加水而乾炒，糊精化的方法。使用於糕餅類的米穀粉、油炒麵粉糊、膨化（爆米花）等即爲其例子。

　　雖然這些澱粉類在氧化燃燒時，對1,000大卡需要0.3mg的維生素B_1，但是米因爲味道好，消化容易，所以大部分還是以白米飯食用。然而在洗米，加熱煮沸的烹調過程中，大部分維生素B_1就損失殆盡。

　　米或小麥的蛋白質含量約爲6～8%，一天需要量的三分之一靠這些食物。米蛋白質的胺基酸組成爲缺少組織胺酸（histidine）、離胺酸、甲硫胺酸、羥丁胺酸，蛋白價爲72。

 # 第五節　米的烹調

一、煮飯

　　米（除非有特別註明），在本書中所指爲粳米。台灣從前都食用秈米（在來米），但現在多食用粳米（蓬萊米）；然而在加工上還保留使用秈米，如米粉、蘿蔔糕、板條、發糕等。

二、米的精白度

　　一般所稱白米，究竟要由碾米除去多少米糠或米粒外層物質，如以糙米爲收率100%時，其收率如前**表2-1**所述。

　　因此，平常我們所食用的白米，就是以上述情形給予碾米製成。在第二次世界大戰時，日本爲了增加糧食，另一方面爲了鼓勵

攝取維生素B_1（米糠）成分，規定不得食用白米，一律要銷售七分白米。然而七分白米的味道極差，不受消費者歡迎。

> 製造清酒用的白米只留白米芯部，除去糙米約三至四成的外層部分，以如此的原料米始能製成高級清酒。這是因為愈接近米芯部分，其所含蛋白質及脂肪成分愈少的緣故。然而除去的部分卻利用做成米果類食品。

米有95%被當成米飯食用。在電鍋發明之前，待嫁女兒除了學習女紅等手藝外，最重要的是要學好煮飯。煮飯要保持一粒一粒完全煮熟，不得半生不熟，更不能燒焦，這需要幾分技巧。

國外，牛排等西餐會同時附上一小撮米飯。但是因為他們不懂如何煮飯，均以大鍋熱水，放進洗好的白米，讓其滾煮一陣後，撈起來就當成米飯供應，談不上QQ的咬感與風味。日本人比國人更講究米飯的做法，以下就其做法供為參考之用。

所謂煮飯（日本人稱為炊飯）不是單純的水煮。米粒要完全糊化，而且煮好後，鍋中的水分是要完全被吸收，則需要煮的操作連續做到蒸的操作，要做到柔軟並且保留粒狀、呈Q感的米飯，要注意下述的操作過程。

三、煮飯的要點

(一)洗米

為了除去米糠、塵埃等夾雜物，要加入充足的水，輕輕攪拌，將上面的水倒棄，再添加水，而且要掏洗3～4次。

由於洗米的方法，對其成分的損失有所影響。尤其反覆洗米

時，對其水溶性成分（維生素B_1）的損失較多。另外，水洗也有吸
收水分的目的，水洗可吸收10～15％水分。**表2-3**為米與小麥的成
分，**表2-4**則為洗米所引起維生素B_1的損失。

(二)浸漬與吸水

　　要使澱粉糊化，需要30％水分，讓米粒吸收充足水分，即加熱
時米澱粉的糊化會完全，所以至少在水中浸漬30分鐘至2小時為宜
（夏天30分鐘，冬天1小時以上）。

　　由**圖2-4**可瞭解，吸水量受到水溫與浸水時間的影響，而由以上
結果可明瞭下列事項：

　　1.由洗米可附著10～15％水分。

　　2.夏天30分鐘即可達到25～30％飽和狀態。

　　3.冬天要1小時30分後才能達到25～30％飽和狀態。

　　總而言之，在夏天浸水30分鐘以後，米的吸水會達到平衡狀
態，冬天水溫低時，也在約1小時30分則可達到最高值，所以更長

表2-3　米與小麥的成分（100g中）

食品名	熱量 (kcal)	水分 (g)	蛋白質(g)	脂質 (g)	碳水化合物		無機質			維生素		
					醣質 (g)	纖維 (g)	鈣質 (mg)	磷 (mg)	鐵 (mg)	A (I.U.)	B_1 (mg)	B_2 (mg)
精白米	351	15.5	6.2	0.8	76.6	0.3	6	150	0.4	0	0.09	0.03
中筋麵粉	354	14.5	8.5	1.0	75.3	0.3	20	95	1.0	0	0.20	0.05
麥片	337	14.0	8.8	0.9	74.7	0.7	24	140	1.5	0	0.18	0.07

表2-4　洗米所引起的維生素B_1的損失（白米100g中mg）

淘洗前	淘洗3次	淘洗5次	煮成飯後
0.090	0.072	0.045	0.020

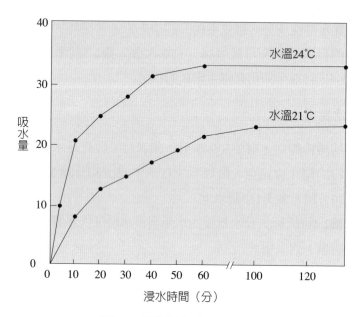

圖2-4 米的浸水時間與吸水量

的浸水並無意義。重要的是在煮飯前，一定要在30分鐘前洗米，浸水後煮飯。如在冬天用溫水浸米即可以縮短浸水時間。

(三)加水量

米飯煮好了以後，其米粒要糊化，並要將水分全部吸收，呈乾飯的狀態，所以加水量要恰到好處。好吃的米飯其含水量約為65%，即為開始烹調時的白米重量之2.3倍，等於添加米重量的1.3倍的水。煮飯中的水蒸發量由於鍋的種類而稍有差異，但可認定為約20%，以下列方法加以計算。

煮飯時加水量的計算法如下：

1.依米重量計算：

100g（米）×（1.3＋0.2）＝150g（米重量的1.5倍）

蒸發量　加水量

2.依米體積計算：

125ml（米）×（1.0＋0.2）＝150ml（米體積的1.2倍）

蒸發量

這是平常所謂「依重量1.5倍，體積1.2倍」的緣故。這時候，因為洗米時的附著水（或吸水）要加上，但蒸發量相當多，所以影響並不大。又以體積測量時，因為測量法，如積壓等影響，所以較不正確，還是以重量計算誤差較少。還有由於米的乾燥狀態、種類、新舊等，而要變更加水量。

3.新白米：米的重量的1.3倍（與米的體積同）。

4.舊米：米的重量的1.5倍（米的體積的1.2倍）。

5.至於糯米則要少加一點水。

(四)加熱處理

加熱當中，澱粉會有激烈的變化，所以很重要。如不使用電鍋或瓦斯煮飯器自動進行調整以外，煮飯時火候不給與適當地調節，就會產生燒焦或水分過多的情況。要煮好吃的米飯，其加熱方法如**圖2-5**。

AB（溫度上升）：這期的長短由於米量、水溫、火候（由器具、燃料的不同）等而不同。充分吸水時，或煮大量米時，以強火較宜。米量少時，要稍微小火，延長沸騰時間以幫助吸水。

BC（沸騰期）：水對流，鍋內溫度為100℃，以保持100℃為主，調節為中火。

CD（燜煮期）：水分少了，米粒出現黏性而不動，呈現米被蒸的狀態，如不將火候調節為小火，就很容易燒焦。不要在中途打

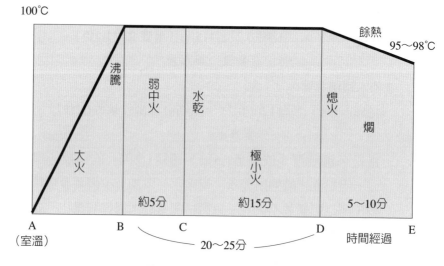

圖2-5　煮飯時加熱的過程

開鍋蓋,沸騰後20〜25分鐘要保持在100℃爲宜,如幾乎沒有水了就熄火停止加熱。

(五)最後處理

　　在**圖2-5**的DE爲最後處理期。滅火後也不要打開鍋蓋,放置5〜10分鐘,以保持鍋內95〜100℃。在這一段時間,米粒中心會發生糊化。附著於米粒的僅有水分也會完全被吸收,成爲膨軟的米飯。燜的操作是不可或缺的,所以要有保持高溫的適當處理(例如絕對不能打開鍋蓋,又中途可再點火,提高鍋內溫度),糊化的重要條件是在100℃至少要保持20〜25分鐘。

　　燜燒期結束後,一定要打開鍋蓋,將米飯輕輕攪翻(或移至飯桶),蓋以乾布以吸收多餘水分。不然米粒間的水蒸氣會隨著溫度的下降而凝結變成水滴,變成濕濕的米飯。在電鍋內,因可保溫,所以就可避免此現象。如以壓力釜煮飯,即因溫度提高,所以糊化

較完全，比較好吃，也可以節省煮飯時間。

四、米飯的風味

　　米飯的好吃與否受到米本身（如**表2-5**）以及煮飯方法的影響。

　　表2-5為日本人所做實驗結果，由此可知好吃的米飯，黏度要大，煮飯後增量要多，從米粒的溶出物要少；碘值要小，透明度要大。各種米的成分，看起來好像差異不大，但煮成米飯後，風味就不同，所以要選擇品質優良的米。又米粒碎掉而溶出物多，則有風味變差的趨勢。

　　米的光澤會影響風味，但要煮成無芯的具有彈性、給予滿足感的米飯，要依烹調科學，調整加水量、火候，能引出米特有的風味的烹調法。

五、煮飯的其他秘訣

(一)水煮法

　　要煮大量米飯，或調味米飯時，以此方法最好用。在沸騰水中放進洗好的米，攪拌混合使其溫度均勻。因為使用大量的米，所以

表2-5　米飯的風味、黏度、增量、碘反應

米飯品質	風味	黏度	增量（g）	溶出液碘色值	透明度
農林1號	2	64	27.57	0.297	4
農林41號	1	31	26.05	0.472	3
農林43號	1	38	26.43	0.389	4

當在水中放入米，雖然鍋底已沸騰，但熱很難傳達至上層，所以上層常會半生不熟。若在沸騰水中放入米，攪拌混和，不使上層與下層產生溫度差，以此方法烹調則失敗少。以水煮法煮飯時，尤其要使米充分吸水，加水量也要正確。

(二)電鍋煮飯的原理

如圖2-5，將煮飯的原理做成可自動調整者，其熱源有使用電與瓦斯兩種，而且可分為間接型與直接型。煮飯中，溫度達到100℃的時間比傳統的方法長，需要20～30分鐘緩慢上升，這期間吸水多，所以米的浸水時間短較宜，即30分鐘以下也可以。電鍋的外型有雙重、三重者，其保溫效果甚佳。

◆糙米飯

糙米未完全精白，含有大量纖維素，雖然人體無法消化纖維素，但攝取膳食纖維可避免便祕、心血管疾病，是一種良好的健康食品。一般人認為糙米飯難下嚥，主要是糙米外有米糠層，需經過長時間蒸煮才會裂開，米芯不會完全糊化。因此有些專家建議使用壓力鍋來烹煮糙米飯，並且加水量比白米多，也可煮出一鍋香味十足的糙米飯。

◆麥片飯

材料	分量（1人份）	註
白米	120g	體積150ml
麥片	18g	體積25ml，米重量的15%
水	207.5ml	150ml×1.2+25ml×1.1＝207.5ml

烹調法與米飯相同，在圖2-5，將CD、DE稍微拉長，這是因為麥片的糊化，稍微需要時間且水乾不良的關係。又麥片的加水量以體積增加10%即可，這是因為麥片的組織纖維已遭破壞，所以吸水

性很好,水洗時可吸水至40%的緣故。

最近,爲了健康,很多人攝取摻入糙米、胚芽米、薏仁、蕎麥等的五穀飯。烹調時可按上述方法烹飪,或另外將這些雜糧分開煮熟後,再摻入米中烹調。

◆調味飯(御茶漬飯)

材料	分量(6人份)	註
米	720g	體積900ml
水	1,080ml	
食鹽	5.4g	添加水量的0.5%
醬油	2大匙	添加水量的0.5%
紹興酒	4大匙	添加水量的5%
調味料(味精)	1/2小匙	

添加調味料與水爲米體積的1.2倍,以平常的煮飯法煮成飯。

添加水量的計算法:

900ml(米)×1.2=1,080ml

1,080ml×0.005=5.4g食鹽

換算5.4g的食鹽爲醬油,即食鹽1g=醬油5ml,大約等於2大湯匙的醬油,所以添加水量加下:

1,080ml－15ml×4(酒)－30ml(醬油)=990ml

上述爲調味飯的基礎,可以使用各種材料,如**表2-6**、**表2-7**做成各種御茶漬飯(御茶漬是對乾飯添加茶或菜湯,一齊食用者)。

註:在此以食鹽1%調味時,0.5%改用醬油。

表2-6　調味飯(鹹飯)的材料比例與鹹味比例

種類	材料	分量(對米的重量%)	食鹽比例(%)
甘藷飯	甘藷	60	添加水量的1%
豌豆飯	豌豆	30〜40	添加水量的1〜1.5%
板栗飯	板栗	30〜40	添加水量的1〜1.5%
紅豆(黃豆)飯	紅豆或黃豆	10〜15	添加水量的1〜1.5%

註:添加水量爲米體積的1.2倍(重量的1.5倍)以平常方法添加水量。

表2-7　調味飯（醬油味）的添加材料比例

種類	材料	分量
松茸飯	松茸	米重量的15～20%
竹筍飯	竹筍	米重量的30～40%
牡蠣飯	牡蠣	米重量的30～40%
雞肉飯	雞肉	米重量的30～40%

調味飯煮飯要領

1. 調味的方法同於調味飯（御茶漬飯）。
2. 加水量以平常的用量即可，但如使用牡蠣或花枝等水分放出量多者，要酌量少加。又牡蠣等要預先以調味料（添加分量的酒與醬油）燙煮一下，將煮湯加入添加水中，算為米的1.2倍，在最後燜燒時，再添加牡蠣也可以。
3. 加入材料在飯煮好以前，不能煮爛者（如黃豆等，則可預先煮爛再添加）。長時間煮沸即會變硬，或失去風味的牡蠣或花枝等，即可在煮飯的中途添加進去。
4. 澀味重的材料宜先除澀後再使用。

◆壽司飯

　　近年來，不僅是在日本料理店，在速食店或其他餐廳也能看到米飯糰出售。壽司是給予酸味及甜味的米飯，再搭配茱餚（魚貝類、蔬菜、乾物等）一起食用者，其種類頗多。**表2-8**為壽司飯與調味醋的比例表。

1. 壽司飯煮成後，以米重量的2.2倍為宜，因為要添加調味醋，所以添加水量以米體積再加10%，以米重量的1.3倍，即比普通米飯稍微硬一點較合適。
2. 燜燒時間以約5分鐘為度，不讓其太濕軟。

表2-8　壽司飯與調味醋的比例

材料	分量	比例	註
白米	120g（150ml）	—	—
水	165ml	米體積加10% 米重量的1.3倍	—
醋	15ml	米體積加10% 飯重量的6%	—
食鹽	1.5～2.0g	米體積的1.2～1.5% 飯重量的0.6%	如使用生鮮材料，則要增加鹹味
砂糖	7.5g	米體積的3～8% 飯重量的3%	握捏壽司較少，關西式者稍微多些
味精	0.1g	醋的1%以下	—

第六節　糯米的烹調

　　糯米、粳米與秈米所含的澱粉，其性質不同，糯米含有較多支鏈澱粉，加熱糊化後其黏性較大。製備糯米飯，大都採用蒸的方式，比較能成功，通常是將糯米先行浸泡，蒸籠內鋪白布，糯米放其上，大火煮沸水蒸約半小時，打開蒸籠蓋，翻動半熟的糯米，撒水，再蒸至米粒成透明狀即可。台灣常食用的糯米又分為圓糯米與長糯米。前者用於做元宵、年糕，後者多用於肉粽等用途。

　　只以浸漬的水蒸煮時會成為較硬的糯米飯，所以在蒸煮途中，要施於兩次的撒水，才能蒸煮為適當硬度的糯米飯（蒸煮時間約為1小時）。

一、糯米多用蒸煮的理由

糯米多以蒸煮的方法烹調，其理由可考慮爲：

1. 糯米飯如煮成米重量的約1.8倍，即被認爲是適當的硬度了。煮成後，其吸水量約80%，如考慮煮飯中的蒸發水量爲20%，以與米同重量的水來煮飯時，米粒會浮在水面上，無法均勻吸水，很難煮好。

2. 糯米富於膠質性，比粳米低的溫度與時間，就會顯出黏性，容易燒焦。

3. 糯米比粳米的吸水性大，2小時浸水即會吸水40%（澱粉約有30%水分即可糊化），所以使用蒸煮的方法亦可將其澱粉糊化。

由以上的理由，糯米飯可用蒸煮方法來烹調。

> 只以鍋內水蒸煮時，糯米飯會較硬，所以在蒸煮途中，要施以兩次撒水，以使其變成硬度適宜的糯米飯。

> 如前述，只以糯米就很難烹調，所以混合40～50%粳米，即水量稍微增加，則更容易烹調。日本人只要過年過節或家有喜事時必煮紅豆（糯米）飯來慶祝。

紅豆飯

材料		水的比例
糯米	100g	米重量的1倍（體積的0.8倍）
粳米（蓬萊米）	40g	米重量的1.5倍（體積的1.2倍）
水	160ml＊	連紅豆湯一起計算
紅豆	20g	紅豆量爲米重量的15%

做法

❶ 紅豆的煮法。先將紅豆洗淨，添加5～6倍水，以強火加熱至沸騰，再以中火煮約15分鐘，倒出煮湯（另外保存備用）。

❷ 將紅豆放回鍋內，將前項煮湯一半加入，以小火煮熟（紅豆皮破裂，以手指頭用力可壓破爲度），將煮湯倒出，合併於❶的煮湯，作爲煮飯時添加用。

❸ 將洗好的米與煮過的紅豆合併，加入算好的水量，添加1%食鹽，以常法烹調（以水煮法烹調也可以）。

＊添加水量的計算100g（糯米）×1＋40g（粳米）×1.5＝160（添加紅豆的煮湯）

二、糯米粉的烹調

　　日本人喜歡以米穀粉做成甜點，以糯米做的米穀粉稱爲「白玉粉」，粳米做的稱爲「上新粉」。白玉粉的做法是在冬天將糯米浸於水中放置，使其充分吸水後磨漿，俟沉澱後，將其乾燥者。

 白玉糰子（元宵串）

材料（6人份）

白玉粉（糯米粉）	200g	食鹽	1/4小匙
黃豆粉	$1\frac{1}{2}$ 大匙	洗滌紅豆餡粉	50g
食鹽	1/4小匙	砂糖	60g
黑芝麻	1大匙	食鹽	1/5小匙
砂糖	2大匙	竹串棒	12支

水的比例

水：白玉粉重量的85%（170ml）

做法

❶ 將水慢慢加入於白玉粉，讓其充分吸水後揉捏，等相當於耳垂的軟硬度後，揉成24個稍大，12個較小（包紅豆餡用）的糯米丸，以充足的熱水燙至熟透後，取出投入冷水中（浮上後至少要燙30秒鐘以上）。

❷ 紅豆餡粉要加入充足的熱水，放置等其全部沉澱後倒掉上層澄清水，反覆三次以除去澀味，放入袋中搾乾多餘水分，放入鍋中加入砂糖與食鹽，煉捏至適當的硬度。

❸ 將白玉粉丸表面水分擦乾，做成包黃豆粉、黑芝麻、紅豆餡的三種糰子（元宵）以竹串棒串起來。

1.白玉粉結糰成塊,所以要使其充分吸水後再煉捏。

2.煉捏時要使用冷水。如用熱水要使表面膨潤糊化,則水分不能浸透至中心部分,以致無法煮熟,不能獲得均勻的糯米丸。

3.白玉粉與上新粉(粳米粉)其煉捏法與用法有差異。上新粉不像麵粉,不會形成麵筋,所以加水也不會有黏性,不容易操作,因此要以熱水煉捏。上新粉要加入其重量的約90%熱水,迅速混合再煉捏。將其切成小塊,放入蒸籠以強火蒸熟,趁熱煉捏做成各種調味米穀粉丸。又為了黏性、咬感、風味等關係,可混合白玉粉使用,也可以添加約10%麵粉。對於上新粉加入約30%砂糖即可賦予甜味與柔軟性——又可防止老化。

4.在台灣也有銷售糯米粉與在來米粉,利用前者可做甜年糕,後者即可做成蘿蔔糕等。利用米穀粉可以省去將米浸水、磨漿、壓乾等麻煩,甚為方便。

5.也可使用糯米粉代替白玉粉,以蓬萊米粉代替上新粉做日式點心。

三、在來米穀粉的烹調

在台灣,現已有各種米穀粉出售,家庭主婦可以免去浸米、磨米漿、壓乾等麻煩,可將米穀粉加水,加副料(調味料、蝦米、碎肉、胡椒、食鹽、味精)蒸熟即可做成蘿蔔糕等。

 碗粿（鹹粿）

材料			
在來米粉	1kg	水	1.2kg

註：可按嗜好調整水量，以做成軟硬適宜的碗粿。

副料 適量

碎肉、香菇、鹹蛋黃、蝦仁（蝦米）、紅蔥

調味料 適量

食鹽、胡椒、醬油

做法

❶ 在容器中放入米穀粉，添加0.4kg水，攪拌均勻後，再添加調味料，混合均勻，備用。

❷ 副料以個人嗜好將適量碎肉、香菇切絲，在鍋中以黃豆油炒香，可先將紅蔥炒香再炒肉，再用食鹽、醬油調味。

❸ 添加0.8kg滾水（需要100℃）攪拌成糊狀（以防蒸煮沉澱）。

❹ 將副料加入混合均勻，盛於碗中，放入蒸籠中蒸熟。

❺ 甜碗粿，即對米穀粉只加入紅糖，加糖量以全部米漿的10%為準，再按個人的喜好增減。

蘿蔔糕

材料

在來米粉	1kg	蘿蔔	1.5kg
水	1.2kg	註：可按喜好加減。	

註：可按嗜好調整水量，以做
　　成軟硬度適宜的蘿蔔糕。

副料 適量

食鹽、胡椒粉、味精

做法

❶在來米粉1kg，添加1.2kg水，攪拌均勻備用。

❷蘿蔔洗淨、削皮、切塊或切絲，加水用小火燜煮熟。加水量以蘿蔔量適量加減，以能蓋住蘿蔔為宜，加水量要計算在1.2kg水裡面。另外1kg蘿蔔相當於0.5kg水，也要在1.2kg中扣除。

❸如要製作廣式蘿蔔糕，則可適宜添加炒香碎肉、蝦米、香菇絲。

❹倒入加熱攪拌，做成糊狀米漿，此時可先將蒸籠棉布蒸熱，再倒入米漿，以防米漿透過棉布流出。

❺在蒸籠與棉布空隙間，放入竹筒以促使鍋內蒸汽流通。

❻在來米穀粉、糯米穀粉可代替在來米漿、糯米漿，可做成各種米類點心，如千層糕、發糕、米苔目、肉丸。

第七節　澱粉的老化現象

一、澱粉的老化

將米飯、年糕、麻糬等置於室溫下，尤其是放在冰箱內，就會逐漸失去黏彈性，不久即變回鮮生的狀態，這現象稱為澱粉的老化。冷飯不但口感不佳，消化酵素也不容易作用，β澱粉（生澱粉）轉變為α澱粉（糊化澱粉）其水分與溫度為主要因素，在$2 \sim 3°C$，水分$30 \sim 60\%$時最容易老化。土司、麵包的水分為35%，米飯的水分為65%，都在容易老化的狀態，放在冰箱保存時，最容易老化。老化後的麻糬再烘烤或煮蒸熟後即可恢復α化澱粉的狀態，米飯即再蒸熟後，就可恢復柔軟的狀態。

二、防止老化

防止老化可急速脫水，使其水分為15%以下，即可保持α澱粉的狀態。煎餅、米果、餅乾、綠豆糕、速食麵等為其例子。也可加入多量砂糖，則親水性的砂糖會從澱粉分子的間隙中奪去水分，結果同於脫水，澱粉會保持α化的狀態。豆餡、羊羹（紅豆餡凍）、果凍、布丁等就是代表性產品。現在對麵包、蛋糕等則添加蔗糖單甘油酯（乳化劑）等作為抗老化劑。

三、相關製品

　　冬粉（綠豆粉絲）是利用老化現象所製成的產品，將綠豆浸水磨漿後，沉澱澱粉，將浮游蛋白質除去後，再將澱粉搾乾，壓成絲狀燙熟後，經冷凍曬乾的反覆操作，使其組織呈多孔性且老化，容易乾燥。

　　因為經過老化作用，而且綠豆澱粉的構造特殊，所以就變成久煮不爛的食品了。在市面買到的粉絲，因為成本的關係，多以玉米粉或馬鈴薯粉代替綠豆作為原料，製成的產品外觀與綠豆粉絲相似，但不能久煮而且比較不Q。

　　市售米粉絲也因為在來米的價錢遠高於玉米粉及馬鈴薯粉、樹薯粉等，所以就摻入或完全不用米穀粉製造米粉絲了。因為這原因，有些米粉與粉絲則變得很難辨別了，是劣幣驅逐良幣的一種典型。

目前農委會定調50％含米量才能稱為米粉

圖片來源：https://www.newsmarket.com.tw/blog/89990/

攝取全穀類可能會降低罹患心血管疾病風險

　　根據一篇發表在*American Journal of Clinical Nutrition*的研究顯示，中年人攝取全穀類可能會降低罹患心血管疾病風險。研究人員在相對高風險個體，於每日攝取三份的全穀類食物（小麥或小麥＋燕麥）之下針對心血管疾病風險相關指標進行效果評估。

　　針對206個中年健康成人進行隨機控制飲食試驗。在給與精製食物為期4週後，研究人員隨機分配參與者為控制組（精製飲食）。小麥組或小麥＋燕麥組並進行為期12週的試驗。研究人員發現藉由全穀類拌入飲食的主要結果是心血管疾病風險因子的降低，包含脂質與發炎指標物質濃度、胰島素敏感性及血壓。比較全穀類食物組和控制組，收縮壓及脈壓（收縮壓與舒張壓之差）分別顯著降低6及3毫米汞柱。精製飲食組的心血管疾病風險的系統性指標除了膽固醇濃度略為下降但具顯著性外，並無其他變化。

　　研究人員結論指出中年人在藉由一日攝取三份全穀類食物能顯著地降低心血管疾病風險，主要透過血壓降低的機轉，所觀察到收縮壓下降的現象能夠分別降低冠狀動脈疾病15%及中風25%的發生機率。

資料來源：IFT newsletter，2010/12/15。

第3章

麵食的製備

- 小麥的構造
- 麵粉的成分與特性
- 麵粉的種類與用途
- 麵筋的形成與麵糰
- 適合各種烹調的麵粉處理

第一節　小麥的構造

小麥的構造圖，如圖3-1、圖3-2。

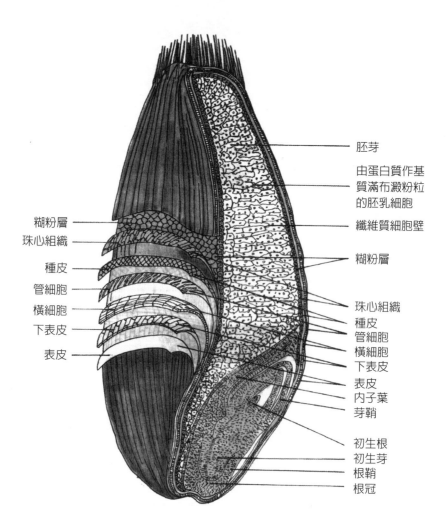

胚芽

由蛋白質作基質滿布澱粉粒的胚乳細胞

纖維質細胞壁

糊粉層

糊粉層

珠心組織

珠心組織

種皮

種皮

管細胞

管細胞

橫細胞

橫細胞

下表皮

下表皮

表皮

表皮

內子葉

芽鞘

初生根

初生芽

根鞘

根冠

圖3-1　小麥縱切圖

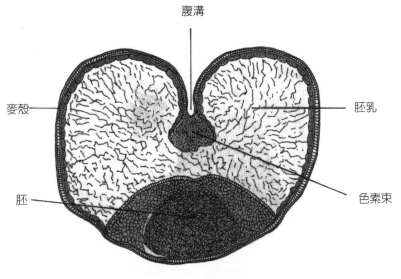

腹溝

麥殼

胚

胚乳

色素束

圖3-2　小麥橫切圖

　　小麥含有約2.5%的胚芽，胚芽含有油脂、蛋白質，其麩皮的主要成分為纖維素，而內部稱為胚乳，含有大量的澱粉，另外約有十幾個百比分的蛋白質。

 # 第二節　麵粉的成分與特性

　　麵粉的主成分為碳水化合物，但蛋白質含量也多，胺基酸組成缺少組織胺酸、離胺酸、胱胺酸，蛋白價為47，營養價不高。為了提高膳食的蛋白價以配合肉類、黃豆製品等調整，即可有效利用其成分，產生互補的功效。不同於米，維生素B_1在胚乳部也存在，所以在麵粉烹飪時損失少，在一餐150g的麵粉中，就可供給一天中三分之一的維生素B_1。

　　麵粉的成分由其品種、製粉方法等而有差異，尤其受到蛋白質

的影響，而由蛋白質的多寡，其用途也不同，這對烹調或加工，也扮演重要的角色。

第三節　麵粉的種類與用途

　　由於不同種類，麵粉的麵筋含量或品質亦各不相同。麵筋的多寡與用途有直接關係。

　　麵粉依其蛋白質含量不同可分為下列幾種（如**表3-1**）：

1. 特高筋麵粉：蛋白質含量高，適合製造油條、麵筋。
2. 高筋麵粉：濕麵筋量（是吸收水的麵筋量）含量35%以上，乾麵筋量13%以上，其麵筋強韌，適合製造土司、麵包。
3. 粉心粉：其顏色比較白，蛋白質含量比中筋麵粉稍高，所以許多中式麵食也都採用粉心粉。
4. 中筋麵粉：中式麵食大都使用它，如麵條、烏龍麵、饅頭、水餃等。
5. 低筋麵粉：蛋糕、甜點、油炸裹衣使用。
6. 杜蘭（Durum）小麥麵粉：杜蘭小麥外殼呈琥珀色，質地較硬，蛋白質含量較高，又稱沙子粉（semolina）適合製造通心麵（macaroni）。

表3-1　我國國家標準（CNS）的麵粉分類與成分（%）

類別	顏色	細度	水分	粗纖維	灰分	粗蛋白
特高筋	乳白	100%通過0.2mm孔徑篩 40%通過0.125mm孔徑篩	14	0.8	1.0	13.5以上
高筋	乳白	同上	14	0.75	1.0	11.5以上
粉心	白	同上	14	0.75	0.8	10.5以上
中筋	乳白	同上	13.8	0.55	0.63	8.5以上
低筋	白	同上	13.8	0.5	0.5	8.5以上

第四節　麵筋的形成與麵糰

　　麵粉的蛋白質中，穀膠蛋白（gliadin）、小麥穀蛋白（glutenin）占75%，加水50%後經揉捏即成為具有黏彈性的麵糰（dough），成為麵包或麵條的原料。穀膠蛋白與小麥穀蛋白，都富於親水性，吸附水，而形成麵筋（gluten）。

1. 此時，若將一定量的水，做一次添加，不如分次少量混合比較會產生黏稠性。
2. 水溫愈高愈會黏稠。
3. 做成麵糰時，為了形成均勻的麵筋，要採用揉捏的方法，適當的揉捏可增加黏彈性，但過度的揉捏，反而會降低黏彈性，所以不同產品要調整其揉捏方法。
4. 由麵筋愈高的麵粉，可以得到黏彈性強的麵糰。
5. 製作麵糰時，由於調理的目的要添加食鹽、砂糖、油脂、蛋、酵母、泡打粉（baking powder）等，但這些添加物會影響麵糰的特性。
   (1) 添加食鹽：麵糰會增加黏彈性（麵包0.5～2%，餃子1%，麵條類2%）。
   (2) 添加砂糖：麵糰的黏彈性會稍降，但是展延性、安定性會增加。
   (3) 添加油脂：改善麵糰的伸展性、安定性，同時使其更光滑。
   (4) 添加蛋、牛奶：因水分多，所以有跟水相同的作用，同時因含有油脂，所以有油脂添加的特性。加上具有膠性，所

51

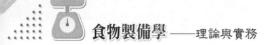

以會增加膨發性。

(5)添加鹼性物質：做燒賣皮、油麵時，將約3%鹼水（含有碳酸鉀及碳酸鈉的液體）添加於水，混合於麵粉煉捏，即可增加展延性，同時改善咬感。

6.麵粉中的澱粉富於親水性，所以會吸收水，膨潤、被包裹於麵筋的網狀組織中。

7.由於加熱，麵筋會在80℃失去活性而凝固。

親水性

表示該物質具有與水親和性的原子團，在本身的周圍聚集水分子的特性。富於親水性的食品有穀類、豆類、魚類、乾燥食品等，則遇水就會膨潤。

膠體性（colloid）

如果物質的直徑小於100nm，大於1nm就會保持比較穩定的分散狀態，為了區別這種狀態與別的狀態，所以稱為膠體狀。除了砂糖水、食鹽水以外，幾乎都是膠體（人體也可以說是膠體的聚合體）。膠體可分為溶膠（液狀）與凝膠（固體狀）兩種。

對麵粉添加等量或多一些水（或蛋、牛奶、酥烤油）即成為具有流動性的柔軟麵糊，稱為麵漿（batter），可利用於蛋糕類或油炸食物（天婦羅）的裏衣。

第五節　適合各種烹調的麵粉處理

　　要將麵粉利用於烹調時，先要考慮究竟要以澱粉或蛋白質為重，即要選擇適合於該菜餚的黏性或延伸性的麵粉，要瞭解麵筋或麵糰的性質，然後給予適當的處理。

一、麵粉的使用法

(一)利用麵筋的特性者

　　1.黏彈性、展延性的利用，如麵條類、餃子、雲吞、燒賣的皮。

　　2.利用形成海綿狀組織的特性者（加入酵母菌膨發），如麵包、饅頭、肉包等的皮。

(二)以澱粉為主，麵筋為副

　　1.蛋糕、油炸食物的裏衣。

　　2.勾芡（菜湯、醬類）。

　　3.碎肉、煉製品等的黏著劑。

　　4.油炸食物，利用於吸收水分，成膜包裹食物。

二、壓延薄層麵糰的利用

　　因為要盡量將其壓延成薄層利用，所以要以麵筋為主的中筋或高筋麵粉為選擇對象。為了增加其伸展性，所以要添加1%食鹽，揉

捏用水要用溫水（添加時水溫爲以約40℃爲宜），爲了使麵筋能均勻，在適當揉捏後，以濕布蓋起來靜置約30分鐘，讓其醒一下（醒麵）則可增加黏彈性，不易扯斷而延伸性較佳。

餃子配方很多，下例爲日本人所做，僅供參考。

 ## 餃子

材料（6人份）			
中筋麵粉	240g	醬油	2大匙
溫水	160ml	食鹽	1/2小匙
食鹽	2g	砂糖	1～2小匙
絞肉	200g	芝麻油	2大匙
白菜	500g	蒜頭	1片
蔥	20g	豬油	3大匙
碎生薑	10g	味精	1/3小匙

做法

❶ 在盆中放入麵粉，加入溫水好好揉捏至耳垂硬度，以濕布蓋住醒麵，靜置時間約30分鐘。

❷ 白菜稍微燙一下，切碎後以雙手搾乾，添加切碎蔥、生薑、蒜頭、碎肉、調味料，混合均勻，攪拌至有黏性爲止，作爲60份的餃料。除了白菜以外，可利用韭菜、脯瓜切絲等作爲餡料。

❸ 醒麵後，將麵糰放在砧板上揉捏，揉成直徑2公分的圓棒狀，切成60份。將其揉糰後，以擀麵棍擀成圓形（約7公分直徑）麵皮。

❹ 將餡料放在圓形麵皮中央，將其對折，將邊緣壓成約8個皺摺。

❺ 在煎鍋上放入豬油1/2大湯匙，加熱後排進約10個餃子，俟餃底出現金黃色微焦痕跡後，倒入1小杯熱水，加蓋蒸煮至水乾爲止。也可以用大鍋水，燒開後將餃子放入煮熟。

❻ 趁熱以醋、醬油、辣椒等爲佐料食用。

三、麵糰膨化利用

　　對麵粉加水揉捏，或加於混合穀膠蛋白，小麥穀蛋白會吸水，以水為仲介互相吸引，構成網狀組織（麵筋的形成）。蛋糕類是對此加入蛋等的膨脹劑，將其烘烤為海綿狀的多孔性組織。為了加熱時能在短時間內膨化，所以海綿的牆壁要薄且容易延伸，因此以低筋麵粉較為合適。

四、中式燙麵的使用

　　中式燙麵是以中筋麵粉加入約100℃沸水攪拌成糰，待溫度稍下降時再加入約20～30%冷水，繼續揉捏成麵糰光滑狀。如烙餅、抓餅、韭菜盒子、牛肉餡餅，就是以此方式製作。

　　燙麵產品大都以烙煎方式煮熟，因為燙麵其麵糰可以吸收較多水分，在混揉麵糰時加入沸水，在高溫下麵粉中的澱粉會糊化，澱粉吸水膨脹，黏度增加呈半透明狀，麵糰質地柔軟、濕潤。在製造燙麵食品需注意：

1.燙水與冷水不可一起加入麵粉中。
2.揉好的麵糰，應充分鬆弛，成品才會柔軟。
3.鬆弛好的麵糰不要繼續揉，以免麵筋變為紮實，成品不會鬆軟。

五、蛋糕類的加水比例與副材料的換水值

麵粉的利用甚為廣泛，所使用的水（食品的水分）比例，見**表3-2**，因用途而有所不同。**表3-3**為換水值。

表3-2　甜點類的麵粉與水的比例

種類	麵粉	水
甜甜圈	1	0.6
華夫餅乾（waffle）	1	1.5
hot cake	1	1.4
重奶油蛋糕（pound cake）	1	1.5
海綿蛋糕	1	1.7

表3-3　換水值（20～25℃）

材料	換水值（對水100g）
牛奶	90
乳酪	80
全蛋	80～85
砂糖	40～50

蛋糕類除了水以外，多要混合砂糖、蛋、乳酪（butter）、牛奶等，這時候要減少其相當的水量，即換水值，以得到相當的硬度。

六、膨發劑

要使麵糰膨發的材料有發粉、酵母、蛋泡等。蛋泡、發粉適合於麵筋少的低筋麵粉，然而麵筋多的高筋（中筋）麵粉卻適合使用酵母。

(一)發粉、泡打粉

發粉的配方如下：

1. 小蘇打：約占25～40%，可以產生二氧化碳。
2. 酸劑：約占36～60%，可中和小蘇打的鹼性，也成為氣體產生促進劑。
3. 澱粉：約占20～30%，小蘇打與酸劑直接接觸即容易引起反應，所以添加澱粉作為緩和劑。

發粉依其所含酸性鹽解離速度快慢而與小蘇打中和產生CO_2，依速度快慢可分為下列三種：

1. 快速性：加入的酸性鹽有酒石酸鈉、碳酸鈉，加熱初期即產生氣體者，適用於餅乾。
2. 慢速性：其酸性鹽類主要為酸性焦磷酸鹽、硫酸鹽、明礬，加熱後期才產生氣體。
3. 雙重性：是由快速性發粉與慢速性發粉混合而成，這種發粉在混捏時會產生約四分之一的氣體，放入烤箱中會釋出其餘氣體，適合做蛋糕及以發粉為膨脹劑的烘焙產品。

(二)利用蛋白的起泡性者（或以全蛋打泡使用）

利用攪拌即會生成氣泡，並可保有空氣的特性，作為膨發劑利用。利用做杯子蛋糕（cup cake）、海綿蛋糕、瑞士卷、華夫餅乾等各種糕點，但以海綿蛋糕為代表。

海綿蛋糕

材料（直徑18公分，圓形一個的量）

低筋麵粉	100g	牛奶（或黃豆油）	30ml
雞蛋	150g	香草香料	少許
砂糖	120g		

做法

❶在蛋糕模的內側與底部墊放蠟紙。

❷將麵粉與砂糖，分別篩過。

❸將蛋白放入盆中充分攪打起泡，將2/3的砂糖分三次混進去，在另一個盆中放入蛋黃與剩下的1/3砂糖，攪打至起泡變白。俟蛋黃起泡後加入起泡的蛋白，混合均勻，加入牛奶與香料，最後加入麵粉，輕輕混合後，倒入於模型中，輕輕攪打以消去氣泡。

❹調整烤箱溫度為160～170℃（中溫）烘烤30～40分鐘。

❺俟表面呈金黃色，插入鐵筷拉出後不附著麵糰，即表示已烤好。從烤爐拿出後，剝去蠟紙冷卻。

註：本法稱為別立手法，全蛋不分用蛋白、蛋黃而一起攪打的方法稱為共立手法。

共立手法

　　在盆中混合蛋與砂糖，攪打使其充分起泡，以垂滴時會堆積起來為攪打的終點。將麵粉分次少量加入，輕輕混合至均勻狀。此時以充分攪打起泡至能堆積起來而不垮下為度，在30℃攪打為最合適。

　　烘烤溫度以170℃為最合適，慢慢均勻膨脹起來者，其麵糰的烹調最佳，溫度太高即中間膨大，內部尚未凝固即外表燒焦，所以宜以中溫烘烤40分鐘，即可得到好結果。

　　又海綿蛋糕通常都不使用脂肪，但是以黃豆油（沙拉油）代替牛奶就可以得到潤滑的組織，稍微放置也可以保持水濕潤的組織。

(三)小蘇打

其成分為$NaHCO_3$，遇水受熱或與酸性鹽中和，會產生二氧化碳及碳酸鈉，會使產品成鹼性，若使用量過多，與成分中的油脂產生皂化作用，則會使產品具有皂味，使用在中式點心，如發糕。

(四)阿摩尼亞

碳酸氨〔$(NH_4)_2CO_3$〕、碳酸氫氨（NH_4HCO_3）此兩種膨脹劑加熱時會分解成阿摩尼亞、二氧化碳及水，其膨脹能力較其他膨脹劑為強，其缺點為產品會殘留氨的臭味，適用於含水量少的產品，如奶油空心餅（puff）。

市售的發粉及各種化學膨發劑，能便於持續產生氣體。使用膨發劑時要注意下列事項：

1. 揉捏時要使麵筋適當地形成，不要過度揉捏。
2. 做好的麵糰要即時加熱，膨發率才會好。
3. 麵糰呈較硬者，如其麵筋與水的比例為1：0.5者，其膨發率會差一點，但麵粉1：水1.5以上，即太軟而在揉捏中二氧化碳會逸失，而膨化率會不佳。
4. 同條件做成的麵糰，以蒸或烤處理時，以蒸處理時內部溫度上升緩慢，所以膨發率會好一點。
5. 保存發粉時，在高溫多濕狀況下容易分解，所以要將其密封保存於冰箱為宜。
6. 只使用小蘇打時，對小蘇打（碳酸氫鈉）1g添加17ml食醋，即可消失惹人討厭的鹼味，防止麵粉中的類黃酮系色素變黃色。

$$NaHCO_3 + CH_3COOH \rightarrow CH_3COONa + H_2O + CO_2$$

7.發粉的使用量以麵粉的3～4%較適宜，小蘇打為麵粉的約1%即可，加入太多會產生皂味。

(五)酵母

屬於生物性的膨脹劑，將微生物分離培養出來，適用於烘焙工業。市售烘焙用的酵母有以下三種：

1.新鮮酵母（fresh yeast）：又稱壓榨酵母（compressed yeast），含水量約60～70%，應貯藏於冰箱低溫中，但需儘快使用，否則會變色產生臭味。使用時可剝成小塊直接加入麵粉中攪拌。

2.乾酵母（dried yeast）：將新鮮酵母經乾燥而成，可耐低溫長時間貯藏，用量約為新鮮酵母的五分之二，使用前需將酵母放入溫水中（40～45℃）幾分鐘，待產生氣泡，表示已恢復活性，才可加入麵粉中攪拌。

3.快發即溶酵母（instant yeast）：新鮮酵母加入抗氧化劑與乳化劑經過低溫乾燥而成，市售的活性乾酵母都是真空包裝，可在室溫下長期貯存。快發即溶酵母可直接加入麵粉中與其他材料揉捏，用量大約是新鮮酵母的三分之一。

對麵粉添加酵母（3%）、砂糖（1%）、食鹽（0.5%）、溫水（約60%），經過揉捏即形成麵筋而為網狀結構，成為包裹二氧化碳的基礎。剛開始時，因為黏性低，所以伸展性不好，無法完全保留所產生的二氧化碳，但隨著酵母的發酵，網狀結構會被撐開，由麵粉中的酵素，蛋白酶（protease）或糖化澱粉酶（amylase）作用，麵糰會帶有柔軟性，伸張性也增加，由二氧化碳的壓力而膨脹。在30℃條件下，以濕布覆蓋以防止乾燥，保持約1小時即發酵而張大約二倍。此時除去氣體（將膨脹的麵糰再揉捏，使部分二氧

化碳逸出），均勻形成網狀，切成適當的形狀，放置約20分鐘後蒸或烘烤。

　　由於加熱，升至約55℃酵母會有劇烈的發酵，65℃以上即酵素會失去活性，澱粉會糊化，蛋白質凝固，停止膨化，固定為海綿狀。如此要在相當長的時間抱有二氧化碳，其網狀構造必須厚且具有伸展性，所以高筋麵粉較合適。加入麵糰的砂糖成為酵母的營養劑，促使發酵旺盛，產生多量二氧化碳，有幫助膨化的功用。食鹽卻有緊縮麵筋，增加彈性，抑制其他細菌的效果。又酵母的最適發酵溫度為約30℃，夏天可在室溫發酵，但冬天卻要將其放在容器中，將其連容器浸於約40℃的水溫，或40℃的烘箱內以利發酵。

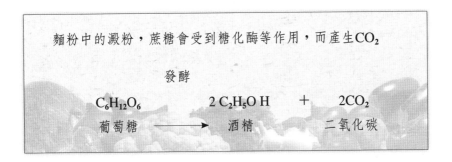

麵粉中的澱粉，蔗糖會受到糖化酶等作用，而產生CO_2

$$\underset{\text{葡萄糖}}{C_6H_{12}O_6} \xrightarrow{\text{發酵}} \underset{\text{酒精}}{2\,C_2H_5OH} + \underset{\text{二氧化碳}}{2CO_2}$$

　　包子可由餡料的不同，而做成甜鹹各種包子，下例僅供參考。

 肉包子

材料（6人份）

		內餡	
中筋麵粉	500g	水	150ml
新鮮酵母	15g	絞肉	200g
註：麵粉的3%		香菇（切碎）	12g
溫水	50ml	洋蔥（切碎）	100g
砂糖	15g	切碎生薑	5g
註：麵粉的3%		ⓐ 醬油	1½ 大匙
豬油	15g	砂糖	2小匙
註：麵粉的3%		芝麻油	1小匙
食鹽	1/2小匙	味精	少量
註：麵粉的0.5%		片栗粉（太白粉）	2小匙
熱水	100ml		

做法

❶將香菇先浸好水，搾乾與洋蔥都切碎，連絞肉以1大湯匙豬油炒熟，加入ⓐ的調味料，將太白粉加水，加入勾芡，煮熟後分為12個肉包的包餡用。

❷將新鮮酵母以溫水溶開備用。

❸將砂糖、豬油、食鹽、熱水放入盆中混合均勻，再加入水150ml及❷，最後篩入麵粉，揉捏至顯出光澤，移至較大盆中，加蓋濕布（在30℃，1小時；40℃即為半小時）醒一下，俟膨大兩倍後，在撒麵粉的砧板上好好地揉捏，逸出二氧化碳，切成12個小麵糰，包入❶的餡料，靜置20分鐘後，以大火在蒸籠內蒸約15分鐘。

❹沾辣椒醬等食用。將油脂攪拌即有抱入空氣的特性（乳油性），而幫助麵糰膨化。

1.也可以在烤箱烘烤成麵包。

2.新鮮酵母為保持活的狀態，所以要用溫水溶開。

3.麵糰要好好揉捏，醒麵的時候要蓋以濕布以防乾燥，並要考慮如何保持容易發酵的狀態。

 ## 奶油泡芙（cream puff）

材料（12個）

皮	乳酪	40g		ⓐ	牛奶	360ml
	麵粉	40g			砂糖	100g
	水	100ml			蛋	2個
	蛋	2個			玉米粉或麵粉	20g
					香草精	少許
					粉糖	少量

做法

❶將麵粉篩過備用。

❷在鍋中放入乳酪與水加熱，俟沸騰將麵粉全部加入迅速攪拌，將火候調小再混合，俟麵糰成糰而不沾鍋以後，停止加熱，但繼續混合至約65℃。

❸加入一個蛋充分攪拌，等混合均勻後再加入第二個蛋，混合至可以擠出的硬度。

❹將烤爐調整至約200℃的高溫，烘烤10分鐘，俟充分膨脹，稍微產生金黃色後，調整為小火烤7～8分鐘（開始變色後很快會燒焦，所以不開烤箱的門而停止加熱讓其燜烤）。

❺將ⓐ放入鍋內，一邊混合煮沸一邊做成奶油狀（cream）。

❻在泡芙外皮的側面切一刀口，等奶油餡冷卻後，將其充填入泡芙外皮中，表面撒上粉糖。

不至於失敗的shoe（外皮）做法

1. 將水與乳酪（butter）加熱至沸騰攪拌至均勻。

2. 俟沸騰時，將麵粉做一次的篩入，迅速攪拌（因為加入於沸騰的鍋內，澱粉會充分糊化，水分會幾乎完全被吸收，黏性增加，有利於膨發）。減弱火候後，充分混合至麵糰成糰，不黏在鍋底（澱粉完全糊化），脂肪會分散在麵糰內，形成均勻的乳化液（emulsion）。

3. 停止加熱，混合冷卻至65℃，再來將蛋一個一個地加入混合均勻（麵筋保持活性，必須保有黏性與脂肪，所以要在蛋不凝固的溫度下，好好地攪拌）。

4. 麵糰太硬即發酵不良，又太軟即會流動，所以要加蛋至適當的硬度。

5. 加熱溫度很重要，需要在高溫（200～210℃）烘烤。加熱中，麵糰的表面會凝固，麵糰中的水分（空氣）會變成蒸氣壓向上壓，成為薄皮，皮的抵抗有強弱，所以形成類似shoe泡芙的形態。

6. 開始烘烤的最初5分鐘，膨化緩慢，到了7～10分鐘即膨化已足夠，並開始著色。再烘烤下去即水分少所以容易燒焦，因此要調整為小火烤8分鐘（這是要將其乾燥的程度，看情形也可以停火僅以餘熱蒸烤）。

7. 加熱中不要打開烤爐的門，又調整為小火後，不要超過7～8分鐘，不然已膨化的半製品恐怕會縮小下去。

在美國，派（pie）是餐後必供的甜點，由於餡料的不同，種類很多，但以蘋果派、南瓜派爲最普遍。派層（pie crust）的摺法請參照**圖3-3**。

 派

材料（6人份）

ⓐ	麵粉	150g	蘋果	400g
	水	60ml	砂糖	100g
	蛋黃	1個	肉桂	1小匙
	食鹽	1/4小匙	蛋黃	1個
	乳酪	120g	味醂	1小匙

做法

❶將麵粉篩過，把ⓐ混合揉捏，以濕布包起來醒30分鐘。

❷將蘋果縱切爲8片，除去芯部，削皮後切成0.3公分的小塊，放入鍋內撒砂糖，俟浸出水分後加熱，以中火稍微攪拌，但不要破壞形態，煮至湯汁吸乾爲止。

❸將烤箱預熱。

❹將乳酪（butter）以烘焙紙包裹，俟軟化後整形爲7公分的立方體。

❺在砧板上撒上麵粉，麵糰壓延爲21公分的正方形，在中央放上乳酪，將左右摺上，以擀麵棍輕輕壓延（不要讓乳酪溢出），伸張至20公分正方形後，再左右對摺，反覆3～4次，最後壓延爲寬20公分，長45公分，對著派盤切成2片，鋪在盤上，所剩麵糰即做2公分寬的長條。

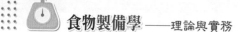

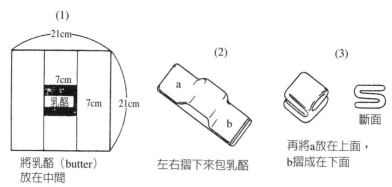

圖3-3 派層的摺法

　　將鋪在盤上的派皮，為了改善熱浸透，先以叉子打洞，再平放蘋果餡撒上肉桂，在周圍以毛刷塗上蛋液，再鋪上另一枚派皮，全面塗蛋液，在周圍以帶狀派皮做成皺紋狀的邊緣，並塗上蛋液，在中央切入十字的切口，在烤箱烤約10分鐘，開始著色了改用小火再蒸烤10分鐘（要注意不要燒焦）。

1. 派皮的做法有兩種，上述是以麵糰包乳酪，壓延摺疊的方法（法國式），以及將麵粉與乳酪混合，再添加水揉捏的方法（美國式）。

2. 派的麵糰是揉麵與脂肪的層，互相混合者，脂肪會賦予脆性（shortness）。脂肪軟即會侵入揉麵，而包裹空氣的餘地較少，所以無法成為優良的揉麵。因此脂肪（乳酪）要做成不溶融的硬度。但是如果太硬，即要以麵糰包裹時，則以擀麵棍壓延時，皮可能會被刺破，所以麵糰要具相同的硬度，在麵糰內可自然地延伸的硬度最為理想。

3. 以高溫短時間烘烤較合適。在低溫長時間烘烤即脂肪會浸潤，不能得到富於脆性的派。

4.要將麵糰與脂肪的層平均分配,所以要摺疊幾次才可以。

5.要做派時以低溫場所較宜,有時成形後就在冰箱放置一段時間,再取出烘烤。

(六)山藥(山芋)

山藥將其磨漿時會有乳油性(將空氣抱進去的性質),日本將其利用於甜點的製造(參閱薯類烹調)。

七、油炸食物(天婦羅、甜不辣)的裹衣

油炸食物已脫去材料的原味,咬感好,香脆為主。裹衣如麵筋多即吸水性強,很難將其脫水,所以使用低筋麵粉為宜。如要使用中筋麵粉,即要添加約10%的片栗粉(太白粉)、玉米澱粉等以使其低筋化再使用。

裹衣與蛋的比例如**表3-4**所示。

表3-4 油炸食物裹衣的配方比例(材料100g)

	對材料的麵粉比例(%)	對麵粉的蛋的比例(%)	對麵粉的水的比例(%)	小麥:蛋水
薄裹衣	20	50	120~130	1:1.7~1.8
普通裹衣	20	50	100~110	1:1.5~1.6
混合油炸	20	50	100	1:1.5~1.6

使用蛋者可溶於水,妨礙麵筋的形成,脫水性佳,所以成為較脆的裹衣。又對麵粉添加0.2%的小蘇打,即會產生二氧化碳,較為輕脆,脫水性快且脆。吸濕性降低,所以稍微硬一點,但有久放也

不容易吸濕的優點。剛炸好的裹衣水分含量為約5～10%，但隨著時間經過，會從材料吸水而濕潤，所以應在油炸後即時食用。

> 　　加水時，為了防止麵筋的產生，要使用冷水（10℃以下）為宜。做成裹麵時，將麵粉粗放地混合（殘留粉粒糰亦可），炸好的食物不宜久放，油炸前才在麵粉中加水。

八、以麵粉賦予濃稠性（勾芡）

(一)利用的烹調

牛奶湯（stew）、咖哩、濃湯（potage）、各種醬料等。

(二)不同用途的炒法

1.炒成白色：白色醬料（white sauce）、烤菜肉（gratin）、奶油煮等。
2.炒成黃色：番茄醬、牛奶湯等。
3.炒成褐色：褐色醬料（brown sauce）、乳酪李子醬（sauce deni-glace）等。

表3-5為麵粉與乳酪的比例，以及溫度與時間表。

表3-5　麵粉與乳酪比例與溫度時間表

乳酪糊	麵粉：乳酪	溫度與時間
白色乳酪糊	1：1	以極小火約10分鐘（150℃）
黃色乳酪糊	1.5：1	以小火約12分鐘（150℃）
褐色乳酪糊	2：1	以小火約15分鐘（150～170℃）

(三)炒法的要領

1. 使用厚實的鍋（鍋底要保持150℃）以極小火炒約10分鐘，就可以得到好結果，要做白色乳酪糊時不要炒焦。

2. 炒了約10分鐘後，澱粉粒會損壞，澱粉分子會糊化，其黏性減低，易溶於水，黏度降低，變成滑潤口感好。

3. 焙炒時要不斷以木杓攪拌，將粒子壓潰，有耐性地焙炒。此時蛋白質受熱變性，所以不產生影響。

4. 醬料（sauce）在溫度降下後，黏度會增加，所以要配合用膳時間來烹調。澆在魚或肉上的醬料不要滑下或堆積於上面，否則視覺上較不雅觀，所以應做成適合於各種菜餚的濃度。

(四)烹調的種類與濃度

　　開始時煮稀薄一點，以小火煮沸濃縮至適當的硬度，如此即無粉味，口感也滑潤。**表3-6**為各種乳酪炒麵粉對水比例表。

(五)添加物的影響

　　對菜湯、醬料都會添加調味料、牛奶等，尤其是添加牛奶後黏稠度會提高，所以對白醬料炒麵粉要稍微少加，其他如油脂、食鹽、砂糖等也可能會提高黏稠度。

　　芝麻糊也是類似食品，原料可使用麵粉、太白粉等，先將其焙炒成糊精後，再加入磨碎黑芝麻、砂糖等而成。

表3-6　各種乳酪炒麵粉對水比例表

	炒麵粉對水的比例（％）
cream soup	3
sauce, cream煮	4〜5
gratin	7〜8
croquette（菜肉丸）	10〜12

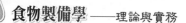

　　在台灣，加工食物，尤其是點心類不多的時代，有麵茶的點心，這是鍋內將豬油與切碎青蔥先爆香，再放入麵粉，以小火焙燒，俟褐變以後加入砂糖，繼續焙燒混合均勻的產品。食用時以滾水沖泡即得到糊狀食物。

 ## 義大利麵濃湯（gratin）

材料（6人份）

義大利麵	200g		乳酪	40g
雞肉	100g		麵粉	40g
香菇	30g		高湯	240ml
洋蔥	100g	白醬料	牛奶	360ml
食鹽	1小匙		食鹽	2/3小匙
胡椒	少量		砂糖	1小匙
乳酪	1大匙		胡椒	少量
			麵包屑	1大匙
			乾酪粉	3大匙
			乳酪	1大匙

做法

❶「義大利麵」（macaroni）的燙煮法，將義大利麵在其重量的6～7倍熱水，再添加0.5%食鹽，燙煮約17分鐘，然後撈起來備用。

❷將雞肉切成薄片，香菇浸水後切絲，洋蔥切成較粗碎角。

❸將表中原料做成白醬料。在鍋中溶解乳酪，加入麵粉以小火焙炒10分鐘，但注意不使其著色。俟其變得乾爽後慢慢加入牛奶，攪拌不使其結糰，加入高湯稍微煮沸濃縮（麵粉以水的8%為度）。不斷攪拌，而有稠度即調味，停止加熱。

❹在鍋內溶解乳酪，用中火以洋蔥、雞肉、香菇、義大利麵的順序加入炒煮，再以食鹽、胡椒調味，將❸的白醬料加入三分之一，混合均勻。

❺在焗烤皿上塗乳酪，盛放❹，從上面均勻澆上白醬料再撒上生麵包屑、乾酪，將小塊乳酪撒在上面，在210℃的烤箱上層烘烤7～8分鐘，烤至稍微燒焦為止。

1.炒麵粉（roux）要有耐性地炒約10分鐘，不要炒焦。

2.濃度以約8%為宜，稍有黏稠性而澆在食物上時會流到材料中，但也有部分堆積在上面。

3.開始時做成稀薄的白醬料，以小火煮至濃縮液，即可得到滑潤的醬料。

歐羅拉醬（sauce aurora）

材料（6人份）			
乳酪	8g		
麵粉	8g	高湯	100ml
牛奶	180ml	番茄醬	2小匙

做法
將乳酪溶在鍋中，加入麵粉以小火，注意不要炒焦焙炒，加入牛奶與高湯攪拌不要生成結糰，以小火有耐性地煮至具有黏稠性，停火後加入番茄醬與1%食鹽，最後加入胡椒調味。

醬料製作小偏方

1. 利用於澆在肉、魚、蛋等的醬料，通常用於澆肉時即使用肉湯，魚類料理時使用魚湯。

2. 開始先做稀淡一點，煮成4～5%濃度時即成為滑潤的醬料。

3. 因為使用牛奶，所以要使用小火慢慢煮沸。

4. 番茄醬為酸性，所以宜在最後加入。如開始即添加，則牛奶的酪蛋白（casein）會凝固而醬料會變成不均質的組織。

甜酸開胃的歐羅拉醬搭配義大利麵餃

圖片來源：https://www.pinterest.co.uk/pin/564568503259488565/

麵包含麩質，吃多易發胖？

　　近年來隨著養生保健意識的抬頭，也逐步喚醒大眾對於食品安全的關注。其中又以烹調製程繁複的麵包首當其衝，常有民眾常擔心其純白的外表與蓬鬆的口感，是額外添加大量食品添加物而成，害怕食用後恐因此影響身體健康。這樣觀念並不完全正確！其實只要學會正確挑選、判斷，民眾在享用麵包的同時也能兼顧營養與健康。

★無麩質飲食法有利減肥？麵包麩質含量多應少吃？

　　歐美近來流行的無麩質飲食法，主要適用於對麩質過敏，進而產生腹瀉或皮膚過敏等症狀的乳糜瀉患者，常見於歐美人士（約1%患有此症），亞洲人身上較少見。

　　因此，一般人若貿然執行無麩質飲食，不僅對於減肥無助益，更有可能造成營養不均衡的發生。建議每個人皆須瞭解自己的身體狀況，再選擇適合自己的減肥飲食法較有保障。事實上，想要享受麵包美味不發胖，只要盡量避免食用油脂含量、糖份較高的甜麵包；改選雜糧麵包、全麥麵包等麵包，並適度搭配新鮮蔬果食用，就是均衡又營養的選擇。

★全麥麵粉製程困難，坊間的全麥麵包都是假的？

　　黃瑞美前副教授解釋，小麥的構造主要可分為麩皮、胚芽與胚乳三大部分。但如果麵粉業者直接將整顆小麥研磨成粉，恐將因小麥胚芽中富含大量油脂成分的因素，使麵粉快速氧化而變質。所以市售麵粉確實多為將麩皮與胚芽去除後，剩下的胚乳磨粉而成。

全麥麵包保留了穀粒的麩皮和胚芽，所以營養價值比白麵包更高

　　再加上，雖然由整顆麥子直接磨粉的麵粉稱為「全粒粉」，但全粒粉因需要特製設備才能磨製，取得較為不易。因此，坊間常見的全麥麵包，多以一般麵粉製作，最後再額外回添麩皮與胚芽，調整至法規要求的全穀比例占51%以上，就可以稱為全麥麵包；並在保留小麥營養的同時，避免全粒粉不易取得、不易保存的情況發生。

資料來源：華人健康網，記者洪毓琪／台北報導，2018年3月月15日。

第4章

薯類與澱粉的製備

- 薯類的成分與特性
- 馬鈴薯的烹調
- 芋頭的烹調
- 山藥的烹調
- 甘薯的烹調
- 澱粉的烹調

食物製備學——理論與實務

第一節　薯類的成分與特性

　　食用薯類有甘薯、馬鈴薯、山藥、芋頭等，其成分為水分
70～80％，澱粉17～25％為主成分，其他含有鉀、磷及其他灰分等
的鹼性食品。維生素一般都不多，但多少含有維生素B_1，也有些金
黃色甘薯含有維生素A。**表4-1**為薯類的成分。

表4-1　薯類的成分（每100g）

種類	熱量 (kcal)	水分 (g)	蛋白質 (g)	醣質 (g)	無機質			維生素				
					鈣 (mg)	磷 (mg)	鐵 (mg)	A (I.U.)	胡蘿蔔素 (I.U.)	B_1 (mg)	B_2 (mg)	C (mg)
甘薯	120	69.3	1.3	27.7	24	40	0.7	3	10	0.15	0.04	30
芋頭	91	76.0	2.4	19.6	14	43	0.5	0	0	0.09	0.04	10
馬鈴薯	77	79.5	1.9	17.3	5	4.2	0.5	0	0	0.10	0.03	15
山藥	121	68.0	3.5	26.6	21	46	0.7	0	0	0.08	0.02	5

　　作為食用薯類有其獨特的淡白風味與作為熱量源的價值，也作
為蔬菜利用，但因不耐久藏，所以多作為澱粉、酒精、水飴、葡萄
糖等加工之用。

第二節　馬鈴薯的烹調

　　烹飪的方法很多，可作為粉蒸、馬鈴薯泥、煮奶油、炒乳酪、
油炸馬鈴薯、炸菜肉丸、炸馬鈴薯片、沙拉、烤燒菜等。因其淡白
風味與久吃不厭的特性，且與動物性食品也很相配，所以有利於酸
性的中和，與奶類也很相配，作為配菜是不可缺的原料。

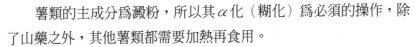

薯類的主成分爲澱粉，所以其 α 化（糊化）爲必須的操作，除了山藥之外，其他薯類都需要加熱再食用。

有關於油炸（不裹衣）之馬鈴薯炸片（potato chip）、炸馬鈴薯條（fry potato）等都以炸得香脆爲其祕訣。油炸法如下：

1.將其燙熱到七分熟，在180℃，炸至著色。

2.在150～160℃低溫，從生鮮薯緩慢油炸，至中間也熟透再提高溫度至180℃，炸至著色。

3.開始以低溫油炸（內部要熟透），在食用前做第二次油炸。

炸馬鈴薯

1.炸馬鈴薯片時，切成0.1cm的輪切薄片，先以滾水燙2～3分鐘，滴乾水後在150～160℃的低溫慢慢油炸，要將水分除盡，不然稍微放久就會軟化。

2.先燙熟再油炸者比從生鮮薯直接油炸者，稍微硬一點且比較不脆。

將馬鈴薯切開後放置即會變褐色。這是因為細胞遭到破壞後所含酪胺酸（tyrorine）（胺基酸的一種），存在細胞間隔（compartmentalization）中的酵素釋放出來，受到酪胺酸酶（tyrosinase）（氧化酵素）的氧化作用產生黑色素（melanine）的緣故。因此味道也會劣化，所以馬鈴薯削皮，切角後即時浸於水中，並換水幾次以除去澀味。

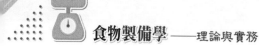

 噴粉馬鈴薯

材料（6人份）	
馬鈴薯	400g
食鹽	4g
胡椒	少許

做法

❶ 將馬鈴薯洗乾淨，除去芽部，削皮切成3～4公分角，水洗2～3次，浸於水中5～10分鐘。

❷ 加水至能覆蓋切角馬鈴薯，加入0.3%食鹽*，以大火使其開始沸騰，煮燙約20分鐘。

❸ 俟軟化後倒掉熱湯，將鍋以比中火稍微小一點的火候加熱，不加水炒煎使水分蒸發，撒上食鹽、胡椒，搖動鍋即會噴粉（在表面生成白粉）。

*加入食鹽後細胞間膜的果膠質會溶出，而細胞容易剝離。在冷水中開始加熱的原因是要使馬鈴薯的內、外部溫度差縮小，不使外部受過多加熱的關係。

---

1. 能否噴粉要選擇成熟的粉質馬鈴薯，未熟者很難噴粉。

2. 除去澀味時，長時間浸水即很難噴粉。

3. 燙煮時將添加食鹽，即細胞膜所含的果膠質會溶出，細胞容易分離，所以呈鬆弛好吃的狀態。

4. 噴粉者被利用於西餐，尤其是水產料理的配菜。

馬鈴薯泥（mash potato）

材料（6人份）			
馬鈴薯	100g	食鹽	1g
乳酪	10g	胡椒	少許
牛奶	20ml		

做法

❶馬鈴薯要切成3～4公分方塊，好好水洗並除澀。

❷加水至能覆蓋馬鈴薯，加入0.3%食鹽，燙煮至軟化。

❸做成噴粉使水分蒸發掉，趁熱迅速壓濾。

❹在鍋內溶解乳酪，加入❸，以牛奶稀釋並加熱揉捏至適當的硬度。

1. 壓濾的馬鈴薯可做成馬鈴薯泥附屬於主菜，或捏成糰以烤箱烘烤，也可利用做炸菜肉丸、濃湯、沙拉等。

2. 壓濾要趁熱處理，溫度降低後，細胞膜的果膠質會硬化，使操作困難，如太用力即澱粉粒被壓壞擠出，所以變成有黏性，口感劣化。甘薯壓濾也要注意同樣的問題。

3. 作為壓濾用者與噴粉馬鈴薯相同，以成熟且粉質者為合適。做馬鈴薯泥者，同樣以細胞為基礎的粒狀，即細胞膜不破裂者為宜。

4. 為了方便，更有即食馬鈴薯泥（instant mash potato）銷售。可將粉狀產品加熱水調合一下，即可成為馬鈴薯泥供用。因為採用噴霧乾燥法製成，所以粒子很細。如前述，其細胞大都被破壞，所以復水調製後，變得黏稠，口感不良，如將其在供食前，在冰箱貯放一下，促使其澱粉老化（β化），即可增加口感。

 ## 馬鈴薯沙拉

材料（6人份）

馬鈴薯	400g	食醋	1大匙
切碎洋蔥	40g	豌豆	1/2杯
註：材料的10%		蛋黃醬	75ml
食鹽	1/3小匙	註：材料的15%	
註：馬鈴薯的0.8%		萵苣	3枚
胡椒	少許		

做法

❶馬鈴薯要連皮燙約40分鐘，趁熱剝皮，切成方角，即時加上食鹽、胡椒，並撒上食醋。

❷豌豆以1%食鹽熱水燙約4分鐘，滴乾。

❸洋蔥切碎，在水中漂洗，滴乾。

❹將❶～❸與蛋黃醬混和，盛載於萵苣上供食。

---

1. 連皮整個馬鈴薯燙煮可增加甜味，據說加熱中可增加糖分，因為連皮所以不容易溶出水中。

2. 馬鈴薯稍微調鹹一點才好吃，因其含鉀多所以會被平衡的關係，因此鉀多才會顯出甜味。

第三節　芋頭的烹調

芋頭在台灣到處都可以栽培，但最近以大甲芋較為有名。以澱粉為主成分，為粉質而味美，大都當成蔬菜食用，在甜點加工時被當作餡利用，也被做成冰淇淋食用，但在熱帶地方也當成主食食用。

一、芋頭的刺激成分

在芋頭削皮時，手會沾上黏液而發癢。這被認為是芋頭所含草酸鹽或生物鹼（alkaloids）對人的皮膚刺激所引起者。由加熱或加酸即可消失這種性質。

> 生物鹼為含有鹽基性氮的有機化合物：咖啡因、可可鹼（theobromin）、茄鹼（solanin）、尼古丁等，具有特有的苦味與興奮作用，其中也含有毒性者。

二、芋頭的黏液

芋頭的黏液被認為是醣類，其成分是galactans（聚半乳糖）與蛋白質所結合者。黏質物具有起泡性，加熱沸騰時會溢出，使湯汁混濁。除去黏液的方法有：

1.撒上2%食鹽，好好揉洗後再燙煮。

2.以1%食鹽水燙煮後，再調味煮熟。

3.連皮燙煮4～5分鐘，削皮再煮。

不加鹽就燙煮時會混濁得很厲害，且由於黏稠的關係，對流會不完全，煮沸時間延長，妨礙調味料的浸透。因此先燙煮後再水洗，然後以調味料煮熟。

三、芋頭的色素

為類黃（素母）酮（flavonoids）系的色素，在酸性時呈白色，鹼性將呈紅褐色的性質，加酸煮沸即會顯得潔白（在日本，市售品有使用亞硫酸漂白者，對人體有害，所以被禁止）。

四、防止薯類煮沸時崩潰

薯類在煮沸時，容易崩潰而外觀不好。如前述包圍澱粉的細胞膜（果膠質）被加熱即會溶解，澱粉會散開崩潰。

為了防止澱粉煮時崩潰，可以使用浸漬於明礬水（0.5%）以縮緊組織再煮沸的方法〔明礬（$KAlSO_2$）的鋁Al^{+3}離子可凝固細胞膜〕。細胞膜的果膠質會與鋁離子結合，形成不溶性鹽的緣故。不過浸漬太久即會成為久煮不爛的結果，所以宜浸漬10分鐘後，就取出水洗烹調。

在台灣，多以切角芋頭，先經油炸後再烹調的方法，來防止煮沸時崩潰。

第四節　山藥的烹調

烹調的種類有磨漿、做湯、醋漬、甜點（當成膨化劑），作為魚漿製品的黏著物等。

山藥具有黏性，據說這是由球蛋白樣蛋白質與聚甘露醣結合者，在磨漿混合時會抱入空氣，所以出現起泡性，可利用於甜點的膨化劑。又因為有黏性，所以對魚肉漿加入10〜20%作為黏著物，即可成為滑潤口感的產品。

調理上的要訣如下：

1. 要除澀後使用，因含有酪胺酸，所以磨漿或削皮後，接觸空氣即由於氧化酵素（酪胺酸酶），轉變為灰色或褐色，宜先浸於醋水或水來除澀後再使用。其尖端尤其含量多，所以皮要削厚一點。

2. 日本人喜歡其黏稠性，做成磨漿湯時，如在還很燙熱時就加入磨漿山藥，就會發生凝固而失去黏稠性，所以要等湯汁稍冷後再添加食用。

3. 鮮食的理由是，山藥除了水分以外，其餘都是澱粉，應該需要加熱糊化，但因其含有多量消化酵素（diastase），對消化很好，為了欣賞其黏稠性，所以鮮食者頗多（尤其是對日本人而言），加熱反而破壞酵素，消化較差。

第五節 甘薯的烹調

甘薯含有20%以上的澱粉，比其他薯類含有多出4%葡萄糖，所以甜味高。烹調可以做烤番薯、蒸熟甘薯、甘薯羊羹、甘薯蜜餞等，其生產量的約70%被應用為澱粉原料、飼料、蒸餾酒等加工用途。

其醣質、維生素B$_1$或C、熱量含量均頗多，糖化且為鹼性食品，適合於做小孩的點心。因含有糖化酶，在烘烤時慢慢加熱，由

酵素作用而甜味增加，烤番薯嘗起來特別甜的原因就這個道理。甘薯簽曬乾時表面產生白色的粉末，也是糖類成分。

第六節　澱粉的烹調

一、澱粉的種類

有馬鈴薯、甘薯、樹薯（cassava）、小麥麵粉、玉米等的澱粉，由其種類、形態或性質都不同，由糊化溫度其黏稠度亦迥異，所以烹調時要選擇合適的澱粉。也作為水飴、酒精、葡萄糖、漿糊等加工之用，在醫藥上的用途也不少。

(一)太白粉

在台灣所使用的太白粉，大多由樹薯（磨成粉稱為tapioka starch）製成，其糊化後具有白灰色澤，黏性高，許多家庭常使用於勾芡，增加湯汁濃稠度。

(二)甘薯粉

其糊化後透明度較低，質地較硬，久煮不爛，台灣甜點——粉圓，是由甘薯粉（sweet potato starch）製成者。

(三)馬鈴薯粉

馬鈴薯粉（potato starch）糊化溫度較低，其膠體呈半透明狀，黏度較低但比較脆，保水性佳。

(四)玉米粉

其膠體比太白粉細膩，入口感覺爽口，在許多膠凝甜點，如奶油空心餅的內餡使用很多。現在市面上販賣所謂「日本太白粉」，其實是玉米粉（corn starch）。

(五)小麥澱粉

小麥澱粉（wheat starch）由小麥麵粉抽取麵筋，所剩水中沉澱物，經過脫水、乾燥而成。此澱粉，又稱澄粉，透明度佳，港式點心的水晶餃、蝦餃都是由澄粉當作餃皮的原料。

(六)綠豆粉

加熱過程中黏度低且穩定，而冷卻過程中有較高的黏度回凝，因此為製造粉絲之理想原料，製成之冬粉，耐久煮、不易爛，適合火鍋使用。

影響澱粉老化的因素

1. 溫度：已經煮熟的澱粉貯存在60℃以上不容易老化，或在−20℃以下時成冷凍狀態也不易老化，所以澱粉成品貯藏在這兩者之間溫度時，溫度愈低老化速度愈快，麵包存放在冰箱冷藏（溫度約7℃），其老化速度會加快。

2. 水分：一般澱粉食品其水分愈多其老化速度愈快，將糊化澱粉在高溫下或0℃以下急速脫水，使水分降至13%以下就可防止澱粉老化，如速食麵及速食粥，就是利用此原理製成。

3. 種類：支鏈澱粉其葡萄糖是以 α-1,6鍵結，比直鏈澱粉以葡萄糖以 α-1,4鍵結者煮較不易老化，例如甜年糕以糯米為原料製

> 成，糯米含有高量的支鏈澱粉，比蘿蔔糕（由在來米製成）較不易老化。
> 4.共存物質：澱粉食品添加糖、油時可減緩老化速度，例如油飯比白飯老化較慢。

二、烹調上的特性

其烹調上之特性如下：

1.加水加熱時澱粉會顯出黏度而糊化，馬鈴薯粉在約80℃即成為黏性強的漿糊，但過度加熱即黏度會降低。因此利用於餡料時，不要加熱太久。玉米粉糊化溫度（約85℃）稍微高些，但黏性不高，添加於煉製品，加入糕餅時可改善其咬感，增加光澤，所以可添加約10%於原料中。

2.如前述，澱粉在水分30～60%時，長時間放置即會老化，因此在冰箱內長時間貯藏，就會硬化損及風味。

3.添加物對黏度的影響：澱粉有時會單獨使用，但多與各種調味料，或其他材料一起使用。

　(1)添加牛奶、乳酪時，黏彈性增加。

　(2)添加食鹽、食醋時，黏彈性降低，作為糖醋餡料時尤其容易老化，所以要注意。

4.不加水而加熱即糊精化，易溶於水或湯，成為易消化的結果，例如炒乳酪麵糊。

蛋花湯

（給湯附加黏稠度）

材料（6人份）			
高湯	900ml	太白粉	2小匙
食鹽	$1\frac{1}{2}$小匙	青蔥	20g
醬油	1/2小匙	味精	1/3小匙
雞蛋	2個		

做法

❶蛋不要攪打起泡，打散均勻即可。

❷在鍋中放入高湯加熱，加入食鹽，沸騰後加入以醬油及水溶解的太白粉。沸騰後，將火候減小，將蛋液經過網篩倒入鍋內，同時在蛋落下時，迅速攪拌，盡量將蛋液煮成細絲狀，加入蔥花，停止加熱。

在湯汁內添加1%澱粉，即相當於在湯內張開羅網，而蛋會掛在那裡不沉澱，所以細長者較宜。又湯汁冷卻後，蛋絲會沉澱，添加澱粉後湯汁不容易冷卻，口感也好。在紅豆湯中添加澱粉的理由也是相同。中國菜很多都要勾芡，原理亦相同（參閱**表4-2**）。

表4-2 適合於各種烹調的澱粉濃度

烹調名	濃度（%）
蛋花湯、紅豆湯	0.5～1.5
豆腐的勾芡	2～3
糖醋餡	4～5

菜湯添加澱粉的效果：

1.使口感滑潤。

2.讓湯中的菜餚不下沉，而浮在裡面。

3.湯汁愈濃愈不容易冷卻。

4.可將調味料沾黏在材料上，而增加風味。

5.對於要品嘗材料的原味，不對材料調味，而在其表面澆上餡料的料理很合適。

 ## 咕咾肉

材料（6人份）

豬肉	300g		豬油	2大匙
ⓐ 醬油	1大匙		高湯	180ml
ⓐ 磨漿薑	5g		註：材料的25%	
ⓐ 米酒	2小匙		砂糖	6大匙
太白粉	2大匙		註：材料的9%	
洋蔥	100g	糖醋餡料	醬油	3½ 大匙
香菇	15g		註：材料的1.5%	
竹筍	100g		食醋	2½ 大匙
胡蘿蔔	80g		註：材料的5%	
蒜頭	1片		太白粉	1大匙
豌豆莢	60g		註：高湯的5%	
			味精	少許

做法

❶將肉切成2.5公分的角，浸於ⓐ20分鐘。

❷香菇復水後切片，竹筍切成0.3公分的薄片，洋蔥也切片，胡蘿蔔切片0.3公分薄片。

❸豌豆莢燙好切成3公分長。

❹將肉角上水分擦乾，撒上薄薄一層太白粉，以油炸油在170℃油
　炸至金黃色，香脆為止。

❺在鍋中熱溶豬油，放入蒜頭，洋蔥炒至軟化，再放入香菇、竹筍
　炒一下，將糖醋餡料加入，加熱至呈透明，再將豬肉、胡蘿蔔添
　加，混合均勻，停止加熱，加入豌豆莢即盛於盤上供食用。

　　　將肉塊添加後，不要久煮以免香味盡失。因為加酸容易老
化，所以調理後宜儘快食用。

 ## 牛奶凍

材料（6人份）			
玉米粉	45g	砂糖	45g
牛奶	450ml	砂糖	10g
草莓	20g	香草精	少許

做法

❶在鍋內混合玉米粉、砂糖45g、牛奶。

❷將鍋內混合物不斷攪拌並加熱，即逐漸凝固，俟充分糊化後，停
　止加熱，加入香草精，將果凍模沾水，迅速倒入其中冷卻凝固。

❸將草莓壓碎後加糖10g煮成醬，將此澆上食用。

1.糊化不完全即口感不佳。

2.要迅速倒入果凍模，不然會凝固而無法呈現漂亮的形狀。

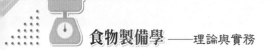

三、澱粉麵的烹調

　　澱粉麵有多粉、米粉、米苔目等。澱粉會吸水,但不具有黏稠性,所以不成糰。因此將其半糊化(漿糊狀)顯出黏性(有時會添加生澱粉揉捏),做成麵條狀經燙煮或蒸熟後乾燥者。在烹調時滾水煮多粉3～4分鐘,米粉先浸漬2～3分鐘,即可供為烹調。澱粉吸水慢,要讓其連內部都糊化,需要很久時間,所以使用這方法甚為合理。

　　市售的速食多粉及米粉是利用油炸,或熱風(高溫)乾燥,即保持α化狀態脫水者,所以泡水後即復水成為糊化狀態供食用。

> 　　米粉是將在來米磨漿,裝於布袋壓乾,再將其調水,成黏稠狀,壓成細條,蒸或煮熟後,曬乾後即為製品,食用時要將其復水,即體積會增加2.2倍。

第5章

油脂的製備

- 油脂的成分與特性
- 調理上的特性
- 適合於烹調操作的油脂
- 油炸食物

第一節　油脂的成分與特性

　　油脂是重要食品，營養上為熱量源，又是必需脂肪酸〔亞麻油酸（linoleic acid）、次亞麻油酸（linolenic acid）〕的供給源。溶解於油脂的維生素A、D、E、K與油脂一起攝取，則吸收更好，將胡蘿蔔等的蔬菜以油炒等來攝取，將可提高其利用率。

一、食用油脂之分類

　　食用油脂可分類為兩類：

1.在常溫下呈液體狀（植物性油，如黃豆油、花生油、芝麻油、紅花油、橄欖油、向日葵油等）。
2.在常溫下呈固體狀（如豬油、牛脂、人造奶油、酥烤油、可可脂、椰子油、棕櫚油等）。

　　液體與固體狀的差異在於其脂肪酸組成：不飽和脂肪酸多者為液體，飽和脂肪酸多者為固體。

二、反式油脂

(一)什麼是反式油脂

　　脂肪由其化學性質可分為三種類型：

1.飽和性脂肪：例如牛肉、豬肉、棕櫚油、牛奶的脂肪。

2.單不飽和性脂肪（Omega-9）：例如橄欖油、椰子油等。

3.多不飽和性脂肪：包括不同來源的Omega-6系列的亞麻油酸、花生四烯酸（arachidonic acid）。Omega-3系列即有次亞麻油酸、EPA及DHA等。

　　到了1950年以後，我們已瞭解飽和脂肪對人體有害，食用過量飽和脂肪，會升高膽固醇，會引發心臟病，所以人們便開始食用危害少的不飽和脂肪酸，但是不飽和脂肪酸在室溫卻不穩定，容易酸敗。為了改變這種狀況，遂將之氫化使其穩定，並可改變油脂性質，如發煙點上升、增加其可塑性。在1980年開始，這氫化的不飽和脂肪酸常被用來代替飽和脂肪酸。

(二)反式油脂的議題發展

　　脂質是一種甘油脂肪酸酯，則由一個甘油與三個脂肪酸所成的酯類，因甘油有三個-OH基可與脂肪酸的-COOH結合成為酯類，然而由於三個-OH基，一至三個中，其中多少以及其接合與脂肪酸接合位置，又由脂肪酸的種類、飽和與否而所成的酯類不同，自然而然其物理、化學特性也都不同。

　　如前述，脂肪酸的連鎖愈長，以及其飽和度愈大，愈呈固態。天然的不飽和脂肪酸大都以順式型（cis form）存在，但在氫化反應時，將形成反式（trans form）脂肪酸。

　　目前大家所關心的是這反式脂肪酸的問題。為什麼油脂要氫化？

1.改善油脂的穩定性。

2.氫化油不易產生聚合物，即不會品質劣化。

3.在室溫下呈固體狀。

(三)面臨的困境，解決之道

因為消費者意識到吃的健康的必要，再加上政府單位也要使消費者滿意，所以決定自2008年1月1日起，市售包裝食品的營養標示，必須全面標示「反式油脂」含量，因此如果含量愈高，將不利於市場競爭。

有些廠商幾年前就意識到此問題，而投入研究開發低反式油脂的技術與產品。然而如何產生低成本且不傷害健康的氫化油，尚不易解決。

Trans Form（反式）比Cis Form（順式）M. P.（融點）高。例如：

Oleic acid (Cis)13.4℃

Elaidic acid (Trans)43.7℃

$$\underset{C^{18}H_3 \cdot (CH_2)_7}{\diagdown} \overset{\displaystyle \overset{H \qquad H}{C^{10}=C^9}}{} \underset{(CH_2)_7-C^1OOH}{\diagup}$$

Cis Form（Oleic acid油酸）

（順式）

$$\underset{C^{18}H_3 \cdot (CH_2)_7}{\diagdown} \overset{\displaystyle \overset{H \qquad (CH_2)_7-C^1OOH}{C^{10}=C^9}}{} \underset{H}{\diagup}$$

Trans Form（Elaidic acid反油酸）

（反式）

Ω3（Omega-3）脂肪酸優點

醫學界普遍認為，富含Ω3脂肪酸的魚油或魚類製品對心臟病患者有益。美國加利福尼亞大學三藩市分校研究人員19日公布報告揭示了其作用機制，證實Ω3脂肪酸可以延緩心臟病患者的生理老化速度。研究人員在測量608名男性心臟病患者血細胞染色體端粒的長度後發現，攝入Ω3脂肪酸較多的患者生理上顯得更年輕，也就是說，其染色體端粒更長也更健康。端粒是染色體末端一種像帽子一樣的特殊結構，端粒酶的作用則是幫助合成端粒，使得端粒的結構得以穩定。端粒變短，細胞就老化。相反地，如果端粒酶活性很高，端粒的長度就能得到保持，細胞的老化就被延緩。「體內Ω3脂肪酸含量最高的患者，端粒變短的速度也最慢；而含量最低的那部分患者，端粒縮短的速度最快。這表明，後一部分患者生理老化的速度快於前一部分患者。」領導這項研究的拉明·法爾扎內—法爾解釋說。

研究人員推測，Ω3脂肪酸延緩心臟病患者生理老化速度的原因在於它能夠中和人體的氧化應激作用或者能夠提高端粒酶的含量。氧化應激是指體內氧化與抗氧化作用失衡，傾向於氧化，導致人體產生大量氧化中間產物。氧化應激被認為是導致衰老和疾病的一個重要因素。這項研究成果刊登在新一期《美國醫學會雜誌》上。研究人員表示，這一結論目前僅在針對心臟病患者的研究中得到證實，是否適用於健康成年人還需進一步研究。

資料來源：駐休士頓科技組，2010/02/04；引自國科會國際科技合作簡訊網，
http://stn.nsc.gov.tw/view_detail.asp?doc_uid=0990202009。

減肥新法

現代人經常為減少過多的脂肪傷透腦筋。最近《科學》雜誌的一篇論文講述歐洲科學家發現一種方法，讓老鼠體內的脂肪快速燃燒掉，從而達到減肥的效果。這也許會為減肥開創一條新路。

科學家早就知道一種叫做棕脂肪的動物脂肪，容易在體內燃燒，而不是像白脂肪那樣在體內累積。由德國科學家赫齊格（Stephan Herzig）率領的歐洲研究團隊在對老鼠的實驗中發現一種方法，可以催發白脂肪像棕脂肪那樣燃燒，從而讓老鼠降低體重。

其中起關鍵作用的是一種稱為環氧合酶-2（COX-2）的酵素，它具有多種生理功能疾病的治療效果，比如調節血壓，控制發炎症狀，甚而對肌肉收縮都有療效。在小老鼠體內的實驗中，激化COX-2的活性，引發白脂肪類似棕脂肪燃燒的作用，產生了20%體重下降的結果。

目前，科學家只是在老鼠和人類新生嬰兒身上分離出棕脂肪。新出生的嬰兒利用棕脂肪的燃燒產生能量，維持與子宮內的一樣的溫度。一旦嬰兒長大到自己能調節體溫，原儲存體內的棕脂肪變會脫落。2009年，科學家發現第一次在人的頸部發現了棕脂肪。

研究人員發現，只有在寒冷的環境下激化COX-2，才能讓老鼠體內的白脂肪燃燒，減輕體重。這個寒冷的環境條件前提很重要，因為COX-2酵素廣泛存在於人體組織，如增高活性的速度過快，可能引發嚴重的副作用，如凝血、疼痛更敏感，甚至肌肉變形等問題。

哈佛醫學院考恩（Chad Cowan）教授認為這項研究具有臨床意義，也許可以為減肥提供新的方法。

資料來源：駐洛杉磯科技組，2010/05/30；引自國科會國際科技合作簡訊網，
http://stn.nsc.gov.tw/view_detail.asp?doc_uid=0990520005。

 第二節　調理上的特性

一、分解溫度高

　　油脂的分解溫度很高，所以可以高溫加熱。烹調的利用溫度以150～190℃爲適宜，但由材料的不同、大小、天婦羅（油炸食物）的裏衣等而不同。此溫度與烤燒溫度相似，但油炸可全面急速加熱，所以可在短時間內烹飪，維生素等的損失亦少。

二、賦予香味

　　爲食品賦予油脂味，因此有油脂的香味。

三、潤滑劑作用

　　油脂成爲潤滑劑，防止食品的附著。在烘烤、煎煮時，在鍋上塗少許油脂再加熱，就形成薄薄的油膜，材料在加熱時就不會黏在鍋上（油與水不會混合）。

四、形成乳化液

　　油容易形成乳化液。在容器內放進水與油後強烈振盪即成爲乳濁液（油在水中成爲微細油滴）。利用這原理的是沙拉醬（dressing），如將其暫時靜置即因爲比重的差異，組成的不同而

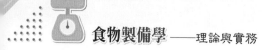

會分離。添加乳化劑使其不分離，而成為安定的乳濁液就是蛋黃醬（mayonnaise）。

五、賦予脆性

如添加於糕餅等麵糰中，就賦予脆性、奶油性（creaminess）。賦予酥脆性者有餅乾、脆餅乾（cracker）、派、酥餅等，奶油性者有水果蛋糕（pound cake）、泡沫奶油（whipping cream）等。

此時的油脂要為固體且融點要低。

六、改變的形態

脂肪在常溫應呈固體，加熱就變成液體。乳酪（butter）與人造奶油（margarine）放入口中會融化。脂肪由不同溫度，其所呈狀態亦不同，添加於甜點時要由換算值算做部分水的添加量，不然產品會太軟。

七、溫度變化快

熱容量小，所以很快就升至高溫，同時也容易降溫。油炸食物的難處也在此點。要不斷注意火候或材料的投入法，並保持適溫才能炸出好吃的油炸食物。

八、氧化變化

　　油脂加熱至200℃以上就冒煙（發煙點）。油脂開始分解為脂肪酸與甘油，再加熱即與空氣中的氧氣化合，被氧化形成低級脂肪酸，嚴重損害香味，黏性也提高，這稱為「油耗味形成」或「油燒」。保存不當時也會產生同樣的變化。

 # 第三節　適合於烹調操作的油脂

一、各類油脂的適用性

　　利用油脂的烹調性做各種烹飪，但烹飪時應使用最合適的油，才可以發揮其效果。**表5-1**為沙拉醬的應用與合適的烹調。

表5-1　沙拉醬的應用與合適的烹調

種類	材料	分量	做法	合適的料理
添加山葵	沙拉醬 山葵漿	100ml 10g	—	黃瓜、芹菜、水分多含有纖維的蔬菜
添加番茄	沙拉醬 壓濾番茄 洋蔥汁 辣椒	100ml 50g 1/2小匙 1/2小匙	對壓濾番茄添加沙拉醬及香辛料	餐前菜、沙拉
拉威哥德醬 （sauce ravigete）	沙拉醬 切碎洋蔥 食鹽 青椒	100ml 10g 1g 10g	對沙拉醬添加約20%的切碎材料	沙拉、肉、魚的冷料理

1.油炸物：以植物性油較合適。

2.炒菜（煎菜）：植物性油、人造奶油。

3.沙拉：精製沙拉用植物油。

4.製糕餅用：人造奶油、酥烤油、可可脂、乳酪。

5.餐桌用：人造奶油、乳酪、芝麻油（香油）。

6.賦予香味：芝麻油（香油）。

二、French dressing

又稱為醋油醬，或vinaigrette sauce，被利用為沙拉料理的調味料，又作為魚肉類的沾醬使用。主要材料為油與醋，再以食鹽、砂糖、胡椒等調味。

這種醬的材料配方，由於嗜好及澆上的菜餚之不同，而有油：醋為3：1＞2：1＞3：2的配合。攪拌即成為乳濁液，但放置稍久即恢復原狀而分離。

其穩定性會因材料配方而異：

1.油含量愈高，乳化安定性愈高。

2.食鹽、胡椒會降低安定性。

3.使用檸檬汁，其中的果膠質會提高安定性。

法國式沙拉醬

材料（6人份）			
油	3大匙	砂糖	5g
註：材料的15%（材料爲500g時）		註：材料的1%	
食醋	2大匙	胡椒	1/4小匙
註：材料的15%（材料爲500g時）		註：約食鹽的1/4	
食鹽	5g		
註：材料的1%			

做法
將表中材料裝於小瓶中強烈搖動。

第四節　油炸食物

　　在大量的油中，投入材料加熱者，在水中煮沸時溫度不會升至100℃以上，但油脂沒有沸點，所以可以按烹調的需要，使用適當的溫度。平常油的使用溫度爲150～190℃，可以在短時間內調理好，維生素及其他營養素的損失少。

　　油炸食物因種類不同，其方法、時間、溫度亦不同，僅在**表5-2**、**表5-3**列出，又溫度的判別法則在**表5-4**列出。

食物製備學──理論與實務

表5-2　油炸食物的種類與方法

油炸食物的種類			方法
和式	清炸	素炸	食物不裹任何材料直接油炸（茄子、南瓜）
		乾炸	撒上澱粉（麵粉、米穀粉）油炸（魚、肉等）
	裹衣炸	天婦羅	蛋液中加入麵粉裹衣油炸（魚、蔬菜等）
		齊炸	素食用，尤其將蔬菜裹衣（上述）油炸
		變化裹衣炸	材料裹上麵粉、蛋液，再撒上碎冬粉、芝麻等油炸
西式	清炸	清炸	不裹任何材料油炸，炸馬鈴薯、香菜、麵包等
	裹衣炸	西式油炸	對麵粉以牛奶溶合者，加入起泡蛋白者，裹衣再油炸
		油炸	依麵粉、打散蛋液、麵粉屑的順序裹衣後油炸（菜肉丸、炸豬肉等）
中式	清炸	清炸	食品先給予調味，然後直接油炸（肉丸、豬肝等）
	裹衣炸	乾炸	食品先給予調味，再裹上澱粉（太白粉、米穀粉）油炸
		軟炸	以澱粉加水混合者裹衣油炸（肉、魚等）
		高麗	起泡蛋白加澱粉（麵粉、太白粉）裹衣，油炸成白色油炸食品，如蝦、雞肉、魚等

表5-3　油炸食物的種類與適溫

種類	適溫（℃）	時間（分）	油炸的訣竅
天婦羅	180～190	1.5～2	避免材料的水分蒸發掉，利用原味的料理，利用在裹衣的水分蒸發時被加熱，貝、魷魚等要在短時間做好，不然變硬而味道劣化。裹衣要薄
菜肉丸	180～190	1	只加熱表面，溫度低即容易裂開
薯類（0.8公分厚）、蓮藕、牛蒡	160～180	3	不易熱透，所以在低溫油炸，俟內部熱透，再提高溫度，炸成酥脆
炸牡蠣	170～190	2	不易熱透，裹衣不要太厚，先以低溫炸，再提高溫度油炸
炸豬肉	170～180	3～4	溫度高即裹衣會焦掉，內部不易熟透，先以170℃炸，最後提高溫度炸油
冬粉	170	20秒	高溫即顏色差，在短時間內炸好，以冬粉為裹衣時，裡面的材料要熟透，所以要在低溫花時間炸。材料要使用易熟者，或已煮熟者

（續）表5-3 油炸食物的種類與適溫

種類	適溫（℃）	時間（分）	油炸的訣竅
油炸土司	170	1	炸土司的麵包易焦，所以要在170℃油炸
甜甜圈	160～170	1.5～1.2	膨化為目的時，表面凝固即不易膨發。在低溫，偶爾給予翻轉慢慢油炸。
西式油炸	160～170	2	以高溫油炸即裹衣會焦化，所以在低溫炸至內部熟透。使用容易加熱材料（小魚等）
炸馬鈴薯片	160～180	—	要脫水完全才能炸成酥脆，在低溫慢慢炸，注意不讓其著色，最後在180℃的高溫油炸，以免含油。
香菜（青葉）、茄子、青辣椒	150～160	1～2	要獲得顏色好，且酥脆，在低溫慢慢油炸
清炸鯉魚	150～180	5～10	要內部熟透，需要時間，所以在低溫，長時間油炸，最後以高溫炸
魚、海苔	160～180	3～4	

表5-4 炸油溫度的識別法

溫度（℃）	狀況
150～160	將少量麵糰滴入，先沉到鍋底再浮上來
大約170	沉到中間再緩慢浮上來
大約180	沉到中間即時浮上來
200	冒出紫色煙

一、油炸時注意事項

(一)適溫

油炸材料各有其適溫,所以宜保持其適溫。將材料加入油中,因材料的溫度低且水分蒸發的關係,會被奪熱而油溫會下降。下述幾點需要加以留意:

1.將油溫調整至比適溫稍高才加入材料(5~10℃高)。
2.不要一次加入太多(不要加入油面積的1/2~1/3以上)。
3.看油炸進行過程,不斷調整火候。

(二)不含油的油炸食物製作

做成不含油的油炸食物,在油溫低或使用舊油時,水分蒸發少的油炸食物表面易黏稠。需要低溫油炸者,在結束時提高溫度即不含油。讓油滴乾後再放入滴油架上,而且不要重疊堆積。

(三)食物內外部溫度調控

油炸時,蛋白質會凝固,澱粉會糊化,炸馬鈴薯片要被脫水。乾炸在1~2分鐘內,熱會透至內部,但天婦羅的裹衣水分多,內部的溫度不易上升,要約2分鐘才能達到約100℃。在各材料的內部都加熱時,外面要呈金黃色,所以溫度要適宜調節。

二、油的保存與使用法

油經長時間加熱,或保存方法不對,就有令人不快的氣味產生,味道劣化,此稱為「油的酸敗(或變敗)」。不必要的高溫,

或投入水分多的材料即會加速氧化，加上材料所含鈣、鎂、鋅等更會促進分解，所以常以網撈取油中的殘渣。又使用過的油，宜將不純物過濾後裝入狹口的容器內，貯存於冷暗處，以防變敗。

　　如天婦羅要做成白色外觀的食物，就要使用新油，稍微著色也沒關係的炸豬肉、甜點類，即將舊油與新油混合使用。使用約兩次的油炸油即過濾後作為炒菜用。

　　天婦羅、甜不辣（油炸食物）以新鮮者作為材料，避免水分蒸發，利用其原味的油炸食物。在裹衣的水分蒸發中被加熱，因此裹衣與材料都會影響風味，所以對裹衣的配方，油炸方法都要加以注意。

天婦羅

材料（6人份）

明蝦	12隻	胡蘿蔔	60g
蓮藕	100g	芫荽	1把
牛蒡	70g	海苔	1/2張
裹衣 麵粉（註：材料的20%）	1杯	沾汁 濃高湯	160ml
		醬油	40ml
蛋（註：麵粉的1.7倍）	1個	味醂	40ml
		味精	少許
水（註：麵粉的1.7倍）	120ml	磨漿蘿蔔	150g
		油炸油	適量

做法

❶明蝦留尾部將其剝殼，在腹部切入3～4個刀口，以防加熱後彎曲。

❷蓮藕削皮，切成0.5公分厚度浸於醋水脫澀。

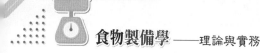

❸牛蒡切成5公分長絲狀，換水浸漬脫澀。

❹胡蘿蔔切成火柴棒粗絲狀。

❺芫荽切成4公分長，長者將4～5支打結成束。

❻海苔切成六塊。

❼蛋與水要混合均勻，做一次加入篩過的麵粉，以5～6支筷子粗略混合，水分多的材料先薄薄地沾上麵粉；再裹麵糊。明蝦要在投入180℃油中油炸，浮上後翻轉一次再油炸1～2分鐘即可撈出，放在滴油架上。

❽蓮藕、牛蒡、胡蘿蔔放入於170℃的油鍋中，即油溫會降到約160℃，所以保持這溫度炸至熟透，再提高溫度（180℃），俟裹衣稍著色後就可撈出。

❾三葉（或芫荽）與海苔都只在一面裹麵糊，在160℃低溫緩慢油炸，俟顏色呈金黃色，酥脆後取出。

❿在盤上敷吸油紙，盛天婦羅，附磨漿蘿蔔及沾汁供食。

1.天婦羅裹衣以不燒焦，呈淡黃色，裹衣薄為宜，所以宜使用薄裹麵衣。油炸物以酥脆乾爽，咀嚼好者為宜，尤其是花枝、蝦等如炸過頭即變硬，所以要在180℃以上的高溫，短時間炸好。

2.天婦羅的裹衣製備，請參閱第三章第五節中「油炸食物（天婦羅、甜不辣）的裹衣」。

3.裹衣不易附著，或水分多者，先沾上薄薄一層麵粉，再裹麵糊。

4.裹衣麵糊如將所需一次做好，即會出現黏性，所以分開做，最好在油炸前才混合。

5.天婦羅要炸好後即時供食，不然裹衣會吸濕而味道會劣化。

註：在台灣稱謂天婦羅（甜不辣）是油炸魚漿煉製品，在日本，天婦羅（甜不辣）是油炸食物的總稱。

1. 對甜甜圈油炸的目的是要使其膨發，所以如果表面凝固太早，即內部無法熱透而不易膨發，因此要在低溫，常常給予翻轉慢慢油炸為要，如不給予翻轉即只有一面膨發，形態不好。
2. 甜甜圈的配方甚為重要，砂糖、脂肪多，即組織會粗，水分蒸發多，相對的吸油量增加，容易在油浴中崩潰。發粉太多也會有相似結果。發粉以3%，砂糖以麵粉的三分之一，乳酪以約10%即可獲得很好的產品。

 甜甜圈

材料（6人份）

麵粉	150g	蛋	50g
發粉	4.5g	註：麵粉重量的1/3	
註：麵粉重量的3%		牛奶	20ml
乳酪	15g	肉桂	適量
註：麵粉重量的10%			
砂糖	50g		
註：麵粉重量的1/3			

做法

❶ 麵粉與發粉混合均勻，篩過二次。

❷ 盆中放進砂糖與乳酪，以木杓混合至奶油狀。將蛋少量分次添加並混合均勻（如一次加入即會分離）。

❸ 在❷中分次加入牛奶混合均勻，再加入❶，輕輕混合成糰狀。

❹ 將❸放在薄薄敷上麵粉的砧板上，壓延至0.8公分厚度，以甜甜圈模壓出甜甜圈。

❺ 將炸油熱至160℃，加入甜甜圈，每約15秒即翻轉油炸2～3分鐘，俟充分膨脹後，提高油溫至180℃再撈出，趁熱撒上砂糖。

 ## 高麗蝦仁（油炸蛋白蝦仁）

材料（6人份）			
明蝦	12隻	蛋白	2個
食鹽	1%	太白粉	4大匙
薑汁	1/2小匙	食鹽	小 $1\frac{1}{2}$ 匙
太白粉	1小匙	山椒粉（或胡椒粉）	1/2小匙

做法

❶ 明蝦剝掉頭部並去殼，腹部切入淺切口（防止加熱後彎曲）剪出尾部尖端，撒上食鹽與薑汁。

❷ 將蛋白稍微打發，加入太白粉輕輕混合。

❸ 擦掉蝦仁水分，撒上太白粉、食鹽、山椒粉，抓尾部浸入混合好的麵糊，將油加熱至165℃，油炸至內部熱透，裹衣變硬即可撈出（2分鐘以上）。

1. 利用蛋白裹衣的西式油炸，要在裹衣炸好時，同時內部也要熟，因此使用較厚的材料就不合適。蝦仁如太厚也要切成薄片使用。

2. 高麗是朝鮮的意思，指的是以烹調炸成白色。為了這目的，要使用新油，以低溫讓內部熱透，即長時間油炸。

3. 雖然取出時，油溫在170℃以下，但有蛋白的皮膜形成，所以油的吸著不多。

4. 太白粉為蝦重的約20%，粉與水（蛋）的比例為1：1.5為宜。

三、炒菜

　　炒菜是以熱鍋的鍋熱與材料的約5～7%的油，將食品加熱烹調，屬於烘烤與油炸的中間，直接將鍋的高溫傳給材料，所以容易燒焦（150～170℃）。但是以高溫在短時間內，將食物加熱，煮沸的同時水分減少，油會浸透增加香味。如燒至焦黃即賦予焦香味，含有胡蘿蔔素的食品會顯得更漂亮，同時易溶於油，在體內的利用率會增加。因可以在短時間內烹調好，維生素及其他的損失少。這都是炒菜的優點。在炒菜時要不斷地攪動，又要以大火炒，不然水分會浸出而結果不佳。

　　在餐廳為了炒菜帶有香味，多使用豬油或雞油，但一般消費者因為保健的關係，多不敢食用豬油而改用沙拉油（其實這是黃豆油且不是沙拉油，即只是沒有經過冬化處理的烹飪油）。炒飯是最平常的主食，大餐廳不認為這是可登大雅之堂的菜餚，所以不一定有供應。炒飯的材料可任意改變，花樣也多，有人認為以炒飯的好壞就可看出其廚藝呢！

食物製備學——理論與實務

 炒飯

材料			
米	720g	蛋	4個
豬肉	200g	胡椒	1/3小匙
薑母	10g	鹽	10g
蒜頭	1片	胡椒粉	2/3小匙
蝦仁	100g	米酒	2大匙
火腿	2片	醬油	$1\frac{1}{2}$ 大匙
青辣椒	3個		
豬油	4大匙		

做法

❶將米加入其體積1.1倍的水，煮成稍微硬一點的飯，打散冷卻備用。

❷在鍋中熱2大匙的豬油，倒入打散的蛋，迅速混合炒成軟蛋塊。

❸將火腿片切成1公分角，青辣椒0.5公分角，薑母、蒜頭切碎，蝦仁燙熟，切成1公分大。

❹在鍋中加入1大匙豬油加熱，投入薑母、蒜頭、豬肉炒香，再加入青辣椒很快炒一下，以食鹽、胡椒調味，停止加熱。

❺飯分為兩次炒，在鍋中先加入1大匙豬油溶化，回轉鍋使豬油全面沾上鍋面，將飯全面貼上鍋面，熱約30秒後，撒食鹽、胡椒、米酒，攪拌使飯不黏在一起，加入❹的一半材料混合。最後在鍋滴入醬油，飄出芳香後，混合飯。盛於盤皿上，再將蛋、火腿、蝦仁撒在飯上供食。

 八寶菜

材料

ⓐ	花枝	300g	老薑		10g
	食鹽	1/2小匙	高湯		1杯
	米酒	2小匙	註：材料的20%		
	薑汁	1小匙	米酒		1大匙
太白粉		2小匙	砂糖		1大匙
豬肉		100g	ⓑ	註：材料的1%	
香菇		5朵	醬油		1大匙
胡蘿蔔		80g	註：高湯的5%		
洋蔥		150g	食鹽		$1\frac{1}{2}$小匙
甘藍		150g	註：高湯的5%		
竹筍		80g	太白粉		1大匙
青辣椒		2個	豬油		2大匙

做法

❶將花枝的腳與身體分離，剝皮水洗，在身體的裡面切入0.4公分角的切口，切成2～3公分角，浸於ⓐ的調味料。

❷將豬肉、香菇、竹筍、洋蔥、甘藍、青辣椒各切成3公分薄片。

❸胡蘿蔔要輪切為0.4公分厚度並燙煮備用。

❹青辣椒與竹筍即燙煮備用。

❺擦去花枝的水分，薄薄撒上太白粉，在180℃油鍋中油炸30秒後，撈出備用。

❻在鍋中熱1大匙豬油，加入切片老薑炒香，再加入豬肉炒一下，撈出於盤上。

❼加入1大匙豬油，將洋蔥以中火炒至熟透，再以竹筍、香菇、甘藍的順序加入炒熟，將ⓑ調味料澆上。俟湯汁透明後，加入豬肉、花枝、胡蘿蔔、青辣椒混合後，停止加熱。

1. 「八寶菜」菜餚宜以新鮮狀態供應為貴，所以要切成薄片以便易煮透，不易炒透者宜先燙熟。

2. 要在短時間內供應（炒熱）的菜餚，所以要先準備各種材料。

3. 以大火不滲水炒煮（洋蔥不容易煮透，所以用中火炒煮）。

4. 這菜餚是利用炒煮者，勾芡是因為味道不容易侵入材料的緣故，要賦予風味為目的，要煮成不留汁液為宜。湯汁以不超過材料的20%，大白粉的濃度以5%為適宜。

「八寶菜」是非常典型的中華料理之一

圖片來源：https://commons.wikimedia.org/

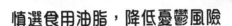

慎選食用油脂，降低憂鬱風險

氫化植物油含有反式脂肪，具有耐高溫、不易變質與存放久等優點，被廣泛應用在食品（如速食、泡麵、洋芋片、鹹酥雞、甜點等）製作上。

攝取這類油脂已被醫界證實會提高心血管疾病、糖尿病、哮喘、過敏、癌症等疾患纏身的風險，近期發表在國外「公共科學圖書館期刊」線上版的一份報告更指出，食用反式脂肪也會讓人出現憂鬱症的機會大增，值得注意。

★食用反式脂肪罹憂鬱症機會大

由西班牙拉斯帕馬斯大學的預防醫學專家Almudena Sanchez-Villegas博士和納瓦拉大學的學者合作，針對12,059名平均年齡37.5歲，且並無憂鬱症病史者進行為期6年的追蹤調查，以探討這些人各類油脂的消耗量和未來憂鬱症發病率的相關性。

研究人員每兩年會安排一次問卷訪談，主要是瞭解個案的飲食內容與生活方式。調查結束時，也會參考當事者歷年來的就醫紀錄，以確定其是否曾被診斷為憂鬱症，或因故接受抗憂鬱劑的治療；統計發現，有657名個案得到憂鬱症。

進一步分析顯示，食用反式脂肪的量與罹患憂鬱症的風險呈現劑量效應關係，也就是吃得越多，罹患憂鬱症的風險居然高出48%。

另外，食用的油脂若是傾向飽和性脂肪，如牛、羊、豬動物肉中所含油脂，也有類似上述現象。但若是傾向攝取不飽和性脂肪，如深海魚油、橄欖油、蔬菜油等，卻能降低憂鬱症罹患的風險，發揮保護、預防的作用。

★不飽和性脂肪能降低罹患風險

研究結果似乎可說明，為何南歐國家的憂鬱症發病率較歐洲其他地區低，食物儼然扮演了重要角色。南歐國家普遍採地中海型飲食，食材多海魚、蔬果、堅果等，烹調也以橄欖油為主，這些東西都富含不飽和性脂肪，例如Omega-3、Omega-9等。

建議大家買東西吃時，天然的最好，少碰油酥或油炸的加工食品，並養成閱讀營養成分標示的習慣，審慎選擇攝取的油脂，身心健康才有保障。

健康用油意識抬頭，許多消費者會選擇使用橄欖油

資料來源：柯俊銘，自由時報電子報，http://www.libertytimes.com.tw/2011/new/feb/26/today-health7.htm。

第6章

豆類的製備

- 豆類的種類與用途
- 黃豆的烹調
- 豆腐的烹調
- 紅豆的烹調
- 鷹豆的烹調
- 白菜豆的烹調

豆類並無胚乳部，供應食用的是子葉，除了供為蔬菜以外，都乾燥後再使用。水分含量為13～15%，被強韌的外皮所覆蓋，內部組織比穀類緊密，堅硬得多。由於主成分的差異，可分為三類，在調理上的操作亦迥異。**表6-1**為豆類、豆腐與牛奶成分的比較。

第一節　豆類的種類與用途

一、蛋白質與油脂為主成分者

黃豆（煮豆、豆腐、千張、豆干、味噌、豆皮、豆漿、黃豆油）含有約40%蛋白質、18%油脂，花生（花生醬、花生油、直接食用）含有油脂約45～50%。

二、澱粉、蛋白質為主成分者

紅豆（紅豆湯、紅豆飯、餡料）、豌豆（煮豆、餡料）、蠶豆（煮豆、餡料）、紅豌豆（蜜豆、餡料）、鵲豆、萊豆。

三、作為蔬菜使用者

其蛋白質與油脂含量較少的，例如未成熟豌豆、豌豆、甜豌豆、豌豆莢、萊豆莢、毛豆。

表6-1　豆類、豆腐與牛奶的成分（每100g）

| | 熱量(kcal) | 水分(g) | 蛋白質(g) | 脂質(g) | 碳水化合物(g) | 無機質 | | | 維生素 | | | | | |
						鈣(mg)	磷(mg)	鐵(mg)	A(I.U.)	胡蘿蔔素(I.U.)	D(I.U.)	B₁(mg)	B₂(mg)	C(mg)
紅豆	326	15.5	21.5	1.6	54.1	75	350	4.8	6	20	—	0.50	0.10	0
菜豆	325	16.0	29.2	2.2	54.3	130	400	6.0	6	20	—	0.50	0.20	0
鵲豆	259	35.3	7.4	2.0	52.1	45	114	2.5	0	0	—	0.03	0.01	0
豌豆	335	13.4	21.7	1.0	55.7	58	360	5.0	33	100	—	0.72	0.15	0
蠶豆	331	13.3	26.0	1.2	50.9	100	440	5.7	50	150	—	0.50	0.20	0
黃豆	392	12.0	34.3	17.5	26.7	190	476	7.0	6	20	—	0.50	0.20	0
豆腐	58	88.0	6.0	3.5	1.9	120	86	1.4	0	0	—	0.02	0.02	0
牛奶	59	88.6	2.9	3.3	4.5	100	90	0.1	100	20	—	0.03	0.15	0

第二節　黃豆的烹調

　　在營養上被稱爲「田園的肉」，是甚爲優秀的食品，國人尤其是佛教徒等素食者能生存到今天，可以說是黃豆的恩惠。但是因爲所含纖維質甚爲強韌，所以煮豆消化不良，故將其打碎，把不易消化部分除去的製品，如豆漿、豆腐；又以微生物的作用，將其組織分解改善消化的味噌、納豆、醬油、豆豉、豆瓣醬等加工品，都被普遍利用。在台灣，煮豆的調理加工甚爲進步（雖然已有更進一步的人造肉，分離黃豆蛋白等已被銷售），但作爲原料的黃豆幾乎要靠進口。然而進口黃豆卻大都供爲製油用（但其豆渣卻被作爲家畜的飼料，供應動物飼料）。

一、黃豆的成分

　　作爲植物性食品，其蛋白質爲最優良，蛋白價爲73。胺基酸組成以離胺酸、色胺酸含量爲多，如與這種胺基酸少的米或麥等穀類搭配，即可將其有效利用。

　　然而，因爲黃豆所含甲硫胺酸、胱胺酸少，所以如與蛋等搭配，就可改善蛋白質的效果。黃豆尚含有阻礙蛋白質消化的胰蛋白酶抑制劑（trypsin inhibitor），但可由加熱來破壞，所以食用應該沒有妨礙（如作爲飼料而沒有經過加熱，即對家畜會造成下痢等問題）。黃豆特有的豆臭味是來自酮酸、羧酸（carboxylic acid），這可以由加熱消失（製造人造肉時，因爲歐美人士無法接受這種青臭味，所以要特別留意去除）。黃豆的碳水化合物幾乎都是果膠質（pectin）與半纖維（hemicellulose），整粒食用會妨礙消化（未

成熟黃豆含有澱粉，但成熟者則無）。主要蛋白質為大豆球蛋白
（glycinin），消化甚好的蛋白質。在構造上，黃豆直接食用即消
化不良，所以古代之豆漿、豆腐等加工品甚為發達。黃豆含有17%
以上的脂質，脂肪酸的組成以亞麻油酸、次亞麻油酸為多，為國人
必需脂肪酸的供給源，有預防膽固醇積蓄體內，又含有多量卵磷脂
（人腦、神經成分）。

> 　　黃豆球蛋白與果膠質均為中性鹽可溶，所以將黃豆放進1%
> 食鹽水煮沸，就可使其迅速軟化。

二、黃豆的消化

　　表6-2為各黃豆類製品的消化率。由**表6-3**可知黃豆含有水蘇糖
等寡糖，容易引起肚子脹氣。

表6-2　黃豆製品消化率

黃豆加工品	消化率（%）	收率（%）	黃豆加工品	消化率（%）	收率（%）
煮豆	68	98	豆腐渣	60	38
炒黃豆	60	98	納豆	85	90
黃豆粉	83	90	味噌	85	90
豆腐	95	52	醬油	98	35

表6-3　黃豆的醣類（%）

種類	含量（%）	種類	含量（%）
總醣量	31.1～43.9	水溶性糖	7.6～10.4
戊聚醣	3.4～3.8	半乳聚醣	2.0～2.72
蔗糖	4.5	棉子糖	1.1
水蘇糖	3.7	阿拉伯糖	0.002
葡萄糖	0.005		

三、烹調上的特性

以乾物換算含有約40％的蛋白質，其中約90％為水溶性。黃豆蛋白質由加熱不易凝固，但變性後會成為軟泥狀。但是豆漿在約70℃時，添加苦汁（$MgCl_2$）或硫酸鈣（石膏）（$CaSO_4 \cdot 2H_2O$）即會凝固，豆腐就是利用這原理所製成（如**表6-4**）。

納豆

將煮沸過的黃豆混合納豆菌（枯草菌）保持在40℃，發酵12～24小時者，具有特有臭味（類似臭豆腐）、甘味、黏絲。據稱甘味由胜肽（peptide）或胺基酸所呈現，黏稠性由麩胺酸與果糖所成。含有蛋白質、澱粉分解酵素，容易消化，強化腸內細菌的抵抗力，維生素B_2亦多，溫度高即會產生氨，所以要冷藏，且不要貯藏太久，儘快食用為宜。最近，日本人更將其當作保健食品，因可提高免疫力等而受到消費者的喜愛。

表6-4 豆腐製作原理

	豆漿中固形物（％）	添加苦汁的溫度（℃）	註
傳統豆腐	4～7	70～75	將凝固的豆漿倒入敷棉布的板模中壓乾所成
豆花、軟豆腐	約10	60～70	將全部豆漿凝固成果凍狀者
盒裝豆腐	約10	70～80	

四、煮豆

豆類像穀類一樣都以乾物貯藏，所以宜以浸漬吸水後再加熱。

(一)豆類的吸水

1. 豆類幾乎都被強韌的外皮所被覆，子葉的組織多比穀類更密且硬，都需要5～6小時以上的浸泡。

2. 吸水速度以溫度愈高愈快，在18℃要12小時才能吸水完成，在27℃只要8小時就能達飽和狀態，又因豆的新舊、種類而異。

3. 充分吸水者，其重量會達乾燥時的約兩倍。

4. 要煮成蒸黃豆時，預先以1%食鹽水浸泡，再以此浸泡水煮或蒸，即可迅速軟化。這是因為黃豆蛋白質有溶於中性鹽類之性質的緣故。

5. 以0.3%小蘇打水（pH8.2）或1%食鹽水（pH7.2）的鹼性溶液浸泡，再以這浸泡液煮沸即可很快煮熟。這是可加速子葉之膨潤的關係，據說以這程度的鹼性不會損及風味，維生素的損失也少。

---

1. 對豆漿的固形物1g添加0.01g苦汁。

2. 苦汁中的氯化鎂等17%會結合，其餘即以粉末結合狀態殘留。苦汁為製造食鹽時，結晶（氯化鈉）析出後，所殘留的液汁中因含有氯化鎂，帶有苦味所以稱為苦汁。雖然會殘留於豆腐中，但量少，反而會呈甘味。

3. 新式的盒裝豆腐，因為要將豆漿裝盒後（連凝固劑裝進），加熱凝固與殺菌要同時進行，所以不採用石膏或苦汁，而以葡萄糖酸-δ-內酯（glucono-δ-lactone）作為凝固劑。

4. 從1kg黃豆可製成約500g（50%）的豆腐。

5. 由於添加苦汁的溫度不同，所製成的豆腐硬度亦不同。

(二)煮豆的祕訣

1. 煮沸前浸泡5～12小時（由豆的種類而異），並以浸泡液煮沸。

2. 種皮甚硬，在加熱中再加冷水煮沸，以破壞豆的皮部組織，就可快速使其軟化。

3. 煮豆時，皮會常有皺紋生成，皮會因加糖而有伸展的性質，內部的子葉卻相反的有收縮的性質。要調整皮的伸展與子葉的膨潤而煮成膨潤的煮豆，就要留意下列幾點：

   (1) 子葉為蛋白質，所以很難膨潤，可利用小蘇打等鹼來促進其膨潤。

   (2) 砂糖由於浸透壓可以使黃豆收縮，不宜一次添加，可分好幾次添加，從較淡的慢慢提高濃度。又要漸次提高濃度，所以可以在浸泡時就添加砂糖。

   (3) 為了不使豆露出空氣中，所以煮湯減少了就再加水，多加一點水，然後蓋以浮蓋玻璃紙，不讓其接觸空氣，煮爛了就留其浸漬於湯汁中，使其入味。

   (4) 加熱時不要使其煮開，以小火，均勻地慢慢煮。調味料的浸透需要時間，所以使用小火，緩慢煮沸較適宜。

表6-5為煮豆與砂糖的比例表。

---

1. 對於伸展的皮，部分會生成裂口，水會浸入，另一方面，皮的伸展會受到壓制，可使皮與子葉的煮熟度步調趨於一致。

2. 砂糖與子葉的水分結合（脫水作用），子葉會收縮變小。

表6-5　煮豆與砂糖的比例

	對原料的砂糖 （%）	對製品的砂糖 （%）	註
淡甜	40～60	15～20	保存時為了防腐，砂糖的量要多
普通甜	60～80	20～25	些。鹽分為原料的1～1.5%，對製品
濃甜	80～150	25～35	即為0.5～0.7%

煮大黑豆

日本人在過年過節或家有喜事時，要煮大黑豆食用。這種大黑豆比台灣的黑豆大幾倍，在日本的產量也不多，甚為珍貴。

材料（6人份）

大黑豆	300g	小蘇打	1/2小匙
水	8～9杯	舊鐵釘	約6支
砂糖	240～300g	紗布	
醬油	3大匙		

做法

❶鐵釘洗淨以紗布包好，將材料全部放進鍋中，浸泡一夜。以此分量浸泡，即使水溫低，砂糖也會緩慢浸潤，所以不會生成皺紋。

❷將其加熱，煮沸即撈掉所浮上的泡沫，沸騰即加入半杯水，再沸騰即再加水，反覆2～3次，然後加浮蓋以小火繼續煮沸6～7小時，以手指可以捏碎的軟度為指標，停止加熱，留其浸泡在湯汁中（取出鐵釘及紗布）。

浮蓋

　　日本人在烹調時使用稱為「落蓋」，即一種浮蓋，通常以木頭所做成，比鍋面稍小，即蓋上後可浮在湯汁上面，以防止湯汁因煮沸而蒸發太厲害，有時也使用防水的厚紙，可在使用後丟掉。

　　為了防止豆會暴露在空氣中，水量少了立即補充，並且不要在煮沸中拿除鍋蓋。以小火不使豆跳躍，並小心除去澀味（泡沫）（在澀味中含有小蘇打、鐵分等，除去泡沫、防澀味，不但可清除小蘇打的臭味，風味也不會劣化）。又加入鐵釘的目的是要讓黑豆的花青素與鐵或錫離子結合，呈現漂亮之黑色的緣故。

　　另者，日本人在鹽漬茄子時，也會添加鐵釘，其目的亦相同。

 ## 什錦黃豆

材料（6人份）			
黃豆	150g	薑母切絲	10g
胡蘿蔔	120g	高湯	$1\frac{1}{2}$ 杯
牛蒡	60g	砂糖	6大匙
蒟蒻	1塊	醬油	3大匙
昆布	5g	味精	1/2小匙

做法

❶黃豆浸泡800ml水一夜。

❷以浸泡水煮軟。

❸蔬菜全部切成薄片（或1公分角），蒟蒻以鹽揉捏後燙煮備用，
牛蒡要浸水，換水以除去澀味。

❹在鍋內放入材料與味精、高湯，以小火煮1～1.5小時，煮至湯汁
幾乎乾掉為止。

　　只使用黃豆時，將其以浸泡水煮軟後，利用於煮菜、天婦
羅（油炸食物）等料理。

第三節　豆腐的烹調

　　豆腐是將黃豆浸泡，膨潤以後磨漿，以綿布過濾後，對豆漿
添加石膏或鹽滷〔盒裝豆腐即使用GDL（葡萄糖酸-δ-內酯）凝固
者。其88%為水，6%為蛋白質，約3%為脂肪以乳化液形態存在，
為豆腐風味的來源〕，不消化的纖維質被除掉，而為消化好的食
品。

　　豆腐味道很清淡，富於彈性的柔軟，滑潤為其特色，所以要使
用不損及其特性的方法來烹飪。烹飪的種類有以原來的形態（鑲豆
腐、豆腐湯、翡翠豆腐等），減少水分再使用者（豆干、油豆腐、
腐竹等），將形態打碎者（麻婆豆腐等）。

 湯豆腐

材料（6人份）

豆腐	600g		昆布（海帶）	20g	
水	5杯		柴魚粉	6g	
沾汁 { 醬油	7大匙	香辛料 { 蔥屑	30g	
味醂	3大匙	老薑漿	10g	
高湯	6大匙	碎海苔	1張	

做法

❶ 將1塊（300g）豆腐切成12小塊。

❷ 將青蔥切碎，以冷水沖洗滴乾，老薑磨漿，柴魚粉、碎海苔作為香辛料（可用山葵漿）。

❸ 沾汁的材料要將其煮沸一下，再以濾布過濾，裝於皿中。

❹ 在鍋底墊昆布（海帶），加入水及0.5%食鹽，沸騰即加入豆腐，俟熱透即取出以沾汁、香辛料食用。

　　在湯中添加食鹽，其鈉離子會防止豆腐中的游離鈣離子與蛋白質結合而變硬，又添加澱粉亦可妨礙其結合，同時使其表面滑潤。長時間煮沸會使其變硬，所以儘早取出。

　　在吃火鍋或涮涮鍋時，常將牛肉片投進鍋中燙一下，趁半生不熟時食用。此時，如果放進豆腐，湯中會溶出鈣離子，會使牛肉片硬化而不好吃。

豆腐湯

材料（6人份）			
高湯	5杯	豆腐	1大塊（350g）
食鹽	2小匙	茼蒿菜	12張
註：材料的10%（材料的1.5%鹹味）		柚子皮	少許
醬油	1小匙		
註：材料的10%（材料的1.5%鹹味）			

做法

❶ 茼蒿菜要洗淨。

❷ 豆腐要兩端以筷子架起來，從縱與橫方向切入，切成6小塊。

❸ 在鍋內將湯煮開，加入1%食鹽，以網杓子將一個豆腐放入湯中，以筷子將豆腐撐開如花瓣，汆燙一下後撈起，盛入碗中加入茼蒿並給予調味，注入熱湯。

❹ 將柚子皮的白色部分除掉，切成花朵的芯狀形態放入供食。在這裡所提的柚子並非台灣的柚子（文旦）之類，這是日本的一種柑桔類，因其香氣而被當作香辛料使用。

1. 豆腐以1%鹽水汆燙一下，即豆腐不會變硬，而其特有的風味會顯現出來。作為味噌湯的材料時，煮開了就不再繼續煮。

2. 要將豆腐當成菜湯的主材料時，鹹味要稍微加重一點，因為豆腐的90%為水分而會將鹹味稀釋。

3. 加熱過度即會放出水分，導致變硬，變成蜂巢狀而失去豆腐原有的滑嫩。硫酸鈣（石膏）只有全部的17%與蛋白質結合，其餘83%即在豆腐的水分中，以游離狀態存在，如再加熱即與豆腐中的蛋白質結合，放出水分，收縮硬化而口感會劣化。

1. 從衛生上來說,將豆腐生吃並不理想,可能會附著大腸桿菌,所以要當作涼拌食用,最好還是以熱水燙約30秒,再急冷食用。

2. 豆腐為蛋白質源,水分含量多,容易腐敗,所以宜貯藏於冰箱內或浸於冷水,儘早食用。

3. 豆腐含有游離的苦汁成分,所以浸水除去或先以熱水燙一下,即可改善風味。

 ## 涼拌豆腐

材料（6人份）			
胡蘿蔔	100g	白味噌	2大匙
蒟蒻	100g	註:材料的1.5%的鹹味	
菠菜	100g	味醂	2小匙
芝麻	3大匙	註:材料的1.5%的鹹味	
註:材料的10%		食鹽	1小匙
豆腐	150g	註:材料的1.5%的鹹味	
註:材料的50%		味精	1/3小匙

做法

❶ 胡蘿蔔切成2公分長的細條狀,以1%鹽水汆燙至軟。

❷ 蒟蒻切成2公分細條狀,加食鹽揉捏,以水洗淨,乾炒備用。

❸ 菠菜保持顏色燙熟,切成2公分長。

❹ 炒芝麻磨醬,磨到出油為止。

❺ 豆腐以熱水燙過後,以綿布稍微搾一下,加入芝麻醬中混合均勻,加入全部調味料混合均勻,再混合所有材料,盛碗供食。

炒豆腐

材料（6人份）

豆腐	450g	食鹽	2小匙
切碎雞肉	100g	註：材料的1.5%	
胡蘿蔔	50g	砂糖	4大匙
香菇	3個	註：材料的6%	
蛋	2個	老薑	10g
米酒	1大匙	油	2大匙
豌豆	2大匙	註：約材料的5%	

做法

❶將豆腐放進沸水中，以木杓弄碎，煮沸氽燙1～2分鐘撈起，並以綿布輕輕搾乾。

❷蔬菜全部切碎。

❸在熱油鍋中，先炒切碎老薑與雞肉，加入豆腐與蔬菜再炒，加入全部調味料，俟其散開後，將蛋攪打後投入攪拌，固化開始就停火，撒上豌豆。

1.要炒豆腐時，因為水分多，不容易炒，所以先以熱水燙一下，然後以綿布包起來，放在砧板上，以石頭壓出水分，則水分減少後再使用。

2.煮到後來會有水滲出，所以用大火炒以減少水分殘留。

麻婆豆腐

材料（6人份）

嫩豆腐	6塊（2寸四方）	太白粉	2小匙
豬絞肉	80g	高湯	1杯
蒜頭屑	1小匙	麻油	1小匙
辣豆瓣醬	1大匙	蔥屑	1大匙
辣椒粉	1/3小匙	花椒粉	1小匙
淡色醬油	2大匙	油	3杯
食鹽	1小匙		

做法

❶將豆腐除硬邊，切成小丁（半寸四方），以滾水汆燙，撈出滴乾。

❷油放入鍋內，先爆炒豬肉，再加入蒜頭屑與辣豆瓣醬、辣椒粉炒香，加入醬油、食鹽等，再加入豆腐輕輕攪拌，注入高湯，煮沸3分鐘。

❸將太白粉加入溶解，慢慢加入鍋內，緩緩攪拌，撒下蔥屑，淋下麻油，裝盛盤內，最後撒上花椒粉即可供食。

1.可用牛絞肉代替豬肉，也可用四川豆豉代替辣豆瓣醬。

2.豆腐要下鍋前才切塊，以防水分流失，如此則不會變老且不滑嫩。

第四節　紅豆的烹調

　　與黃豆不同,在醣質中3.5%為澱粉,脂肪含量亦甚低(1.6%),蛋白質在100g中達到21%,在植物性食品中,屬於高含量。胺基酸組成中含有相當量的離胺酸、色胺酸,所以與離胺酸低的米一起混煮,在營養效果上頗有意義。

　　特殊成分有皂苷(saponin)0.3%,會刺激腸道,這是吃太多就會下痢的原因。其他尚有利尿的功用。

一、紅豆的用途

　　可利用為濾紅豆餡、粉狀豆餡、紅豆湯、紅豆冰。作為餡料,除了紅豆以外,碗豆、白豆、豌豆等也被利用。

二、煮紅豆

(一)注意事項

　　紅豆的種皮甚為強韌,所以浸泡也不會即時吸水。最初幾小時吸水速度緩慢,從胚座慢慢吸水,在種皮與子葉間吸水,在皮上生成裂痕,然後速度加快,浸泡約12小時後,就膨潤為原來的兩倍重量。然而水溫高,水溶性蛋白質會流出,發酵而易腐敗,所以都不浸泡而直接煮沸。

(二)煮沸紅豆的祕訣

　　煮沸紅豆的祕訣如下:

紅豆經洗淨後添加重量的3倍水，加熱沸騰後倒掉再加水，加熱沸騰倒掉再加水加熱，反覆2～3次，如此就可抑制皮的伸展。子葉方面，因為溫度不會下降，所以皮與子葉的加熱速度會被調節，又此時皮會生成裂痕，溫水浸透子葉的情形會改善，對豆的軟化有效。又對皂素的除去有幫助。然後以小火不讓豆跳躍加熱至豆軟化，要煮約1小時。

---

1. 煮沸時間由豆的種類、新舊而有差異。
2. 煮成後比原來的重量多約2.5倍。
3. 做豆餡時，要加入原料豆的重量100～150%的砂糖，煮成適當的硬度。
4. 煮紅豆飯時之豆的煮法，請參照（第二章第五節「米的烹調」）。

(三)鮮餡做法

鮮餡的做法是在盆中裝滿水，在壓濾器內裝入煮好的紅豆，在水中將紅豆壓碎來分離皮與餡料（日本人稱為「吳」），在水中，吳會沉下，靜置一下，等上澄液透明後，將其倒掉，再裝入水，如此反覆2～3次（除去風味不良成分），以布袋絞搾至乾，這就是鮮豆餡（吳）（法語crepe，日語kurepu）。

---

1. 收量為原料紅豆的1.7～1.8倍。
2. 鮮餡的澱粉粒子被凝固的蛋白質包裹，最外側被細胞膜所包住，各個的細胞膜可以散開，但澱粉粒子已糊化，不會流失。
3. 對鮮餡加入50～60%砂糖，加熱煉捏，煮至適當的硬度之餡料（砂糖的添加量由用途而異）。
4. 為加強甜味，有時會添加0.3%食鹽。

柏餅（柏葉麻糬）

材料（12個）

上新粉（蓬萊米穀粉）	200g	砂糖	140g
紅豆	120g	食鹽	餡的0.3%
溫水	160ml	柏葉	12張
浮粉（澄粉）	10g		

做法

❶ 豆餡以上述方法製成，分為12個丸。

❷ 上新粉添加溫水，揉捏至耳垂的硬度，在蒸籠墊以濕布，加熱至冒氣，將上新粉分成1個約20g，排在上面蒸約20分鐘，放入盆中以磨盆木棒搗捏。

❸ 將2大匙浮粉加水溶解，分為一次少量給予搗捏，加入溫水搗捏至適當的硬度。

❹ 分為12個，將其每一個壓延為橢圓形，放上豆餡對摺整形，在強火上的蒸籠內蒸5～6分鐘，以扇子搧風冷卻（會呈光澤）並以柏（櫻）葉包起來供食。

1.上新粉以溫水揉捏至柔軟較宜。

2.添加澄粉會增加咬感，顯出光澤（約上新粉的5～10%）。

3.煉捏豆餡的製成率計算法：

　　120g（原料豆）×1.7（1.8）＝216g（鮮餡）

　　〔216g＋140g（砂糖）〕×0.85＝302.6g（製成的豆餡）

　　依此法，可概算出大約可製成多少量的豆餡。

浮粉（澄粉）

　　從麵粉抽取麵筋後，所留下的小麥澱粉，可改善甜點、魚漿製品的咬感，也可作為漿糊（黏著劑）。

 第五節　鶉豆的烹調

 絞肉煮豆

材料（6人份）

鶉豆	180g	醬油	2小匙
洋蔥	100g	食鹽	1/2小匙
胡蘿蔔	60g	西式五香醋	1小匙
培根	60g	（Worcester sauce）	
番茄醬	4大匙	蒜頭	1片
砂糖	2大匙	胡椒粉	少許

做法

❶將鶉豆浸泡於4倍水一夜，以小火煮1小時以上，煮至軟化為止。

❷洋蔥、胡蘿蔔均切成1公分角，培根切成1公分大。

❸在鍋內放入培根與蒜頭炒至出油，再加入蔬菜炒煮，加入食鹽、胡椒及其他調味料，最後將豆連煮湯加入，以小火煮沸約30分鐘。

1.這是美國式的煮菜之一，除了培根以外，豌豆、黃豆、白菜豆等也可以利用。

2.鶉豆含有多量澱粉，所以容易烹煮，除了作為煮豆，也可以做餡料。

第六節　白菜豆的烹調

金團（甜白菜豆）

材料（6人份）			
白菜豆	180g	食鹽	2g
砂糖	220g	註：砂糖的1%	
註：豆重量的120%			

做法

❶白菜豆以4倍水浸泡約10小時，再以此水煮沸。

❷沸騰後，將煮湯倒掉，換水2、3次以小火煮軟，總共要煮約1小時多。

❸俟豆煮軟了，將砂糖分為約3次加入，最後加入食鹽。

❹將煮豆的三分之一取出，加於壓濾，再將其加回鍋內，以大火迅速煉捏。

1.煮豆時換水，即可除掉澀味並呈白色，味道也會改善。

2.要煉捏成稍微軟一點，冷卻了就呈適當硬度。

3.原料豆煮成煮豆後會變成約2.5倍。

基改黃豆

傳統育植是植物經由接枝、授粉，利用交配生殖、染色體複製時交換基因組合，基改技術（Genetically Modified Organism, GMOs）則是與傳統育植大相逕庭，它是利用遺傳工程，將一組非常微小的遺傳密碼植入農作物的細胞核中，改變自然界農作物原本的本性，達到符合需求的作物表現。

基改技術與傳統育植最大的不同在於，傳統育植只能夠在相同的物種特定近親間互相交配，但是基改科技卻可以將其他品種植入作物中，無論細菌、黴菌、植物或動物等，舉凡是生物都可以透過基改技術，造出不同表現的新品種。所以透過基因改造科技，人類在某種程度上扮演著「造物者」的角色。

基改科技當然可為人類帶來一些好處，如：增加農作物抵抗力，作物增加對蟲害的抵抗力，適應惡劣的環境，讓農作物更能適應不利生長的環境，改善作物營養價值。以黃豆為例，可利用基因轉殖技術，增加其蛋白質、油脂，或增加植物性化合物的含量，符合人類階段性的需求。

然而也會有壞的部分，因為基改作物本身內建「殺蟲毒素」、「耐除草劑」等基因，讓黃豆的每個細胞都會製造出殺蟲毒素與耐除草劑的酵素，可以同時抗害蟲跟雜草。改變作物原本既有的營養成分，長期食用，對人體的健康影響仍是未知數，目前許多研究紛紛提出，基改作物的毒性可能會累積於人體內；甚至發現基改產品會誘發害蟲的抗藥性，導致害蟲突變。

另外讓人憂心的問題是破壞環境生態平衡，抗除草劑基因的黃豆，由於大量施用除草劑，導致水源及土壤的汙染，郭華仁教授提

到，基改黃豆在消滅害蟲的同時，其實也正在殺害有益的生物，造成生物多樣性減少，比如美國孟山都就曾經出現農場的蜜蜂吃了基改玉米的花粉大量死亡的現象，甚至誘發害蟲的抗藥性，導致害蟲突變，讓害蟲變成殺不死的「超級害蟲」，威脅到其他作物，於是農民反而使用更多的殺蟲劑，而造成更大的汙染。

★基改黃豆的健康爭議

　　國際間仍然缺乏長期食用對人體健康影響的實證研究報告，包括：是否導致人體原本的吸收功能變化、荷爾蒙正常的分泌、致基因突變、改變人體的代謝途徑、致過敏等，這些研究仍尚未清楚。郭華仁教授語重心長的說：「人類食用基改食品的風險並沒有認真地研究過，不過已有很多的動物試驗結果指出是有問題的。」

1. 導致過敏：郭華仁教授說，美國早在1989年曾經出現過為了增加黃豆的營養品質，沒想到卻造成食用者的過敏反應；此外，很多有間接證據也顯示，西方國家在1996～2000年間過敏人口增加，雖然無法被明確證實是基改食品導致，但美國過敏人口越來越多，已被研究者推估可能與基改食品有關。

2. 毒素殘留：郭華仁教授質疑──「到底基改作物的毒素會不會殘留在人體中？」當人體將基改作物裡的除草劑、殺蟲劑、抗生素等吃下肚時，毒素也許會累積於人體中，久而久之，會不會造成人體的免疫力下降？對抗生素的抗藥性？這些問題，都將對人類健康造成重大的威脅。

3. 致癌及致畸胎：2012年9月，法國學者Seralini的研究報告指出，將基改及非基改作物，搭配使用或不使用除草劑四種方式餵食小老鼠，結果一年後老鼠罹癌率大增。甚至，報導也

指出，阿根廷在1990年代開始種植基因改造大豆，並用「年年春」除草，後來有研究報告指出，住在種植地區附近的婦女容易致畸胎和流產。

長期大量食用基改黃豆潛存著健康風險

★進口黃豆　逾97％都是基改

食藥署統計，進口黃豆超過九成七都是基因改造黃豆，國內約超過六成黃豆製品是由基改黃豆製成。目前法規要求業者使用基因改造食品原料就該強制標示，若應標示而未標示，可開罰三萬元到三百萬元，標示不實則可開罰四萬元到四百萬元。2016年7月，食藥署已將基改、非基改進口黃豆號列分流，可更精準掌握基改與非基改黃豆的食品進口量。

資料來源：《自由時報》，2016/10/27。

第7章

肉類的製備

- 肉的成分
- 肉類的特性
- 豬肉與牛肉的部位名稱
- 肉類的加熱烹飪

　　肉類是動物性蛋白質的重要供給源，同時為脂肪、無機質（磷、鐵）、維生素複合物的供應源頗為重要的食品。平常以雞、豬、牛肉攝取量為多，嗜好上也受到歡迎。羊、鴨、鵝、兔肉等也被食用，但部分也被利用為肉類加工品的材料。

第一節　肉的成分

　　牛肉的組成以品種、年齡、性別、部位、飼料、生存中的運動狀態而有差異。年齡以4～6歲的品質、風味為最佳。

一、蛋白質

　　固形物的80%為蛋白質，幾乎全部為必需胺基酸，為很重要的蛋白質源。肉蛋白質的主體是：

(一)肉漿部分（筋肉組織）

1.纖維蛋白質〔肌球蛋白（myosin）、肌漿蛋白（myogen）〕（50～60%）：可溶於食鹽水。

2.球狀蛋白質〔肌漿蛋白、肌白蛋白（myoalbumin）〕（20～30%）：可溶於水。

(二)肉基質（結締組織）

1.膠原蛋白（collagen）：筋肉的結合組織的主成分，含有筋纖維或脂肪組織，與水一起煮即會明膠化。

2.彈性蛋白（elastin）：以網狀分布於筋肉、血管及腱等耐酸、耐鹼、耐加熱的纖維，由長時間的加熱，即為肉變硬的原因。

1.球狀蛋白質多者，呈柔軟，幼肉，飼養者多含這種蛋白。

2.結締組織多者較硬，老獸肉、激烈勞動者含量多。

二、脂肪

　　主要由棕櫚酸（palmitic acid）、硬脂酸（stearic acid）（飽和脂肪酸）、油酸（oleic acid）（不飽和脂肪酸）所組成，散在獸體內各處，蓄積於皮下內臟器官等。年幼者較少，不同動物種類或部位，其脂肪含量也不同。有無脂肪與肉類的美味有密切關係。以特別的肥育法形成所謂「霜降」肉的形成，這是將肉柔軟化，使其美味。決定品質的重要因素，尤其是脂肪的融點（如**表7-1**）影響放入口中時的感覺，對味道關係最深，因動物的種類、年齡或部位而異。

霜降肉肥育法

　　飼料多給予澱粉性者，並施以按摩，限制其運動，使其在肉組織中間生成脂肪，以松阪牛等出名。

表7-1　主要動物脂肪的融點

動物	融點（℃）
牛	40～50
豬	28～48
羊	44～51
雞	33～40

註：常溫時為固體。融點高的牛肉要加熱，趁熱時食用才可口美味。

三、肉萃取物（extract）

肉在長時間煮沸時，溶出於熱湯中的有機、無機化合物，含氮有機物多者稱為肉鹽基〔麩胺酸、肉苷酸、丙胺酸、膽酸、肌肽、肌酸（creatine）、次黃嘌呤（hypoxanthine）〕。在肉中含有約2%，與美味有關，可促進消化液的分泌，增加食慾。

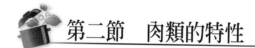
第二節　肉類的特性

肉類從筋肉中的肝醣（glycogen）產生乳酸，凝固蛋白質增加浸透壓，為了固定筋肉中的水分，所以發生死後僵直的現象，使肉變硬。白色肉比紅色肉的死後僵直快，飢餓者比營養好者快，又在室溫高者比低者快，屠宰前給予痛苦者，或小動物比大動物快。通過僵直期後會軟化，由於酵素作用增加風味，消化也改善，即會熟成（細胞會變脆弱、變柔軟）。肉類隨著熟成會帶有特有的氣味。

因此，像牛肉在屠宰後，要放在冷藏庫內使其熟成後再食用。豬、雞肉等，因為死後僵直現象沒有那麼明顯，所以經常都不經過熟成，直接銷售供為食用。

第三節　豬肉與牛肉的部位名稱

一、豬肉的稱呼

一般說來，豬肉沒有像牛肉那樣給予細分命名。

在肉攤或超級市場所陳列的豬肉，呈明亮的紅色者為較嫩的幼豬肉，呈黑暗色的則稱為老豬肉，呈白色者為經過冷凍者，如新鮮肉而呈白色者即為水漾肉，肉質不結實，水分多而品質較差。

首先，里肌（腰內肉，fillet）是最幼嫩的肉，脂肪少，適合於炸、炒、煮湯等，價錢也最貴。其次是背肌（大里肌），是次於里肌的好肉，可做豬排、烤肉、炸肉等，肩部的胛心肉較背肌稍微硬一點，適合於蒸煮。腹部的腹肉分為小排與五花肉（三層肉），雖然肉質硬一點，但味道佳，可以做白切肉、煮湯、紅燒等。屁股部分是後腿肉，肉質稍軟而帶有筋，但因脂肪少，可作為香腸、肉鬆、貢丸等原料，也可作為燒肉（roast pork）、紅燒肉等，蹄膀是最適合於做紅燒蹄膀其為大家所共知的。

豬肉的名稱與牛肉相差很大，所以如果以牛肉的名稱去購買，則會被攤販所取笑，不得不小心。

二、牛肉的稱呼與烹調法

相較於豬肉而言，牛肉之稱呼更為細分且沒有統一名稱。以下就牛肉的各部分名稱及烹飪法，按圖加以說明。

食物製備學——理論與實務

(一)脊肉（loin）

這是最被大家熟悉的部分，如在大餐館或牛排店，點用這部分的肉則會貴得嚇人。這是俗稱由鞍下的外側部分所取下的里脊肉。這部分可再細分為兩部分，前半為背脊肉（short loin），後半為腰脊肉（sirloin）。

◆背脊肉

這部分通常稱為小里脊肉。為優良的嫩肉〔日語稱為shimo furi（霜降），即赤肉中混有脂肪的白點，極幼嫩的肉〕。所謂top loin、T-bone、porter house等的牛排（steak）肉，或被大家喜歡的strip loin也都是取自這部分的肉。

◆腰脊肉

筋少而幼嫩的肉，其shimo furi的程度較胸側肉（大里脊）稍微少。牛排的pin bone、flat bone、wedge bone、sirloin等都是使用這部分的肉。這部分也適合於做烤肉或火鍋。

(二)胸側肉（大里脊）（rib）

肋骨部的背肉，shimo furi最多的部位，是次於配排肉的高級肉，因為肉質幼嫩且味道佳，所以最適合於做牛排、烤肉、油炸。

(三)短肋肉（short rib）

在短胸腹肉（short plate）再上面的部分，是比較shimo furi好的嫩肉，適合於做牛排、烤肉，係很美味的部位。

(四)配排肉（tender loin）

脂肪最少且幼嫩的部位，最高級的肉，可供做牛排或厚片烤肉

144

的用途。

(五)肩頸肉（chuck）

筋稍多，不太嫩，有些地方脂肪多，適合於做烤肉或燉及煮湯。也可分爲頸肉與肩肉稱呼。

(六)臀肉（rump）

脂肪少的赤肉，味道濃厚的部位，次於里脊肉的嫩肉，適合於做牛排、乳酪烤肉、火鍋等，用途極廣。

(七)後腿肉（round）

這也是用途很廣的部位。如要做牛排則要好好叩打以後才可使用，可利用於烤肉（roast beef）、乳酪烤肉、紅燒肉等。

(八)脛肉（小腿肉、腱肉）（shank），胸肉（brisket）

這部分的肉沒有那麼幼嫩，但味道卻不錯，可作爲咖哩、燉或煮湯之用。

(九)脅腹肉（牛腩肉）

可分爲短胸腹肉與後脅肉（flank），多爲赤肉與脂肪互相重疊的部分，稍欠幼嫩，但味道好，適合於做咖哩、燉或煮湯等之用。

(十)牛尾（tail）

可利用做湯（ox tail stew）。

(十一)舌頭（tongue）

可作爲湯（tongue stew）或燙熟後切片供應。

三、牛排的名稱與烤法

1. rare：以強火將肉的兩面烘烤。中間還是生的，用刀切開時，還有紅色肉汁流出，但肉質最嫩。
2. medium rare：較rare再烘烤久一點，切開時也還有紅色肉汁流出。
3. medium：肉的切口呈粉紅色，是最為平常的烘烤法。
4. well done：已熟透到中間。適合怕吃生的人，但肉質較硬。

第四節　肉類的加熱烹飪

　　肉類除了在北歐吃生牛肉，日本生吃雞及馬的胸脯肉以外，都要加熱調理。由加熱提高風味，增加消化率，衛生上也安全。由於加熱蛋白質會變性凝固，肉中的水分或萃取物會部分溶出，收縮變硬。另一方面，硬化的肉與水共煮，即結締組織會鬆開膠原變性成水溶性的明膠，所以會柔軟化。

一、肉類加熱時的變化

(一)色素的變化

　　肉的紅色是含肌紅蛋白（myoglobin）（色素蛋白質）與血液的血紅素（hemoglobin）的緣故。肌球蛋白呈帶紫色的紅色，由於加熱而變性，轉變為褐色。這是蛋白質的血球蛋白（globin）由於熱變性而失去色素的保護作用，氧化作用進行，變成鐵肌紅蛋白

（metmyoglobin）的關係。在烤牛排時，由於加熱溫度的不同，在未熟（rare，60℃）呈紅色，中等（medium，70℃）呈桃紅色，全熟（well done，77℃）呈灰褐色。

(二)蛋白質的凝固

蛋白質的肌球蛋白在50℃，肌漿蛋白即在55～65℃附近凝固，肉本身會收縮。肌球蛋白為纖維狀蛋白質，凝固時會收縮，肌漿蛋白為球狀蛋白質，會凝固為豆腐狀。膠原與水共熱，即在80℃以上會分解成明膠，65℃以上即收縮成橡膠狀。又因加熱會有肉汁溶出，所以有20～40%的重量減低。

(三)風味的變化

肉的風味來自肉汁中的呈味成分與脂肪所含揮發性物質，其他由於加熱所浸出的肉汁中，含有麩胺酸、次黃嘌呤核苷酸（inosinic acid）、丙胺酸（alanine）、有機酸（乳酸、醋酸、琥珀酸）等。

無機質會給予鹹味並刺激食慾，這些都會綜合起來賦予肉的風味。

二、加熱處理的秘訣

要選擇符合於調理目的的部位為首要條件，肉的美味在於柔嫩，甘味，這會由加熱操作來左右，所以加熱方法甚為重要。

筋肉組織（肉漿部分）多者以乾式短時間加熱為宜，相反地，結締組織（肉基質）多的部位，則以濕式長時間加熱為宜。要萃取甘味成分於湯中，或將甘味成分移到別的食品，由不同目的選擇不同的烹飪法（如**表7-2**），**圖7-1**為獸肉的部位圖，**表7-3**為各種肉類的比較，**圖7-2**為牛屠體骨骼圖。

表7-2　肉類的部位與調理

	部位／等級		特色	最合適烹調
牛肉	里脊肉	極上肉	最嫩，含多量脂肪，美味	蒸煮、烤肉、油炸、火鍋
	梅花肉			
	大里脊	上肉	紅色肉，稍微美味	蒸煮、烤肉、油炸、火鍋
	後腿肉			
	胸肉	中間	比上肉稍微硬	煮菜、煮湯、絞肉料理
	肋腹肉上部			
	肋腹肉下部	普通肉	比中肉稍差	煮菜、絞肉、醃漬用
	小腿肉	細切	結締組織（筋）多，肉質硬	煮菜、做湯
	頰肉			
	頸肉			
	胸肩肉			
豬肉	肩肉	上肉	淡紅色，柔軟，脂肪較少	烤肉、蒸煮、油炸
	背肉			
	里脊肉			
	後腿肉上部	中肉	濃紅色，脂肪少	煮菜、火腿
	後腿肉下部			
	肋腹肉	普通肉	脂肪與筋肉成層	煮菜、炒菜、培根、煮湯
雞肉	整隻	以幼雞約1.2kg為宜		烤雞、蒸及煮整隻雞
	翅膀肉	肉呈白色，柔軟、脂肪少		煮菜、油炸、烘烤、炒菜、蒸煮
	雞腿肉	紅色肉比翅膀稍硬		煮菜、油炸、烘烤、炒菜、蒸煮
	胸脯肉	呈白色，尤其柔軟，味道較淡		生吃、炒菜、湯煮
	翅膀尖端	脂肪多，明膠質		煮湯

> 牛肉由於部位不同，其差異很大，豬、雞肉則差異不大。

牛肉

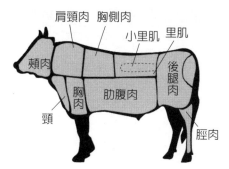

豬肉

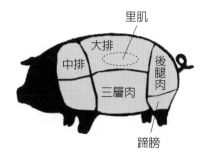

雞肉

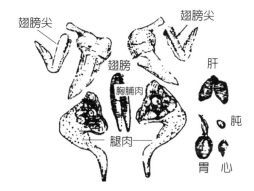

圖7-1 獸肉的部位圖

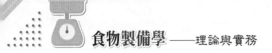

表7-3　各種肉類的比較

	成分	肉質	調理上
牛肉	含多量的高級飽和脂肪酸（如硬脂酸），融點高，硬	·部位不同肉質差異甚大 ·隨調理選擇適合的肉	冷卻後口感不佳（脂肪凝固），適合於熱菜餚
豬肉	脂肪多(10～30%)，融點低，所以冷了也可以食用，維生素B_1多，柔軟	·比牛肉結締組織少 ·肉質差異少 ·纖維軟	因有寄生蟲，所以必須加熱至85℃以上
雞肉	脂肪融點最低，脂肪少（約5%），主要存在於皮下，柔軟	·纖維纖細 ·肉質差異少，有白色肉、紅色肉的區別	冷卻也可以食用（脂肪融點低）結締組織少，除非老母雞。加熱則柔軟，皮軟可以連肉加以利用

(一)烘烤

最初以高溫凝固表面蛋白質形成膜，烘烤外面以防甘味成分流失，再以中溫烤好即風味甚佳。為了這目的，肉要切厚些，加熱至65～70℃（內部溫度），比凝固點稍高，風味最佳。

> 烘烤時並無100℃以上的限制，所以溫度的調節比較難。這一點，濕式調理最高只能達到100℃的限度，所以沒有這種煩惱。

(二)煮

將表面燒烤後再煮，僅止於表面的變性再煮，即肉本身的甘味不會逸失。要利用肉成分時，就以低溫煮沸（可以浸出肉的成分）。

骨骼部位、結構和名稱

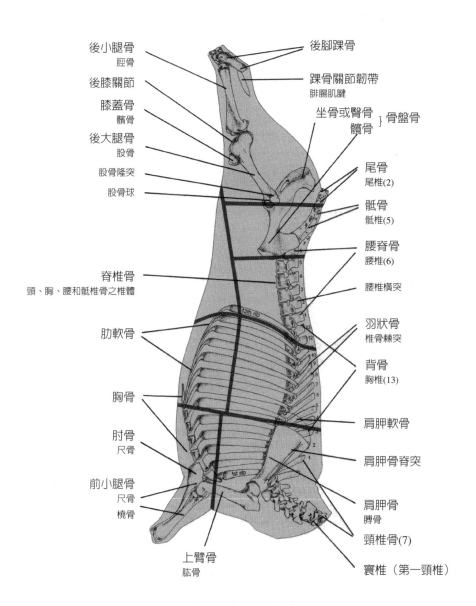

後小腿骨
脛骨

後膝關節

膝蓋骨
髕骨

後大腿骨
股骨

股骨隆突

股骨球

脊椎骨
頸、胸、腰和骶椎骨之椎體

肋軟骨

胸骨

肘骨
尺骨

前小腿骨
尺骨
橈骨

上臂骨
肱骨

後腳踝骨

踝骨關節韌帶
腓腸肌腱

坐骨或臀骨 }
髖骨 } 骨盤骨

尾骨
尾椎(2)

骶骨
骶椎(5)

腰脊骨
腰椎(6)

腰椎橫突

羽狀骨
椎骨棘突

背骨
胸椎(13)

肩胛軟骨

肩胛骨脊突

肩胛骨
膊骨

頸椎骨(7)

寰椎（第一頸椎）

圖7-2 牛屠體骨骼圖

151

三、牛肉的烹調

(一)烤牛排

　　烤牛排是將柔軟的肉以盡量不流失肉汁,使用強火短時間烹調,以享受肉本身風味的料理。牛肉的蛋白質、肌球蛋白或肌漿蛋白的熱凝固溫度約為40℃,但在肉中即會受到無機成分及其他的影響,在約65℃會發生變化。牛肉最美味的是在凝固點,即在約65℃時,比此溫度低則牛肉尚保持半生不熟,所以風味不佳。又如過度凝固即變硬而味道劣化。烤肉料理有碳烤、鹽烤、網烤、鐵板燒等。

 烤牛排

材料（1人份）			
牛肉（牛排肉）	1片200g （1.5～2.0cm厚）	油炸油 食鹽	少許 0.7%（1%）
食鹽	0.8～1%	水芹（cress）	少量
黑胡椒	少量	乳酪	5g
牛脂或沙拉油	肉的1.5～2.0%	檸檬汁	少量
馬鈴薯	70g	切碎洋芫荽	少量

做法

❶將牛肉以拍肉器輕輕拍打,切筋、整形,以食鹽、胡椒調味後即時燒烤。

❷在平底鍋上塗油,燒至快冒煙,如果肥肉多即適當除掉,烤燒至表面均勻呈金黃(以大火且不斷地搖動鍋燒烤),翻轉燒烤,兩面都稍微燒焦即改用中火,燒烤至喜歡的程度。

1. 以拍肉器拍打即可改善口感，也可防止燒烤時縮小。

2. 燒烤前才調味是要防止由於浸透作用，而纖維狀蛋白質會溶於鹽溶液，肌球蛋白、肌動蛋白（actin）、肌動球蛋白（actomyosin）等的肉汁流失，而風味劣化的關係。

3. 如要使用無脂肪的塊肉（1ump）時，先在芳香蔬菜與沙拉油中醃漬（marinating）一下較好。

4. 在燒烤時不要加蓋，因為加蓋後會從肉中滲出汁液，使肉失去風味。

5. 肉料理的裝盛盤子的方法是將脂肪部分放在對面，較寬的一邊就在左側，肉塊排在靠近食用者的地方，所附副食（蔬菜、馬鈴薯等）則放在遠處。

(二)漢堡牛排

　　較硬的肉，做成絞肉時結締組織會遭到破碎，所以較容易消化，易於食用。例如：漢堡牛排（hamburger steak）、肉丸等，但做成絞肉後，與空氣接觸的面積擴大，所以容易腐敗，要儘快處理。絞肉料理有肉捲、炸肉丸、甘藍捲（roll cabbage）、丸子湯、燒賣、水餃等。

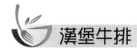 漢堡牛排

材料（6人份）			
絞牛肉	350g	食鹽	$1\frac{1}{3}$小匙
絞豬肉	150g	註：肉的1%	
土司	50g	砂糖	2小匙
註：肉的10%		註：肉的1%	
牛奶	3大匙	胡椒	少許
註：肉的10%		味精	少許
蛋	1個	肉豆蔻	少許
註：肉的10%		番茄醬	4大匙
洋蔥	150g	註：速成的褐醬料（brown sauce）	
乳酪		西式五香醬（Worcester sauce）	2大匙
註：肉的20〜40%		註：速成的褐醬料	
		辣椒醬	1小匙

做法

❶土司要扯成小片，澆上牛奶浸泡。

❷洋蔥切碎以乳酪炒軟。

❸在盆中放入肉、蛋、土司、洋蔥、食鹽、砂糖、胡椒、調味料、肉豆蔻（nutmeg）混合至黏稠，分為六糰，整形為1.5公分厚的圓形，中央要稍微凹下去。

❹在油炸鍋熱油，放進肉丸，搖動鍋煎至下面呈焦黃，將火候減弱，加蓋蒸烤，俟熟透後，翻轉同樣烤好。

1.絞肉要揉捏至產生黏稠性為止，如此加熱才不易散開。

2.如只用絞肉則在加熱變性時會崩潰，所以一定要加入肉的約30～50％的黏著劑。洋蔥與土司並無黏著力，所以實際上並無黏著劑的作用，但是洋蔥會增加肉的風味，又可消除肉的腥味，防止加熱時肉收縮。土司可增量且使其柔軟，但使用量太多即會劣化風味，且容易潰散，以約10％為宜。蛋在加熱中會凝固，可黏著促使絞肉保持形態。

3.由於不同料理，絞肉可分開使用絞碎一次及絞碎二次者。前者可使用於湯類或肉醬類、澆餡等，後者即用於漢堡、肉捲、肉丸等。

(三)燉牛肉（beef stew）

將硬肉軟化的方法很多，燉煮（stew）是代表性的烹調法，在燉煮時，因為長時間的煮沸，在筋中含量多的膠原蛋白會由熱而溶於水，加水分解成為明膠，所以硬的肉也會變軟，而風味改善。此時，含在番茄中的酸，由於長時間的加熱即會促進加水分解。

1.要長時間燉煮使其煮爛。

2.加入酒類可改善風味，也可使其軟化。

3.燉肉是要欣賞肉與湯的料理，所以宜加入2～3種香辛料以提供複雜的美味。

4.以乳酪炒肉的目的是要使肉表面的蛋白質凝固，以保持住肉本身的甘味，以麵粉的澱粉形成膜，所以肉的甘味更不會逸失。

 燉牛肉湯

材料（6人份）

牛肉（胸肉）	300g（2cm丁）	番茄醬	90ml
食鹽	1/2小匙	白蘭地	2小匙
胡椒	少許	白葡萄酒	1大匙
乳酪	2大匙	丁香（cloves）	少許
蘿蔔	200g	百里香（thyme）	少許
胡蘿蔔	200g	胡椒	3/4小匙
馬鈴薯	300g	食鹽	1/2小匙
洋蔥	150g	味精	50g
高湯	6杯	豌豆莢	50g
麵粉	2大匙		

做法

❶ 馬鈴薯切成3公分角，浸泡於水脫澀。

❷ 蘿蔔要切掉上下部，剝皮、切3公分角，胡蘿蔔要切小塊。

❸ 肉撒上食鹽、胡椒後，再撒上薄薄一層麵粉，以乳酪炒至變焦黃，移至燉鍋加入高湯，加熱至沸騰即改為小火，將浮上泡沫撈掉。

❹ 在炸鍋（fry pan）煮1大匙乳酪，炒胡蘿蔔、馬鈴薯、蘿蔔、洋蔥，撒2大匙的麵粉，再炒至稍焦黃，移入燉鍋，添加香辛料及全部調味料，以小火煮約2小時。

❺ 盛於預熱的容器中，撒上汆燙至顏色鮮麗的豌豆莢。

要使硬肉軟化的其他方法如下：

1. 將肉的筋纖維以切、絞等機械的方法處理以外，浸泡於酒、薑汁等以後，以烤、煮、炸等烹調，不但可消除肉的腥味，也可軟化。

2. 硬肉以燉煮比燒烤的烹調更合適，但以食鹽、胡椒撒上後，再放上香辛蔬菜（洋蔥、胡蘿蔔、芹菜），再全面撒上沙拉油，浸泡2小時以上即可使其軟化（這稱爲醃漬）。

3. 市售的嫩化劑的蛋白分解酵素，如：木瓜酵素（papain）、鳳梨酵素（bromelain）等，對肉類也有將其蛋白質加水分解、軟化的作用。

　　至於高湯的製法（參閱第19章第四節），常用硬的結締組織多的腿肉連骨頭一起使用，以脂肪少者爲宜。肉的使用量以最後做成的高湯的30～40%爲宜，趕時間時可使用絞肉，就可很快地萃取萃取物，但味道可能稍差一點。保持在約90℃，長時間浸出則風味頗佳。

嫩精（肉類嫩化劑）

　　自木瓜的乳汁液製成者爲木瓜酵素，自鳳梨的汁液製成者爲鳳梨酵素，都是蛋白質分解酵素，可用於肉類嫩化。在60℃爲最適溫度，80℃即會失去活性。現在卻以絲狀菌所萃取的酸性蛋白酶作爲優良的肉類嫩化劑（多量使用也不會引起過度分解）。

四、豬肉的烹調

　　豬肉比牛肉結締組織少，脂肪多，肉比較軟，肉質差異不大，價錢也較便宜。一般以出生後飼養六個月者最好吃。豬肉全部都較軟，所以可利用於任何料理，購買時以淡粉紅色帶黑者為新鮮肉，顏色為紅黑者較硬且風味差；而顏色淡且帶白的水漾肉則不宜購買。調理時要注意加熱，因為可能有條蟲、旋毛蟲、蛔蟲等寄生蟲存在，所以要使肉的內部溫度達到85℃以上才安全。**圖7-3**為豬肉屠體細部分切及適合烹調的方法，提供讀者作為參考。

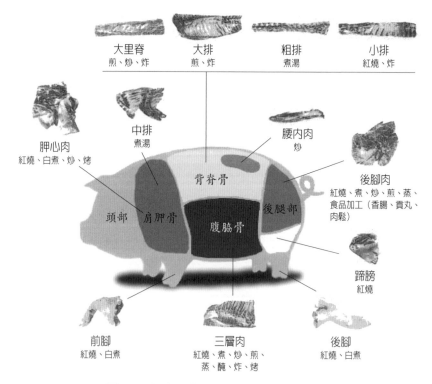

圖7-3　肉豬屠體細部分切及適合烹調法

豬因為飼料、品種的關係，或在屠宰時給予刺激，肉即會呈淡紅色，肉質軟，水分多，俗稱「水漾肉」。

 ## 白切肉

材料（6人份）			
豬（肋腹肉）	300g	老薑	3g
米酒	25ml	辣椒醬	少許
蔥	30g	醬油	少許

做法

❶蔥粗切成幾段，老薑壓扁。

❷將整塊豬肉與蔥、薑入鍋，加入能醃蓋的水與米酒，以小火加熱煮約1小時。

❸俟豬肉冷卻後切成0.3公分厚度（對纖維成直角截切）盛於盤，附辣椒醬與醬油供食。

1.豬肉冷卻後也可以食用，這是因為其融點（33～44℃）低的緣故，所以不同於牛肉，不會感覺難吃。

2.鍋要用小且深者，如水多則肉會覺得不好吃。

五、雞肉的烹調

現在市售的都是飼料雞，土雞或老母雞較為少見，飼料雞是食肉用的嫩雞，因此肉味較淡白，無土雞的濃厚味及咬感。不同於牛肉或豬肉，脂肪集中於皮下，而筋肉層少脂肪，所以忌食脂肪者喜食雞肉。

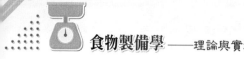

雞肉的烹飪法頗多，在台灣大家熟知的有醉雞、白斬雞、燒酒雞、麻油雞、三杯雞、宮保雞丁等，不勝枚舉。在此介紹日本的吃法——炒雞肉（筑前煮）。

 # 炒雞肉（筑前煮）

材料（6人份）

雞肉	200g	高湯	240ml
竹筍	150g	註：材料的30%	
蒟蒻	1塊	酒（味醂）	2大匙
牛蒡	100g	註：材料的5%	
胡蘿蔔	100g	砂糖	5大匙
香菇	5朵	註：材料的6%	
油	3大匙	醬油	6大匙
註：材料的5%		註：材料的10%	
豌豆莢	200g		

做法

❶將雞肉切成一口大，以醬油與味醂浸泡。

❷牛蒡削皮，切成1.5公分的大小，浸泡水再燙煮。

❸胡蘿蔔、竹筍切成1.5公分大小，蒟蒻縱切為二，再切成厚切片，以食鹽揉捏後汆燙備用，香菇切片。

❹豌豆莢以食鹽水汆燙，切成2公分片狀。

❺油1大匙入鍋煮開，將雞肉炒一下取出，再加入所剩油以炒蒟蒻、牛蒡、香菇、竹筍，加入高湯、調味料（浸泡雞肉所剩），以中火煮至蔬菜類變軟，加入雞肉調為大火，一邊轉鍋，一邊煎煮，俟顯出光澤後加入豌豆莢，停止加熱供食。

要將肉煮軟，先以大火把肉炒一下，讓表面的蛋白質凝固撈起，不要煮過頭。再炒蔬菜，加入高湯煮軟，最後再加雞肉，將所剩湯汁澆著煎煮，這就是煮出美味的祕訣。1人份以100～120g為適當量。

 宮保雞丁

材料（6人份）

雞胸肉	250g		紅辣椒	2個（切碎）
腰果	若干	調味料A	薑汁	1/2大匙
乾香菇	4朵		米酒	1/2大匙
熟竹筍	80g		太白粉	1大匙
青椒	1大個		（溶於少量水）	
青蔥	1支（10公分）	調味料B	醬油	$3\frac{1}{2}$大匙
老薑	1塊		米酒	$1\frac{1}{2}$大匙
蒜頭	1瓣		砂糖	1/2大匙
油炸油	適量		太白粉	1/2小匙
			油	3大匙

做法

❶雞肉切成1.5公分的角，加入調味料A拌勻。

❷香菇放在加有少量砂糖水中泡開，再以小火燜煮5分鐘後，切成1公分的角。

❸青椒去籽與竹筍都切成1公分的角。蔥、老薑、蒜頭切碎，辣椒去籽後也切成末。

❹混合調味料B。

❺將雞肉在120℃、腰果在130℃炸熟。

❻鍋內加油加熱，投下蔥、老薑、蒜頭與辣椒爆香。

❼加入蔬菜類，以大火快炒，倒入炸好的雞肉快速翻炒。

❽淋下拌均勻的調味料B，快速炒煮使其入味。

❾最後加入腰果，以保持其鬆脆，用太白粉勾芡，俟汁稠即完成。

六、其他禽肉的烹調

國人除了雞肉以外，也喜歡其他家禽肉。常見的有鴨、鵝、火雞等。鴨多以白切鴨肉、烤鴨、鹹菜鴨、冬菜鴨、薑母鴨、當歸鴨等食用。鵝則多以燻、白切等食用。火雞則以最近流行西式的感恩節吃烤火雞的方式食用。

七、禽畜不能吃的部位

畜、禽、魚等動物各種各樣的部位經過精美烹調後請上了餐桌。但是，有的部位卻是絕對不能吃的，否則會影響人體健康，甚至導致食物中毒。

(一)豬血脖

就是脖子下面血淋淋的部分，大多是淋巴節和肥肉。這個部位的有害物質和病原微生物含量較其他部位多很多。另外，豬脖子的肉疙瘩不能吃，即稱為「肉棗」的東西。食用時應將這些灰色、黃色或暗紅色的肉疙瘩剔除，因為它們含有很多細菌和病毒，若食用則易感染疾病。牛羊也是如此。民間流傳母豬肉不能吃，特別是母豬奶頭不能吃。這個是沒有科學依據的。只是母豬的肉質比較老，很少用於家庭烹調。

(二)雞頭雞冠

尤其雞冠不能吃。我國有句民諺：十年雞頭勝砒霜。為何雞越老，雞頭毒性就越大呢？這是因為雞在啄食中會吃進有害的重金屬物質，而這些重金屬會隨著時間的推移沉積在雞頭內。

(三)雞脖鴨脖

這個部位肉很少，可是血管和淋巴腺體卻相對集中。偶爾吃些解饞是沒有問題的，需注意的是，吃時不要帶皮，淋巴等一些排毒腺體都集中在頸部的皮下脂肪。有些人吃鴨脖時習慣咬碎，要注意不要把鴨脖骨架內部的氣管誤食，因為氣管要進行氣體交換，容易存在細菌。

(四)雞尖或鴨尖

又稱「雞屁股」、「雞臀尖」。指雞、鴨、鵝等禽類屁股上端長尾羽的部位，肉肥嫩，學名「腔上囊」。這個部位是淋巴腺集中的地方，因淋巴腺中的巨噬細胞可吞食病菌和病毒，即使是致癌物質也能吞食，但不能分解，因而都會沉澱在臀尖內。臀尖是個藏汙納垢的倉庫。

(五)羊懸筋

又稱蹄白珠，長在蹄胛間，是羊蹄內發生病變的一種病毒組織，一般為串珠圓形，食用時要摘除。（《生命時報》，2010/01/14，引自新華網）

瘦肉精

　　瘦肉精是一類動物用藥，有數種藥物被稱為瘦肉精，例如萊克多巴胺（Ractopamine）及克倫特羅（Clenbuterol）等。將瘦肉精添加於飼料中，可以增加動物的瘦肉、減少飼料使用、使肉品提早上市、降低成本。但因為考慮對人體會產生副作用，各國開放使用的標準不一。台灣在2007年也因為預備修正動物用藥殘留標準，開放使用，造成養豬戶抗議此舉使瘦肉精成分的肉品大量進口、危害生計等新聞事件。

★用途與副作用

　　瘦肉精屬於乙類促效劑（β-agonist），它可以促進蛋白質合成，會讓豬隻多長精肉（瘦肉）、少長脂肪，可加在豬飼料裡供豬隻長期食用：養成的豬隻，體形健美，利潤比較高。養殖戶可以將瘦肉精拌入豬飼料中，餵豬後，能使豬肉快速生長精肉。豬吃了瘦肉精之後，瘦肉精主要積蓄在豬肝、豬肺等處。如果不依照規定使用，使殘餘量過高，食用大量的豬肝、豬肺後──就算是熟食也一樣，可能會立即出現噁心、頭暈、肌肉顫抖、心悸、血壓上升等中毒徵狀。

　　β2-腎上腺素興奮劑能加強脂肪的分解，促進蛋白質的合成，化學性質十分穩定，主要經尿和膽汁以原形排出，會在臟器中殘留，有毒副作用。

★用量規定

　　有許多化學物質稱為瘦肉精，其中培林（Ractopamine）毒性極低、代謝快速（無累積性），因此被美國等國家允許添加於豬飼料；日本也允許使用培林的豬肉進口。目前全世界有美國等二十四國開放使用培林，有一百六十多國仍禁用。

資料來源：《壹週刊》，第562期，2012/3/1，頁31。

第8章

魚貝類的製備

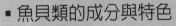

- 魚貝類的成分與特色
- 魚類的烹調
- 貝類的烹調

台灣四面環海，不但漁業發達，養殖業亦頗有進展，所以水產品對國民動物性蛋白質源的貢獻亦大。然而由於養豬、養牛、養雞業的發展更迅速，規模也大，所以還是以禽獸肉對國民營養的貢獻比例高一點。

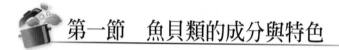

第一節　魚貝類的成分與特色

一、魚貝類的成分

主成分為蛋白質與脂肪，但與禽獸肉類相同，含有所有的必需胺基酸，其蛋白價平均為70。另者，因含有多量必需脂肪酸，可消除膽固醇，可預防動脈硬化，所以對老人是很優良的蛋白質源。魚肉的蛋白質組織如**表8-1**。

由加熱肌球蛋白在約50℃，肌漿蛋白即在62℃凝固，但肉基質蛋白質的膠原蛋白、彈性蛋白即由加熱而溶解，冷卻就形成凝膠。

脂肪為魚類甘味之一的要素，由部位、季節、魚的種類而異。一般都蓄積於皮下、內臟、腹肉、腸等。其所含不飽和脂肪酸頗多（80％），易發生氧化分解（油燒）。

表8-1　魚類蛋白質組織

筋纖維的主體	肌球蛋白	絲狀，不溶於水，溶於食鹽水
筋纖維的中間	肌漿蛋白	球狀，水溶性，所以切開後不要水洗
肉基質蛋白質	膠原蛋白 彈性蛋白	不溶於水、食鹽，加熱溶解冷卻後成為凍膠部分，比肉質含量少，所以柔軟且消化容易

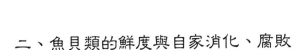

二、魚貝類的鮮度與自家消化、腐敗

魚貝類與畜肉相較，其死後的變化快速、容易腐敗為其特性。這是因為魚貝肉一般的水分含量多、組織構造簡單柔軟且自家消化酵素旺盛、在運輸過程中被細菌類污染機會多等為其原因。適合於烹飪的是自家消化的初期。

三、魚的當季

魚貝類因季節、漁場而其風味不同。乘暖流移動的魚在夏季攝取營養分，脂肪多而美味；棲息於寒流的魚類則由秋至冬季最美味，脂肪本身並無味道，但脂肪量增加即甘味會增加。產卵前的脂肪含量多的時候，被認為是魚的當季，這是因為此時期最美味的緣故。

第二節　魚類的烹調

一、魚類的生食

魚類的生食是最古老的吃法，美味、清淡，利用魚本身的風味是最佳的吃法。生魚片（刺身）、醋漬（酢之物）等都是日本料理獨特者。日本人注重刀法，尤其在材料的選擇、處理、裝盛、器皿等都很講究。

國人因為長年的累積經驗，忌諱生吃食物。當然經過加熱煮

沸，不但可以增加色香味，也可以殺死各種微生物，消滅寄生蟲。在台灣，因爲日治時代所留下的日式料理以及近年來國人到日本觀光機會增加，所以養成嗜好生食水產類的習慣。

(一)生食容易消化的理由

占魚類大部分蛋白質的肌球蛋白、肌漿蛋白其微膠粒構造不是很強固，與大量的水共存，所以消化酵素容易侵入，消化容易。**表8-2**爲魚貝類在胃裡的消化時間。

(二)生食時注意事項

很重要的是要選擇鮮度好的魚類，處理時尤其要重視清潔。會附著於魚體的微生物有水中細菌，以及魚獲後再污染的大腸桿菌、枯草菌、馬鈴薯菌及附著寄生蟲卵，所以處理上要十分注意衛生，不然就有危險。

1. 表面會受到污染，所以用食鹽水洗淨後，再用清水洗淨。
2. 用滾水汆燙或把表面烘烤一下即很安全。冷凍魚要貯藏於 −18℃ 以下，雖然不能殺菌，但細菌類不能繁殖，且可消滅寄生蟲。

表8-2　魚貝類在胃裡的消化時間（對100g）

種類	消化時間	
	生食	煮過
鰈魚	生魚片／2小時15分	煮過／2小時45分 鹽烤／3小時
土魠	生魚片／2小時45分	鹽烤／3小時
鯉魚	生魚片／2小時15分	煮過／2小時45分
牡蠣	生魚片／2小時15分	煮過／2小時30分

註：鹽烤（鹽燒）：是在魚類的表面撒鹽再去烤燒的烹調法。

 冷淋（Arai）

材料（6人份）			
鯉魚、鯛魚、鱸魚	300g	茗荷芛	90g
註：1人份約50～70g		紫蘇葉	6張
黃瓜	1條	辣椒醋醬油	90ml

做法

❶ 由於魚的種類、嗜好，可將魚肉削切，切細條狀，浸泡於冰水中，強烈攪拌讓魚肉縮緊，撈起後再以冷水沖洗，瀝乾。

❷ 盛於玻璃容器內，用冰塊墊底以生魚片方式供食。

1. 這是代表夏天的生魚片料理，所謂Arai是洗滌的日語，活魚肉以冷水處理，除去黏性，緊縮呈硬筋肉，所以水以硬水較軟水有效。

2. 幾乎沒有蛋白質的變性，死後僵直會使魚肉堅硬，已發生死後僵直的魚即無法利用做Arai。因此，一定要選擇新鮮魚類來利用。僵直前的魚肉在短時間內急激加熱或冷卻，ATP（腺膘核苷三磷酸）會分解，生成肌動球蛋白，筋肉會收縮，咬感改善，富於彈性。

3. 肝醣多者，其解醣作用旺盛，易變酸性，容易死後僵直，所以收縮量少，不適合這種做法。白肉魚（鯉魚、鯛魚、鱸魚）的肝醣少，保持中性，所以作為Arai即容易收縮。

 ## 醃漬鯖魚

材料（6人份）			
鯖魚（一尾）	700g	食醋	魚肉重量的30%
紫蘇穗	少量	老薑	10g
食鹽	魚肉重量的5%	蘿蔔	100g
醬油	50ml		

註：材料的10%

做法

❶ 新鮮的鯖魚切成三片（一片魚骨、二片肉），在濾網上撒食鹽，魚皮向下放上二片肉，魚肉上也撒上食鹽，讓鹽水滴掉，醃2小時。

❷ 拔掉小刺，浸於食醋中（1小時）以除去魚臭，從魚頭剝掉魚的薄皮。

❸ 從頭部切0.7公分厚度的魚片。

❹ 蘿蔔削皮後，切成絲狀，浸泡於水，瀝乾使其具脆性。

❺ 添附蘿蔔絲連同魚片盛於盤上，附薑末、紫蘇穗供食。

1. 醃漬鯖魚的魚肉收縮，魚臭消失，是可增加甘味的烹調法之一，被利用於鯖魚壽司、握壽司（魚片飯糰）、什錦散壽司（chirashi壽司）、醃醋菜（醋之物）等。

2. 要浸泡食醋時，要先以食鹽充分收縮，由於醃漬食鹽會使其呈凝膠狀態，再浸泡於醋即蛋白質會變性而呈白色。由於食醋與食鹽，肌動球蛋白會變不溶性，又由於魚筋肉中的0.2～0.3M的離子強度的無機鹽類的關係，筋肉會變硬。

3. 作為生食料理，食醋會抑制細菌的繁殖與殺菌，也可抑制酵素作用，因此可改善保存性。

4. 因可除去魚腥味，所以是頗為理想的方法。魚腥味的主成分是三甲胺，這也是甘味成分的一種。

　　　　氧化三甲基胺（trimethyl amine oxide）受到細菌的作用，被還原成為三甲基胺。在新鮮的魚肉中，平常100g中含有0.5～0.6mg，但超過10mg以上即有腐敗臭，而無法接受。淡水魚的魚腥味並非三甲胺而是以氨臭為主者。去除魚腥味的方法有：

1. 用水洗淨〔胺類（amine）容易溶於水〕。
2. 加酸使其與胺類結合。
3. 使用清酒類以琥珀酸消除腥味。
4. 味噌、醬油、牛奶、香辛料等也可以改善魚腥味〔由實驗已明瞭洋蔥、月桂樹（laurel）、鼠尾草（sage）對魚腥味的去除有效〕。

二、魚類的加熱烹調

魚貝類多經加熱後食用，由加熱較衛生，風味增加且保存性亦提高。加熱後蛋白質會凝固，所以其性質有如下變化：

1. 蛋白質的凝固：肌球蛋白在45～50℃，肌漿蛋白則在62℃凝固，所以水溶蛋白質會失去溶解性（例如作為菜湯的材料，先以大火給予加熱再煮湯則湯汁不會混濁）。
2. 膠原（蛋白）的明膠化：筋肉中結合組織的大部分為膠原，60℃以上膠原即會收縮，但與水長時間加熱即會變成明膠（例如菜湯的膠凍化）。
3. 脫水與縮小：蛋白質凝固即會發生脫水，普通的魚會有20～30％，鱘魚、魷魚則有30～40％的體積縮小。
4. 脂肪的溶出：加熱時魚皮會收縮，此時脂肪組織會發生變化，溶解流出外面，然而脂肪與調味料混合，呈現另一種風味而變成甘味。
5. 魚皮的收縮：膠原蛋白會由加熱而收縮，皮也會收縮。為了防止這種現象，在煮魚、烤魚之際，在魚皮上給予切口以防收縮與形態崩潰。

有關魚類的加熱烹調有下列幾種：

(一)煮湯

魚貝類的湯具有很好的風味，作為食慾增進，配酒菜、配飯、菜餚與菜餚之間的改換口味等功用。

魚肉湯

材料（6人份）

鯖魚肉片	200g	醬油	1大匙
食鹽	材料的3%	食醋	2大匙
蘿蔔	150g	嫩薑	6g
昆布（海帶）	18g（水的2%）	砂糖	2小匙
水	900ml	米酒	1大匙
食鹽	1小匙	蔥	20g

做法

❶魚的切塊或魚骨，撒鹽後靜置20分鐘。

❷蘿蔔切成4公分長的條狀，嫩薑切絲。

❸在鍋內放入水與昆布（海帶）加熱，在煮沸前撈出昆布，將魚洗乾淨加入，沸騰即改為小火，把浮出的泡沫除掉，再加入蘿蔔煮爛。

❹以食鹽、醬油調味，加食醋後停止加熱。

❺盛於碗，加入薑絲、蔥末供食。

1.魚肉湯冷卻後即會有魚腥味，所以要趁熱食用。

2.將醃鹽的魚洗乾淨即可去除腥味。

3.食醋的成分為醋酸，因其為揮發性，所以加入後即停止加熱，或熄火後再加入。

4.材料的魚可用醃鹽鯖魚，但也可以利用前項所剩魚骨，即可充分加以利用。

5.蔥、薑、酒對消除魚腥味有幫助，並可賦予濃厚味。

食物製備學——理論與實務

魚丸湯

材料（6人份）

魚（魚肉）	180g	食鹽	$1\frac{1}{2}$小匙
味噌	18g	註：湯的1%鹹味	
註：魚肉的10%		醬油	1小匙
薑泥	3g	註：湯的1%鹹味	
高湯	900ml	蔥	20g
米酒	1大匙	嫩薑	6g

做法

❶魚除去頭與內臟，水洗，以手剝腹除骨，在砧板上敲打，放入磨缽內加入味噌、薑泥，做成18個丸子，在滾水中燙至浮上為止，撈上備用。

❷蔥與嫩薑切絲。

❸高湯調味，加入蔥與丸子，停止加熱。

❹盛於碗，加入薑絲供食。

1.也可以做成味噌湯，做法是以魚肉加食鹽在磨缽內磨漿。魚肉當食鹽濃度較高時，會有黏度，所以不必使用澱粉黏著劑。

2.味噌可吸收魚腥味。

3.食鹽可改變蛋白質分子，使魚肉轉變為溶膠狀。對魚丸、魚糕添加食鹽，不但為了調味，也是使其產生黏著力，增加彈性。

4.對魚漿添加約20%山藥磨漿，即可做成滑潤、口感好的魚丸。

5.為了不使湯汁混濁，可將魚丸先汆燙一下，再加入煮沸。

(二)煮魚

 煮鯖魚

材料（6人份）

鯖魚（1片70g）6片			（白色肉的魚）
水	80ml	註：材料的20%	註：材料的15%
醬油	60ml	註：材料的15%	註：材料的10%
味醂	60ml	註：材料的15%	註：材料的10%
米酒	60ml	註：材料的15%	註：材料的10%
砂糖	2大匙	註：材料的5%	註：材料的2～3%
老薑	15g		

做法

❶ 調味料全部加入鍋內煮開。

❷ 沸騰後，將剖開的魚肉向下排列，加浮蓋以大火煮沸，再沸騰後，調整為中火，除去浮蓋，煮至湯汁乾涸後，盛於盤中，放上薑絲供食。

　　浮蓋可減少鍋中空間，可有效利用熱，材料不會滾動，所以魚肉不致於崩潰。湯汁少了也會碰到浮蓋，所以湯汁會潤濕全面魚肉，而可平均地調味。

食物製備學——理論與實務

1.鯖魚可煮成濃厚味道的菜餚，但新鮮魚或白色魚要考慮如何在短時間內烹調好，且不使其原味逸失。

2.紅色肉的魚煮10～15分鐘，白色者即只要7～8分鐘。

3.要調味料煮開後才放進魚肉，如此，可保持魚的形態，表面的蛋白質會凝固，防止肉汁流出，而做成美味的煮魚。

4.加浮蓋即可使少量的湯汁潤濕到全面，又魚的形態也不崩潰。

5.不要中途觸摸（魚的形狀會崩潰）。

6.除去魚腥味的方法，以味噌烹調，味噌的香氣與脂肪粒子或蛋白質分子會成為膠狀，分散在煮湯中，吸著不好的氣味。此外，為了除臭而加入蔥，最後澆上薑汁（等魚凝固後才加入薑汁比較有效，因魚肉蛋白質會阻礙薑的脫臭作用，所以加熱使蛋白質變性後才使用）。

(三)烤魚

1.可以用100℃以上的高溫處理，所以能迅速形成甘味成分並保存在表面附近（不像煮魚會溶出），又可賦予焦香味與香氣而美味。

2.器具種類：串烤、網烤、炸鍋烤、鐵板烤、碳火烤、鋁箔烤等。

3.調味料種類：鹽烤、照燒（teriyaki）（糖醬烤）、味噌烤、油烤（以所塗的調味料不同而變化）。

圖8-1為烤魚時鐵串的刺法。

176

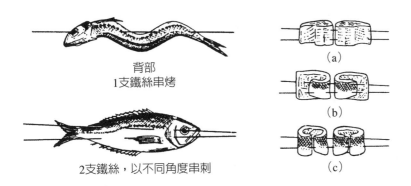

背部
1支鐵絲串烤

（a）

2支鐵絲，以不同角度串刺

（b）

（c）

圖8-1　鐵串的刺法

 ## 魚的整隻烤

材料分量（6人份）			
魚	6條	食鹽	魚的2%
蘿蔔漿	150g		

做法

❶ 將魚的鰓、帶刺魚鱗、內臟除掉，洗淨後抹2%食鹽，靜置約30分鐘，拭去水氣，從眼下串刺鐵絲，如**圖8-1**穿過中骨，從尾部串出。

❷ 魚在烤火時會流出脂肪，所以會將另一面變髒，因此要從表面烤，表面4分，反面6分烤為宜。

食物製備學——理論與實務

1.要拔掉鐵絲串時，將烤好的魚放在砧板上，將鐵絲串一面
轉，一面拔掉即可。對於魚肉片即以橫向刺進。如從縱方向
刺串，即經過烘烤後，魚肉會捲起來，而看起來會覺得小一
點。在烘烤中，將鐵串稍微轉動一下，烤好後較容易拔掉。

2.烘烤食物時，以內部達到80℃為準，直火即離開火源10公分
來烤，表面燒焦為宜（表面為200～250℃）。

3.在魚上撒鹽即肉會收縮而容易烤，又可附加鹹味（魚表面的
水分溶解鹽，由浸透作用可除去水分），此時以水沖洗一
下，即可除去魚腥味。

4.整隻烤要在烘烤前將表面的水分擦拭掉，再一次撒鹽後即時
烤，如此則食鹽的結晶可以留下來，日本稱其為「化粧鹽」。

註：整隻烤，日語為「姿燒」，「姿」表示身影或外觀之意，因無適當的譯詞，
　　所以將其稱為整隻烤。魚肉蛋白質由溶膠變凝膠的溫度，最會生成甘味的狀
　　態。

178

魚的照燒（糖醬烤）

材料（6人份）			
鰤魚的切片	6片（約80g）	味醂	50ml
醬油	50ml	註：魚的10%	
註：魚的10%		嫩薑（切片）	6片

做法

❶將味醂與醬油混合，魚肉浸泡其中。

❷如圖**8-1**（b）刺串。

❸以大火烤至稍焦以後，翻轉再烤至內部熟透，在兩面塗所剩醃魚醬汁，再烤。反覆二次烘烤。

❹盛盤附嫩薑供食。

1. 以砂糖代替味醂時，使用味醂的三分之一即可。味醂所含糖分是麥芽糖或葡萄糖，會賦予光澤。照燒特有的香氣是由三甲胺與魚皮成分的六氫砒啶（piperidine）與調味料等所反應的產物。

2. 六氫砒啶（離胺酸分解產物：NH_{10}）與脂肪酸中的酪酸（C_4）、癸酸（capric acid）（C_{10}）、糖（CHO基）、醬油蛋白質（NH_2基）等，由加熱產生的反應物所呈現的顏色與香氣。

 魚的乳酪烤

材料（6人份）			
比目魚（1片80g）	6片	乳酪（butter）	50ml
食鹽	魚肉的2～3%	附菜 { 噴粉馬鈴薯	300g
胡椒	少許	輪切檸檬	6片
麵粉	25g	香菜	少許
沙拉油	50ml		

做法

❶ 魚片撒上食鹽、胡椒，靜置約10分鐘，拭去水分，撒上麵粉。

❷ 在炸鍋上熱油與乳酪，魚肉表面多餘的麵粉震掉，魚表面貼鍋放進，以大火不斷搖動煎烤至稍微燒焦，調整爲小火煎烤2～3分鐘，內部熱透後翻面，以同樣方式煎烤。

❸ 在盤上盛魚片，添附噴粉馬鈴薯、香菜、輪切檸檬，放在魚肉上供應。

> 乳酪烤〔meuniere，奶油炸魚（法語）〕是撒上麵粉焦烤爲其特色。麵粉會吸收魚的水分，由加熱形成膜，所以營養分不會流失，且麵粉因油炒而產生香氣，壓制魚腥味。

 第三節　貝類的烹調

貝類都要趁其新鮮時給予迅速調理，不然肉纖維會由加熱收縮變硬且脫水。與魚類相比，貝類的內臟中細菌類的附著更多，不容

易洗掉，所以盡量避免生食。

　　貝類一般都含多量單胺基酸（monoamino acid），分解後會產生氨氣，又氧化三甲胺也多，因此胺類的生成也多，容易腐敗。

 文蛤湯

材料（6人份）			
文蛤	12個	食鹽	$1\frac{1}{2}$小匙
水	900ml	註：湯的1%	
米酒	1大匙	嫩薑（切絲）	適量

做法

❶將吐砂後的文蛤洗淨，以除去貝殼上的污穢。

❷米酒與文蛤放進鍋內，加薑絲以大火加熱，開口後同時加鹽調味，火候弄小除去泡沫，停止加熱。

❸如有砂即取出肉，湯以布過濾，盛碗供食。

1. 要使文蛤吐砂就將其放進約3%食鹽水（海水的濃度），放在暗處過夜。

2. 貝類的甘味成分為琥珀酸，由加熱肉纖維會變硬，所以不要長時間煮沸。

油炸牡蠣

材料（6人份）

牡蠣	300g	蛋	30g
食鹽	3g	註：牡蠣的10%	
註：牡蠣的1%		鮮麵包屑	60g
胡椒	少許	註：牡蠣的20%	
麵粉	30g	檸檬	適量
註：牡蠣的10%		香菜	適量
		油炸油	適量

做法

❶將牡蠣放在網勺內，以2%食鹽水振動洗淨以除去污穢，排在綿布上除去水氣。

❷撒上食鹽、胡椒，最後撒麵粉，沾上打散蛋液，再沾麵包屑，不要壓到而靜置1～2分鐘。

❸在190℃熱油中，油炸1～2分鐘。

❹盛於盤中，附切片檸檬與香菜供食。

1.牡蠣含多量水分，要擦拭完全，如花太久時間，跑出水分，而裹衣會剝離。因此油溫要稍高，並在短時間內炸好。

2.含有多量維生素B群、蛋白質、碘、鐵、肝醣，是營養價頗高的食品，廣泛被利用於各式料理，但以沾食醋食用為最美味。生食時要選無污染且無菌者。貝類的黏液是醣蛋質（glycoprotein）所結合者，可溶於2～3%食鹽水（具有保護貝類的功用，但會附著細菌類，所以完全洗淨為宜）。

3.在英文的月名中，有R的月份（1～4月，9～12月）據說其肝醣含量特多而美味。

涼拌赤貝

材料（6人份）

赤貝	6個	食醋	2大匙
黃瓜	2條	米酒	1大匙
砂糖	1大匙	芝麻	2大匙
註：材料的3%		註：材料的10%	
食鹽	2/3小匙	味精	少許
註：材料的1%		芫荽	適量

做法

❶將赤貝前處理瀝乾後，切成長條狀，以食醋洗一下備用。

❷將芫荽切成1公分長，再拭去水氣。

❸黃瓜浸泡冷水，以增加脆性，瀝乾備用。

❹芝麻磨醬，混合調味料，拌在菜餚上。

1.赤貝只用活的，殼張開以手碰觸即緊閉的貝殼即為新鮮者。

2.前處理的方法：將刀尖插入赤貝的細縫處，使其打開拉出貝肉，切開貝肉除去內臟，以淡鹽水洗淨後使用（除去黏液）。

食物製備學——理論與實務

涼拌魷魚

材料（6人份）					
魷魚	1隻		醬油	1大匙	
黃瓜	120g		食鹽	1/2小匙	
調味料 米酒	1大匙	調味醋	芝麻油	1小匙	
食醋	2大匙		辣椒醬	1小匙	
砂糖	1大匙		味精	少許	

做法

❶魷魚撕去皮後，在胴部內面切入交叉淺切口，再切成3cm×1.5cm角狀，腳部切成2cm，以1%滾食鹽水燙熟。

❷黃瓜削皮後，切成小段狀，混合魷魚盛於盤上，澆上調味醋供食。

1.魷魚的肉與獸肉不同，其脂肪含量少，水分多且肉由緻密組織所成，所以加熱過度即變硬，調味不易。

2.魷魚胴部內側可切入切口，使其容易受熱，不會捲縮且美觀。其切入紋路可加以變化。

註：以1%熱鹽水燙2～3秒，可使其表面蛋白質變性，也兼消毒。

第9章

蛋的製備

- 雞蛋的營養與成分
- 烹調上的特性

蛋的顏色、形態漂亮，且容易食用，價錢合理，所以被利用在
各種菜餚。加上蛋含有孵出小雞所需要的營養素、蛋白質及各種營
養素都均衡的分配，所以是營養價值甚高的食品。

 ## 第一節　雞蛋的營養與成分

蛋的構造（如**圖9-1**）可分為蛋殼、蛋白、蛋黃三部分。其
比率與重量大約如下：雞蛋1個（50～60g）；蛋殼11～11.5%
（5～6g）；蛋黃30～32%（16～18g）；蛋白55～60%（約30g）。

在食品中，蛋是營養價值極高的食品（見**表9-1**），其中作為
蛋白質源甚為重要，蛋白價為100，含有優良的胺基酸組成。脂質
含有必需脂肪酸，融點低，以乳化液（emulsion）的形態存在，所
以消化吸收也很好，維生素C以外的維生素類也很豐富。無機質中
富於磷、鐵，而鐵的利用率甚高。鈣卻集中於蛋殼，蛋黃在100g

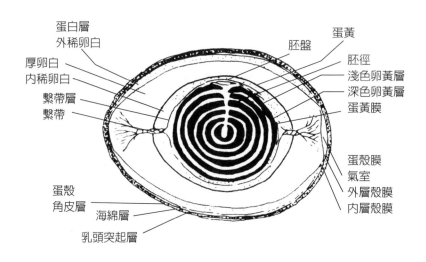

圖9-1　蛋之構造圖

表9-1　蛋的營養成分（每100g）

	熱量 （kcal）	水分 （g）	蛋白質 （g）	脂質 （g）	碳水化合 物（g）	灰分 （g）
全蛋	156	75.0	12.7	11.2	0	1.1
蛋黃	363	49.5	16.1	32.5	0.8	1.9
蛋白	45	89.0	10.2	0.1	0	0.7

	無機質			維生素				
	鈣 （mg）	磷 （mg）	鐵 （mg）	A （I.U.）	胡蘿蔔素 （I.U.）	D （I.U.）	B_1 （mg）	B_2 （mg）
全蛋	65	230	2.6	800	10	10	0.10	0.30
蛋黃	150	570	6.3	2,000	100	30	0.25	0.30
蛋白	10	11	0.1	0	0	0	0.01	0.30

中含有150mg，比牛奶少，所以屬於酸性食品。營養成分的組成由蛋的種類、飼料、新鮮度而異，在調理上，新鮮度是影響料理的因素。調理形態上，因球狀蛋白質多，與水分子共存，所以生食也可被消化。但是為了改善風味、消化、衛生，多以加熱調理。

> 　　據說如大量生食蛋白，則其所含抗生物素蛋白（avidine）會與維生素H結合，而產生維生素H的缺乏症（但經過加熱後，就可不活性化其與維生素H的結合）。

一、蛋的新鮮度判定

蛋的品質判定可分為蛋不打破與蛋打破兩種方式來判定：

(一)蛋不打破法

1. 外觀：蛋殼最外層叫角皮層（cuticle），新鮮蛋外層有角皮層所以外表粗糙，沒有光澤。蛋經過一段時間貯存後，其角皮層會消失，表面變成光滑，而且微生物容易侵入，使蛋腐敗。所以以外觀來判定蛋的品質，蛋殼粗糙者爲新鮮，愈陳舊則因角皮層風化而呈光滑。

2. 振動法：氣室薄膜震顫波紋愈大，敲打後將其靠近耳邊有聲音時，表示不新鮮。

3. 透視法：利用燈光或照蛋器來檢查，蛋白與蛋黃區分清晰者爲新鮮品。

4. 氣室大小：蛋殼與蛋白之間有外殼膜和內殼膜，這兩層薄膜主要保護蛋黃與蛋白。蛋產下之後，兩層蛋殼膜會慢慢分離，而在蛋之鈍端形成氣室（air cell），蛋放得愈久氣室愈大，由氣室大小可判別蛋之新鮮度，新鮮者直徑10～15mm，深度在3mm以下；蛋黃位置居中間者爲新鮮品，浮動者爲舊蛋，黑透者爲腐敗蛋；有血點等異物存在者爲陳舊品；角皮層在紫外燈下呈紅色螢光，因含原紫質（protoporphyrin）之故。若呈紅紫至紫藍螢光，則爲陳舊蛋。

5. 舌感法：蛋的鈍端以舌尖觸之有溫感，銳端有冷感，則爲新鮮蛋，如果兩端皆有冷感，是因爲氣室由鈍端移動，則爲陳舊蛋。

6. 比重法：帶殼全蛋比重約1.088～1.095，去殼全蛋1.04～1.05，蛋白1.038～1.054，蛋黃1.038，利用比重可判定蛋的新鮮度。將蛋放入比重1.027的食鹽水中（60g食鹽溶於1公升水）新鮮蛋會橫躺沉下，比重小於1.02者會上浮，此爲非常陳舊的蛋或

腐敗蛋。CNS規定特級鮮蛋之比重為1.078～1.094，乙級鮮蛋為1.05以下，腐敗蛋之比重為1.02以下。

(二)蛋打破法

將蛋打破，蛋黃近似圓形而高隆者，濃厚蛋白與稀薄蛋白層次清晰可見者為新鮮品。

1. 蛋白係數：濃厚蛋白之高度除以直徑之值，新鮮蛋為0.106，此值愈小愈不新鮮。但放置稍久以後，濃厚蛋白逐漸減少，稀蛋白則逐漸增多，最後濃厚蛋白完全稀薄化為稀蛋白，可以由蛋白的黏稠度明顯看出。
2. 蛋黃係數（yolk index）：蛋黃高度除以蛋黃直徑之值，新鮮品為0.361～0.442，如為0.300以下則為不新鮮。
3. pH值：新鮮蛋之pH值為7.6～7.9，經過貯存因蛋中CO_2會通過氣孔向外逸失，由於CO_2流失，使pH值逐漸上升可達9.7以上，所以pH值愈高則蛋愈不新鮮。
4. 氣室高度：煮熟後，新鮮蛋氣室之高度為3～5mm，且不易剝殼。

二、蛋的貯藏法

(一)冷藏法

冷藏溫度以0～5℃最佳，相對濕度80～85%，以免蛋中水分蒸發掉。蛋冷藏時，鈍端要向上直立，因為氣室在鈍端，如此氣室不易移動。

(二)冷體冷藏法

將蛋置於密閉之貯藏箱中，移出空氣，並注入88%的CO_2、12%的N_2混合氣體，在0～1℃冷藏，但其缺點是設備昂貴。

(三)蛋殼密閉法

直接塗加塗覆劑於蛋殼表面，防止CO_2之逸失、微生物侵入，塗覆劑有流動石蠟、礦物油、水玻璃（$Na_2 \cdot nSiO_2$）及植物油。

(四)蛋殼清潔法

蛋的表面常有污物，所以需要經過清洗，目前在超市所販賣的洗選蛋，都是先用洗蛋機刷洗，噴上碳酸鈉或苛性鈉等洗劑，次氯酸鈉為殺菌劑，再水洗、擦刷、乾燥、打蠟，最後再分級包裝者。

三、蛋製品

(一)皮蛋（Chinese egg或pitan）

1.製造原理：以鴨蛋為原料，以強鹼醃製，使蛋白、蛋黃形成凝膠之製品。皮蛋之形成因添加鹼性物質，如氫氧化鈉、草木灰、石灰、碳酸鈉、天然蘇打等。鹼之作用是使蛋白質變性，形成凝膠化，並分解蛋白質為胺基酸，使皮蛋具有特殊風味並能抑制細菌生長，皮蛋蛋白呈褐色、蛋黃呈深綠色，也是受鹼之作用。另外有加入食鹽，可賦予皮蛋之鹹味；加入茶葉，因茶葉中所含之單寧類色素，給予皮蛋之特有顏色與風味。

2.皮蛋之安全性：皮蛋配方中含氧化鉛，能使蛋易凝固、防止

褪色,提高產品安定性,但鉛有毒性,會引起貧血、腎臟病及神經障礙等中毒現象。1972年行政院衛生署規定,皮蛋中之鉛含量不能超過2ppm,近年來常使用鐵、銅、鋁等鹽類取代氧化鉛。

(二)鹹蛋 (salted egg)

鹹蛋是我國傳統之蛋加工品,做法簡單,鹹蛋黃大量使用於端午節包粽子與中秋月餅的餡料。

(三)糟蛋 (sour egg)

糟蛋是酸凝膠製品,其配方如下:蛋100個、酒糟10～15kg、食鹽2.5～3kg、食醋6公升,蛋經洗淨風乾,先浸泡於食鹽與食醋的混合液中,經過一段時間蛋殼軟化後再浸於酒糟,經3～5個月熟成,去殼可直接食用,或加熱5分鐘味道更鮮美。

(四)燻蛋 (smoked egg)

燻蛋為將蛋浸漬於含0.5～1%胡椒等香辛料之15～20%食鹽水中,室溫下經過30天,取出煮熟,再經過煙燻而成。

(五)茶葉蛋 (tea-flavored egg)

茶葉蛋為蛋洗淨煮熟,取出敲破使之有裂痕,放入茶葉、食鹽、花椒等香料混合液中,以慢火煮4～8小時而成。

(六)液蛋 (1iquid egg)

液蛋是去殼低溫殺菌之蛋品,使用方便,逐漸受到糕餅業者之喜好。

(七)蛋粉（dried egg）

蛋中含有約75%之水分，若將水分去除可以減輕重量，方便運送，並可延長貯藏時間。蛋粉是蛋經過乾燥而成，用途廣泛，主要是加入糕餅、糖果、冰淇淋及其他烘焙產品。

(八)濃縮蛋（concentrated egg）

濃縮蛋為液蛋再經過濃縮而成，部分製品在濃縮前添加糖或鹽，使水活性降低，類似煉乳（condensed milk），可延長保存期限，濃縮蛋一般作為糕餅使用之原料。

(九)長蛋（long egg）

長蛋是歐美流行的一種蛋品，其外型是直徑4.5公分、長2公分的圓筒狀，中央是蛋黃，四周包以蛋白，以塑膠膜包裝，並以冷凍貯藏，切成薄片時蛋黃蛋白之直徑一致，使用於三明治很方便。

 # 第二節　烹調上的特性

一、蛋的熱凝固性

蛋為蛋白質源食品，分子全部都是球狀蛋白質而與水分子共存，其微膠粒構造並非堅固，所以生食也可以消化，但為了改善風味與消化，加熱後使用。然而蛋黃與蛋白的蛋白質組成迥異（見**表 9-2**），所以由加熱的凝固溫度而凝固狀態不同。

表9-2　蛋白、蛋黃的蛋白質組成

蛋白	蛋黃
卵白蛋白（ovoalbumin） 伴白蛋白（conalbumin）（與鐵結合） 類卵黏蛋白（ovomucoid）（醣蛋白質） 胱胺酸（含硫）	脂蛋白質（與脂質或鐵結合） 甘油酯 膽固醇

二、添加物對凝固的影響

蛋料理多要添加水、調味料等。以水或牛奶稀釋，由於混入食鹽、砂糖、醋等而其凝固溫度也會改變（見**表9-3**）。

1. 水或牛奶：添加跟蛋同量以上，就很難凝固。雞蛋豆腐等在80℃，加熱30分鐘以上也不凝固（需要約85℃才能凝固）。
2. 食鹽：促進凝固性。據稱這是因為能增加凝集性的緣故。裂開的蛋以1%食鹽水燙煮，可防止內容物的流出。蒸蛋（茶碗蒸）加了3～4倍水也會凝固的理由即在此。
3. 食醋：變得容易凝固。
4. 砂糖：提高凝固性，可以使凝固者變成柔軟的產品的作用，例如布丁。
5. 鈣離子：促進凝固性以外，有增加硬度的趨勢。添加牛奶的蛋料理會變成較硬的原理在此。

表9-3　蛋白、蛋黃的凝固溫度

	凝固溫度（℃）	現象
蛋白	70～73	從約60℃開始凝固，在約65℃即失去活動性，呈現軟的果凍狀，約70℃即凝固，80℃即變很硬的凝固
蛋黃	68	從約65℃變成黏稠，開始凝膠化，在68～70℃則幾乎呈凝固狀態，呈粒狀性而容易散開

三、利用熱凝固的烹調

1.連殼使用者：煮蛋、溫泉蛋、茶葉蛋。

2.除殼使用者：煎蛋、水煮蛋、滷蛋。

3.打散使用者：炒蛋、蛋花湯、菜脯蛋、蚵仔煎；蒸蛋以高湯
　（牛奶）稀釋使用者：蒸蛋（茶碗蒸）、蛋包飯（omelet）、
　芙蓉蟹、蛋豆腐、布丁。

4.作為黏著劑使用者：漢堡、肉丸、油炸食品的裏衣。

蛋類因加熱而蛋白質會變性，如變性太厲害會影響其消化，例如淡水的鐵蛋則消化不易。**表9-4**表示調理法（加熱程度）對消化的影響。

(一)全熟蛋

要做煮蛋（白煮蛋，連殼）時，如考慮凝固溫度而調整時間，即可做出各種凝固狀態的蛋（半熟蛋、溫泉蛋、硬煮蛋等）。

普通的白煮蛋由外面的蛋白，向內傳熱凝固，但熱不容易到蛋黃。全熟蛋需要80℃溫度，所以達到80℃以後再加熱11～12分鐘即可（嚴格地說，從此12分鐘至沸騰所需時間扣除其約四分之一的時間就可以）。

表9-4　不同烹調法的蛋消化時間與消化率

調理法	消化時間（小時）	消化率	註
生蛋	2～2.5	50～70	蛋黃的生食與加熱後，並無差異，據稱蛋白經加熱後比較容易消化。如多食用生蛋即會引起維生素H的缺乏症。但與蛋黃一起食用則所含卵磷脂會有防止作用
半熟蛋	1.5	96	
全熟蛋	3.25	95.6	
加湯蒸蛋	1.5～2.75		
油炸蛋	3.5		
起泡蛋	1.5		

 全熟蛋

做法

在鍋內放可覆蓋蛋的水量，點火加熱，開始沸騰後，調整為小火燙約12分鐘，撈起浸泡於冷水約1分鐘，取出剝殼備用。

煮蛋要訣

1. 浸泡冷水的目的是避免持續加熱，不使蛋黃表面變暗色，且容易剝殼。

2. 如給予必要以上的加熱（15分鐘），則卵黃的表面會呈暗綠色（如果pH4.5以下，就不會因加熱而呈暗綠色）。蛋黃所含胱胺酸或甲硫胺酸的硫為結合狀態，不容易游離，但是蛋白中的硫會由加熱而容易分解，變成硫化氫，與蛋黃中的鐵結合生成硫化第一鐵，所以會黑變。舊蛋因其pH值上升，所以容易產生硫化氫。在高溫，加熱時間長就容易產生硫化氫，所以不要加熱過度。（$H_2S+FeO \rightarrow FeS+H_2O$）。

3. 要切開煮蛋時，以蛋黃位於中央較為美觀。可在燙煮蛋時，將冷水加熱至沸騰中，將蛋不斷滾動加熱即可。經過時日的舊蛋其水樣性蛋白增加，蛋黃會由中央偏向蛋殼，所以燙煮時蛋黃會偏離中心而形態不好。轉動燙煮至蛋白大略凝固，即蛋黃會可固定在中央的位置。

(二)半熟蛋

蛋白無透明部分，呈乳白色的果凍狀，或蛋黃成帶黏稠狀的柔軟糊狀，這是理想的半熟狀。在約70℃的熱水中燙約12～15分鐘，就能做成蛋白與蛋黃都恰到好處的半熟狀。蛋黃到70℃就凝固，蛋白在73℃凝固，所以將蛋黃可以受熱約12～15分鐘就停止加熱爲宜。時間再長即蛋黃會凝固。

 半熟蛋

做法
在有蓋的大碗中放進蛋，倒入滾水，裝滿後加蓋，夏天靜置5分鐘（冬天7分鐘），換滾水再同樣處理5～7分鐘即可。

1. 由於室溫或水溫的不同，加以於調整，要讓蛋的內部溫度達到並保持70℃，約12～15分鐘為重點。
2. 半熟蛋消化時間短，消化率也好，廣泛被利用為病人食、斷奶食、早餐等。
3. 溫泉蛋：常看到觀光客在噴泉中煮蛋，這是蛋白半熟，蛋黃凝固的狀態者，稱其為溫泉蛋。溫泉的水溫約70℃者，將蛋投入，燙約20～25分鐘即成。在硫黃泉，因冒出的硫黃蒸氣把蛋殼燻成黑色，則另有不同情調。

(三)煎荷包蛋

在台灣，煎荷包蛋時兩面都要加熱煎熟。美國及日本有一面的煎蛋，日本稱爲「目玉燒」，目玉是眼睛之意，即因只煎一面，不翻煎另一面，所以保持在蛋白中留有蛋黃，看起來很像眼睛。美國卻稱爲「sun side up」，即太陽在上面之意，這也是表示，上面的蛋黃保留如太陽的意思。

煎荷包蛋

材料（1人份）

雞蛋	1個	水	5ml
油	5ml	註：蛋的10%	
註：蛋的10%		食鹽	0.5g
		註：蛋的1%	

做法

❶要做成蛋白凝固，蛋黃表面生成白膜，注意蛋白周圍不要燒焦，蛋黃將要凝固狀態。

❷將炸鍋加熱，塗油，鍋熱了停止加熱，打破蛋殼投入蛋液，以小火加熱，待蛋白變白，加入1小匙的水，加蓋煎2～3分鐘即可。

❸在蛋白上撒鹽，盛盤供食。

1.加水可防止燒焦，且不會變得太硬。

2.蛋黃以帶有黏稠的硬度為宜，不要加熱至超過這程度。

3.可加上火腿或放在土司上食用。

4.存放在冰箱的蛋，如自冰箱取出後，即時利用則會有蛋黃呈冰冷狀態，所以要自冰箱取出後，待其回溫至室溫再烹調。

煮蛋

蛋黃為半熟，蛋白包著蛋黃，是柔軟凝固狀態。			
材料（1人份）			
雞蛋	1個	水	400ml
食鹽	3.2g	食醋	1.2ml
註：水的0.8%		註：水的0.3%	
做法			
在鍋內放水、食鹽、食醋，點火加熱，待沸騰即調整為小火，投入去殼全蛋，等蛋白包著蛋黃，凝固浮上即以漏杓撈起，稍滴乾後供食。			

1. 蛋白質為兩性電解質，所以各分子都有帶電。如添加NaCl（電解質）即會吸著相反電荷的離子，被中和而近於中性（albumin的電荷被Na^+中和，所以容易凝固）。加食醋即會接近等電點pH4.8，其對水溶解度降低，分子凝集力增加，容易熱凝固。

2. 提早停止加熱，加蓋燜2分鐘亦可。

3. 食鹽、食醋均有促進凝固的作用。

4. 可放在土司上食用，或作為湯料利用。

炒蛋（1）

材料（1人份）			
雞蛋	1個	砂糖	2.5g
食鹽	0.5g	註：蛋的5～10%	
註：蛋的1%			

做法
❶將雞蛋打散加入調味料拌勻。

❷將蛋液倒入較厚鐵鍋，以小火加熱，待變黏稠凝固後以4～5支筷子打散，並防止鍋底燒焦。

可盛於炒飯或煮麵上作為裝飾用。

炒蛋（2）

材料（1人份）			
雞蛋	1個	牛奶	15～20ml
食鹽	0.5g	註：蛋的30～40%	
註：蛋的1%		乳酪	5g
胡椒	少許		

做法
❶將蛋打散加入調味料、牛奶混合均勻。

❷在厚鐵鍋內放入乳酪加熱，倒入蛋液以小火加熱至黏稠狀，以筷子攪拌，變成柔軟大塊狀就熄火供食用。

炒蛋可放在土司上食用。

 蛋皮

材料（6人份）			
雞蛋	1個	食鹽	0.4g
		註：蛋的0.8%	
		砂糖	1g
	ⓐ	註：蛋的2%	
		澱粉	1g
		註：蛋的1.5～2%	
		水	2ml

做法

❶蛋打散後加入ⓐ（澱粉以水溶解），壓濾備用。

❷在鍋內加油，加熱後將油倒出，擦拭多餘的油，鍋上的油要均勻，不然蛋皮會不均勻。

❸將燒熱的鍋從爐取下，把蛋液薄薄流在鍋面即開始凝固，多餘的蛋液倒回容器，以小火熱鍋使其煎乾涸，翻轉再煎乾，盛於盤中備用。

1.將鍋燒透才倒入蛋液。

2.多餘的油也擦拭掉。

3.不要燒焦，但要燒到恰好，呈漂亮顏色。倒入蛋液會即時凝固，所以用小火烘烤為度。如以大火即會成為粗糙且燒焦的蛋皮。

4.加入少許澱粉即糊化時，會與水分結合，成為濕潤的蛋皮。

5.加入砂糖即容易燒焦，自由水會被奪去，所以不宜加多。

6.可利用於做蛋絲（壽司、沙拉、春捲等）。

(四)煎厚捲蛋

　　要煎成看不出捲蛋的接合線，宜做成不燒焦的柔軟厚煎蛋。這種和式的厚捲煎蛋有關東式與關西式兩種。

1.以比中火稍弱的火候煎好，不使其燒焦，不斷地將鍋搖動，讓其適當受熱，煎成柔軟的煎蛋。

2.使用慣用的器具，最初加油後，加熱使鍋快冒煙，將多餘的油倒出，擦拭油分，滴入一滴蛋液，發出嗞的聲音，就可倒入蛋液煎蛋。

3.倒入蛋液的瞬間，輕輕攪拌即可使其全面熱透迅速凝固。

4.煎蛋一次蛋捲的分量，由其所要的大小可使用2～4個雞蛋。

煎厚捲蛋

關東式煎厚捲蛋		關西式煎厚捲蛋	
材料（6人份）		**材料（6人份）**	
雞蛋	4個	雞蛋	4個
高湯	60ml	高湯	100ml
註：蛋的30%		註：蛋的50%	
食鹽	2g	食鹽	2.4g
註：蛋＋高湯的0.8%		註：蛋＋高湯的0.8%	
砂糖	2大匙	砂糖	$1\frac{1}{2}$大匙
註：蛋＋高湯的8%		註：蛋＋高湯的5%	
味精	少許	味精	少許

做法

❶ 將煎蛋器加熱好塗油，多餘的油擦拭掉。蛋加入調味料，再將高湯添加混合，但不使其起泡而要過濾。

❷ 將蛋液倒入0.5～0.7公分厚，待柔軟潤化後，向前面捲起來，空出來的鍋面再塗油，將捲蛋拉近，空出的前面鍋面也塗油，倒入同量蛋液，將捲蛋以筷子架空，讓蛋液亦可流入蛋捲下面，而給與煎好。反覆這操作，煎成厚捲蛋。

煎蛋包

材料（1人份）			
雞蛋	2個	沙拉油	5ml
牛奶（或高湯）	30ml	乳酪	5g
註：蛋的30%		註：沙拉油加水、乳酪爲蛋的10%	
食鹽	1.3g	番茄醬	1大匙
註：蛋＋牛奶的1%		香菜	少許
胡椒	少許		

做法

❶蛋加進盆中，加入牛奶與調味料攪打混合均勻。

❷在煎鍋上加入沙拉油加熱，熱透加入乳酪融化，倒入蛋液，攪拌2～3次使其均勻，使蛋液加熱均勻，待半熟，底部硬化了，向前整形，敲打鍋柄翻反。

❸盛盤，澆番茄醬，附香菜供食。

---

1. 宜使用慣用的鍋，鍋要熱透才倒入蛋液。

2. 以中火（稍強）煎，並要加以攪拌促使全部熟透，促使迅速硬化爲祕訣。以小火即做不好。

3. 表面煎得很漂亮，內部還半熟爲理想。

4. 形態爲紡錘形，或美國式的對折，或餃子形都可以。

5. 將絞肉、乾酪（cheese）、蝦仁、螃蟹肉、洋蔥、香菇等，以蛋液的三分之一量炒好後，以捲入蛋皮的方式，或混進蛋液煎的方式也可以。

6. 所謂蛋包飯，則以更薄的蛋皮，將炒飯包進去者。

7. 歐美的omelette，主要在早餐供食，但也可在午餐供用。在餐單上，早、午、晚餐都可供應。

四、作為黏著劑的烹調

蛋是很優良的黏著劑是因為生蛋具有流動性，與其他食品接觸得很好；另一方面，具有很強的黏著力，將其他食品連黏起來，由加熱來凝固。從這一點來看，蛋的功用很重要。例如芙蓉蟹、親子丼（雞肉蛋燴飯）、菜脯蛋（蘿蔔乾蛋）等菜餚，或碎肉丸、漢堡等材料中要混合約10%蛋作為黏著劑。

 ## 親子丼（雞肉蛋燴飯）

材料（6人份）

材料	分量	調味料	分量
米	720g	高湯	360ml
雞肉	200g	醬油	4大匙
洋蔥	240g	註：鹹味為材料的2%	
香菇	15g	食鹽	2小匙
芫荽	2把	註：鹹味為材料的2%	
雞蛋	6個	砂糖	6大匙
註：以上材料約為飯重量的50%		註：材料的6～7%	
海苔	1.5張	米酒	3大匙
		味精	1/4小匙

做法

❶將米煮成飯，將雞肉切成一口大，洋蔥切絲，香菇浸泡水後細切，芫荽切2公分長，材料全部分為6人份備用。

❷高湯合併調味料，分為6人份（每份75ml）。

❸鍋內放入1人份湯汁，與各一份洋蔥與香菇煮開，加入雞肉，待熱透撒入芫荽，將蛋液從中央以渦流狀倒入，以小火加蓋燜一下，開始凝固後即熄火。

❹在大碗內盛飯，將煮好的雞肉和蛋盛到飯上，注意不使雞肉加蛋煮好餡料崩潰，撒上揉碎的海苔供食。

1.這是在飯上放菜餚，作為燴飯形式供食，所以要調整為約2%
　的鹹味，砂糖也以5〜6%程度為宜。

2.澆上的湯汁以1人份約75ml為適宜。
　（醬油＋米酒＋高湯）／6＝約75ml（材料的50%）

3.蛋以半熟能將各種材料黏結起來的硬度為宜。

 ## 芙蓉蟹

材料（6人份）

罐頭蟹肉	120g		高湯	180ml
雞蛋	6個		註：材料的30%	
蔥	30g		食鹽	1/3小匙
竹筍	80g		註：高湯的1.5%	
香菇	15g		醬油	1小匙
註：以上材料1人份100g		餡料	註：高湯的1.5%	
食鹽	1小匙多一點		砂糖	2小匙
註：材料的1%			註：高湯的3%	
胡椒	少許		味精	1/4小匙
味精	1/3小匙		太白粉	1/2小匙
			註：高湯的3〜4%	

豬肉　　25g

做法

❶蟹肉要完全除去蟹殼，將肉鬆開。

❷竹筍、青蔥、香菇要細切，竹筍要氽燙過。

❸將蟹肉、竹筍、蔥、香菇放入盆中，經調味後分為6份。

❹對1人份材料打散一個蛋加入混合均勻。

❺煎鍋加熱，加入豬油1小匙溶解，倒入1人份材料輕輕攪拌，待全
　部熟透凝固後，以鐵鏟將邊緣材料集中成圓形，待全部軟軟地固
　化後，以鐵鏟翻轉煎好，取於盤上。

❻將餡料放入鍋中加熱，待全部變透明後，澆在煎好蟹肉上供應。

1.將6人份一次煎好後再分為6份亦可。

2.以蛋輕輕捲入材料的方式烹調。

3.煎鍋要先熱透才加入材料，但以後即以小火，注意不要燒焦，以做成柔軟如芙蓉的花為宜。

五、利用其凝固性以除去澀味的烹調

澄清湯汁時可使用蛋白，蛋白的蛋白質70％為水溶性的白蛋白，水溶性的蛋白質可溶於水，加熱即將水中的澀味成分包進凝固。

1.蛋白要加入冷水中，不能加熱以後再加入。

2.加入蛋白後，要攪拌均勻，花時間緩慢提高溫度，蛋白充分凝固而繼續浮上，而加熱至湯汁變清澄。

3.利用於和式、中式料理的湯汁，如要澄清也可利用本法。

4.只取湯利用時的加熱溫度以90℃（僅有湯振動，尚未沸騰）時為宜，加熱太低或太高均不能獲得好湯。

5.蓋子要半蓋，以免臭氣滯留下來。

6.做和式蛋豆腐時，以牛奶、牛肉湯代替高湯，其他的蛋與水比例、調味、蒸法等都可按本法做。

蛋豆腐濃湯

材料（6人份）

雞骨	1隻（20%）		蛋黃	1個
牛絞肉（筋肉）	100g（10～20%）		雞蛋	2個
洋蔥	40g	蛋豆腐	牛肉湯	150ml
胡蘿蔔	15g	約20%	牛奶	2大匙
芹菜	10g		食鹽	1/2小匙
蛋白	1個		註：蛋＋湯的0.8%	
水	8～10杯		味精	少許
食鹽	5g（0.5%）	高湯	5$\frac{1}{2}$杯
味精	1/3小匙	食鹽	1小匙
胡椒	鹽的1/4	註：湯的0.8～1%	
		香菜切碎	2小匙

蛋豆腐（蛋：水＝1：1.5）

做法

❶高湯的做法：將雞骨打碎，混合於切薄片蔬菜，蛋白混合均勻，加水後將全部再混合，以中火加熱繼續攪拌至70℃，然後將不妨礙蛋白包起浮游物而靜靜地繼續加熱。在沸騰前減弱火候，以微弱沸騰的火力繼續加熱1.5小時。蛋白會浮上液面，而可得到清澄的高湯。以細絲布過濾備用。

❷蛋豆腐的做法：將蛋打散，加入少量牛肉湯，調味後過濾，倒入模箱上，放進蒸籠中，以中火而將蒸籠蓋，不蓋密緊（故意留空隙以免溫度太高）（以保持85℃的火候）蒸約20分鐘。

❸將做成的蛋豆腐切成菱形、圓形等，自己喜歡的形態，作為湯料利用。

❹將容器加熱保溫，倒入蛋豆腐，再加入調味的熱湯，撒上切碎的香菜供食。

六、以高湯或牛奶稀釋再凝固的烹調

蛋可以用高湯、牛奶、水等自由加於稀釋，在烹調上很重要。

蛋直接加熱即在80℃就會凝固，但以水（牛奶）稀釋加熱，即稀釋的量愈多，愈難凝固，凝固溫度上升而且時間也要久些。但是做成的菜餚會較滑嫩，口感也柔軟。

蛋以水稀釋時，由於調味的種類、加熱溫度或時間的不同，產品會有差異，所以要採用適合於各個產品的條件（見**表9-5**）。

可以將蛋稀釋的原因是含有多量水溶性蛋白質的關係。蛋白質如凝固（加熱）即不能將其濃度加以稀釋，所以要預先以適當的濃度加以稀釋後，再以適溫加熱。

表9-5 各種料理的蛋液濃度

料理名	濃度（%）	註
煮蛋	100	
厚煎蛋	70～80	
蛋餃	70～80	
炒蛋	70～80	
蛋豆腐	40～50	可從模器中拔出
布丁	30～35	可從模器中拔出
蒸蛋	20～25	在容器中食用的硬度（不能從模器取出）

蒸蛋

材料（6人份）

高湯	3杯		
雞蛋	150g	魚板	半塊
		三葉（芫荽）	半把
食鹽	$1\frac{1}{3}$小匙	香菇	6小朵
醬油	1小匙	蝦仁	6尾
砂糖	1/2小匙	銀杏	12個
味醂	1大匙	百合根	70g
雞肉	120g		

蛋：湯＝1：4
（蛋＋高湯）的1%

做法

❶取高湯，趁熱加入調味料，靜置冷卻。

❷蛋打散，慢慢加入高湯，加以過濾。

❸香菇泡水，雞肉切成一口大的雞肉塊，加入醬油、砂糖。

❹魚板切爲6片。

❺芫荽3～4條打結。

❻沙蝦剩下尾部剝殼。

❼銀杏剝除外皮，以1%鹽水汆燙1～2分鐘。

❽百合根削掉褐色部分，一瓣一瓣剝下，浸泡於醋水，並以醋水燙1分鐘。

❾全部材料放進碗中，倒入高湯蛋液加蓋，放入已冒蒸氣的蒸籠，以中火將蓋子稍微滑開（不要緊閉蓋子）蒸約15～20分鐘。

蒸蛋祕訣

1. 要做成不含氣泡的滑嫩蒸蛋，重要的是溫度的控制，開始時以大火，待冒出蒸氣後才放進蒸籠內。蒸籠內溫度以中火，保持85～90℃，稍微將蓋子移開（蒸籠內充滿蒸氣，但不要高溫），蒸15～20分鐘。刺下鐵串不流出混濁湯汁，即可取出。如蒸過頭，就算是溫度不超過90℃也會變得組織粗糙且蒸蛋不滑嫩。

2. 組織粗糙的原因是蛋白質凝固，分離的水分變成蒸氣，膨脹後無法逸出凝結留下的緣故。加熱分布不均也會產生。也會只有布丁的外側產生粗糙的組織。

3. 調味料或其他添加物會影響凝固狀態。食鹽促進凝固；砂糖提高凝固溫度，且凝固者會較柔軟；牛奶會促進凝固（牛奶中的鈣會增強凝固）。

 # 卡士達布丁（custard pudding）

材料（6人份）			
牛奶	360ml	香草精	少許
雞蛋	150g	焦糖 { 砂糖	1大匙
註：蛋：牛奶＝1：2.4～2.8		水	1小匙
砂糖	75g		
註：（蛋＋牛奶）的15%			

做法

❶ 將蛋加入盆中，注意不起泡將其打散，加入牛奶與砂糖混合均勻，過濾。

❷ 在布丁模盒內部塗上薄薄的乳酪。

❸在鐵杓上加入砂糖與水,加熱使其焦糖化(180～190℃),待變褐色飄出香氣後,倒入布丁模盒底部,注入蛋液,在鐵板注入2公分高的熱水,以大火約160℃蒸烤30～40分鐘(以鐵串刺進,不冒出混濁液為終點)。

1.因加入牛奶,所以蛋液被稀釋2.8倍也可以從模盒取出。

2.砂糖不要超過15～20倍,如果太多即會減低凝固力,硬度降低。

3.焦糖漿比重比蛋液大,所以兩者不會混合。

4.布丁要做成從模盒取出後也不會崩潰,柔軟而放入口中即化的程度,所以不要加熱過度。將烤箱調整為約160℃,即布丁內部溫度不會超過85℃。

5.待冷卻後覆蓋於盤上,壓住,用力振盪一下即可輕易地自模盒脫離。

七、利用蛋白起泡性的烹調

　　蛋的調理中重要的一項,只有蛋才可以做到的調理操作。起泡性是來自蛋白中的球蛋白(globulin),攪拌即會產生氣泡。氣泡的表面會吸著蛋白質的分子,接觸空氣而變性。再繼續攪拌即泡膜加厚而安定,再攪拌蛋白質的分子就會過密,而呈硬粒狀。但是安定的泡沫放置久,會水樣化而崩潰;給予加熱就凝固而安定。

蛋白攪拌起泡大約可分為四個階段

1. 起始階段：開始蛋白產生不均勻的小氣泡，漸漸變為不透明狀。
2. 濕性發泡：蛋白氣泡變小增多，泡沫穩定性不佳，這時如以攪拌棒挑起蛋白倒置，起泡的蛋白泡沫會呈彎曲。
3. 乾性發泡：又稱硬性發泡，這時總體積最大，如挑起泡沫倒置，其泡沫尖峰不會彎曲，具有最大烘焙效果。
4. 棉絮狀態：在乾性發泡後繼續攪打，則為攪拌過度，會變成類似棉花碎塊狀，水分析出，沉於攪拌缸下方，無法利用。

(一)良好的起泡訣竅

良好的起泡訣竅如下：

1. 蛋白以新鮮者為宜，舊的蛋白含有多量水漾蛋白，起泡性好，但安定性差。
2. 蛋白的溫度在約30℃時，起泡力最強，冷藏蛋會減弱蛋白的表面張力，所以減弱其起泡性。
3. 手攪時以較深的盆子較容易起泡，起泡器以網目較密細者，容易起泡。
4. 攪拌速度不要太快或太慢，以1分鐘200轉較為理想。
5. 以突起後不陷下來為終點，如再攪拌下去就會變硬，利用於蛋糕並不理想。
6. 為使泡沫安定，添加砂糖攪拌，會暫時趨於安定。

(二)利用起泡性的調理種類

蛋糕的膨發（海綿蛋糕等）、泡雪羹、蛋白霜飾（meringue）、泡雪果凍、西式油炸、高麗蝦仁等的裏衣。

> 　　在起泡的觀點上，表面張力小，黏度低為宜（舊蛋比較好），但從安定性來說，表面張力小，黏度大者泡膜不容易破（以新鮮蛋為理想），添加砂糖不但可提高安定性，且可防止過度起泡，也可以給泡沫增加光澤。

糖煮蘋果

材料（6人份）			
蘋果	3個（600g）	紅色色素	少許
砂糖	90g	蛋白霜飾 { 蛋白	1個（30g）
註：蘋果的15%		{ 砂糖	3大匙（30g）
水	300ml		

做法

❶蘋果削皮、切半、去芯，浸泡於1%鹽水中約1分鐘以防褐變。

❷在鍋內放進水、砂糖、紅色色素，以小火煮成軟且不會崩潰的糖液，冷卻後澆在蘋果上。

❸在擦乾的盆內倒入蛋白，打發至適當的硬度後，將砂糖分2、3次加入，攪拌均勻（顯出光澤為止）。擠出於蘋果上面裝飾，也可添上草莓、櫻桃等裝飾。

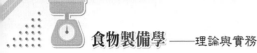

1.蛋白霜飾以砂糖量愈多愈光亮，產品的黏性、光澤也佳。

2.蛋白霜飾可擠在草莓、蜜柑等水果或果凍上裝飾，或塗在蛋白霜飾派上等用途。

3.蛋白的裹衣（fritter）請參照前述。

利用蛋白發泡的蛋糕請參閱前述。

 ## 泡雪羹

材料（6人份）

洋菜	1束（12g）	蛋白	30g（1個）
水	400ml	香料	少許
砂糖	150g	草莓	6個

做法

❶洋菜洗淨後，浸泡於定量的水中30分鐘以上。

❷將洋菜及水加熱，待完全溶解後加入砂糖，過濾後再倒回鍋內，煮至體積減少至約一半後，以小火濃縮，冷卻至約40℃備用。

❸將蛋白起泡，俟硬化了，將洋菜液分為少量添加，一面添加一面混合，混合至蛋白與液汁均勻。

❹將草莓切半，以等間隔排在潮濕的容器上，將洋菜液迅速倒入，冷卻固化。

1.洋菜要在水中浸泡30分鐘以上，以使其容易溶解。

2.完全溶解後加入砂糖，過濾後，加熱濃縮至一半。

3.濃縮後者冷卻至約40℃，濃度提高後，泡沫會停留在洋菜的網目中，比重小的泡沫不會浮上，而成為均勻的泡霜。

八、蛋黃的乳化性與烹調

蛋黃本身是水中油滴型的乳濁液。蛋黃的脂肪乳化性由蛋白質所含卵磷脂（lecithin）負擔重要的功用，又使其乳化安定。卵磷脂分子中帶有親水基與疏水基，親水基會在水中，疏水基即會向油排列吸著。油脂會成為脂肪球，在其周圍吸附卵磷脂或蛋白質，而將脂肪球包裹起來。卵磷脂即擔任水與油的連接角色，使乳化安定。利用蛋黃乳化性的蛋黃醬，請參照**圖9-2**。

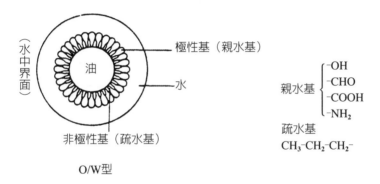

圖9-2　乳化作用

親水性：與水有親和性，所以稱為「親水基」。

疏水性：難溶於極性的水，所以稱為「疏水基」。

乳化是在液體中，與一種不混合的液體成為粒子分散的現象。在容器中加入水與油，強烈振盪即成為乳濁液。沙拉醬（dressing）就是利用此原理所製成，暫放則由於比重、組成的差異而分離。將雞蛋與黃豆油，再加入醋混合為乳化液則為蛋黃醬（mayonnaise），此時蛋黃為乳化劑。

九、蛋黃醬

　　食醋與油的組成或比重不同，給予攪拌也只能暫時混濁，但放置後就會分離。對此添加蛋黃作為乳化劑，即成為穩定的乳化液者就是蛋黃醬。蛋黃含有約30%的脂肪，其本身就是乳化液。**表9-6**為蛋黃醬的應用及適合的料理。

表9-5　蛋黃醬的應用及適合的料理

種類	材料	分量	做法	合適的料理
塔塔醬 （tartarsauce）	蛋黃醬 洋蔥 醃漬黃瓜（pickles） 白花菜蕾芽（capers） 煮蛋（硬） 香菜	150ml 15g 15g 5g 1個 適量	材料切碎混合於蛋黃醬中	黃烤菜、油炸食物、沙拉、前菜
歐羅拉醬	蛋黃醬 番茄糊	180ml 20ml	混合均勻番茄醬亦可	前菜、蔬菜料理、沙拉、冷卻肉製品
含山葵 蛋黃醬	蛋黃醬 磨碎山葵	200ml 20ml	均勻混合山葵醬	芳香強者、芹菜、黃瓜番茄、水分多者、鮪魚、鰹魚（適合於魚肉）
乳油蛋黃醬	蛋黃醬 生奶油	150ml 50g	—	蔬菜料理，尤其對蘆筍適合，添加檸檬汁、辣椒更佳
奇魯利安醬	蛋黃醬 番茄醬 檸檬汁 匈牙利椒	75ml 30ml 5ml 3ml	—	奶油菜肉丸、油炸雞蛋、炸蝦
瑞士醬	蛋黃醬 沙拉醬	75ml 75ml	—	沙拉、魚肉、蝦

 蛋黃醬

材料（200ml份）

蛋黃	1個（18g）	砂糖	2～3g
註：10%		食醋	15～20ml
辣椒	2g	註：10%	
沙拉油	150～180ml	胡椒	1g
註：80～90%		食鹽	3g
		註：1.5%	

做法

❶在無水分的盆中放入蛋黃、辣椒、砂糖、食鹽、胡椒，以木杓攪打至顯出黏稠性，加入食醋約1小匙，好好地攪拌成膏狀，才繼續少量加入食醋並不斷地攪拌，注意不讓其分離而產生黏稠性。俟開始凝固後，逐漸加入油並繼續攪拌，如果覺得太硬就加入少量食醋以調節，油也逐漸以1小匙的分量加入攪拌並完成製程。

❷器具不使用金屬者，油脂接觸金屬即會促進其氧化，又因食醋、食鹽的存在，而會解離為金屬離子，產品會帶有金屬味。

❸將蛋白起泡，俟硬化了，將做法❶的成品分為少量添加，一面添加一面混合，混合至蛋白與液汁均勻。

1.以新鮮的蛋黃較宜。

2.剛開始就添加大量的油就會失敗。量愈少愈佳。

3.添加油以後，要攪拌約10秒，再加入下批油。

4.濃稠度提高、變硬即添加少量食醋，黏稠度就會下降變柔軟（食醋會少量且逐次地在變硬後加入）。

5.自冰箱取出的蛋因被冷卻所以不好用；以約20℃為不會失敗的適宜溫度，因此油溫太冷也不適宜。

已分離的蛋黃醬可以用下列方法使其再生

1. 在盆中放入一個蛋黃，攪打均勻，少量逐漸倒入已分離的蛋黃醬，攪打均勻（以製好的蛋黃醬代替蛋黃亦可）。
2. 將分離蛋黃醬的部分油脂分離，倒入盆中，加入1/2小匙的食醋，將呈奶油狀的部分，少量逐次加入攪拌，呈黏稠再加入所剩的油脂部分，再攪拌均勻即可。
3. 對於所添加的油脂，如果攪拌不足就會失敗。

各式蛋黃醬可用來搭配不同的料理，如蔬菜、炸物等

圖片來源：https://cook1cook.com/recipe/32267

一天到底能吃幾顆蛋

　　一天到底能吃幾顆雞蛋呢？或許有很多人都跟你說過，雞蛋吃太多不好、膽固醇很高、一天不可以超過一顆、減肥的人不可以吃雞蛋，但其實雞蛋並沒有那麼不健康，這些說法都是對雞蛋的妖魔化！雞蛋是相當便宜又營養的食材，蛋黃可以提供豐沛的葉黃素、卵磷脂，蛋白是最棒的蛋白質來源了。至於大家最擔心的膽固醇呢？這些實證研究將告訴你，沒什麼好怕的。

　　以往醫學界總認為飲食中的膽固醇會增加低密度膽固醇（LDL，壞的膽固醇），但美國的一篇研究指出，這兩者並無直接關聯，另一份研究也發現，70%的受試者在攝取高膽固醇飲食後，血液中的膽固醇濃度並不會上升，甚至，受試者攝取雞蛋後可以形成更多的高密度膽固醇（HDL，好的膽固醇），較不易發生動脈粥狀硬化。

　　許多研究也已證實，吃越多雞蛋，不代表越容易得心血管疾病。一項丹麥研究讓二十四名受試者每天吃兩顆水煮蛋，持續六週，發現他們只有HDL的比例增加，LDL沒有上升；一篇中國的論文提到，以往研究認為一天吃一個以上的雞蛋會對健康有害，但最新研究發現，這對無重大疾病的人來說根本沒有影響；美國哈佛公共衛生學院亦證實，只有糖尿病患者攝食過多雞蛋才可能增加心血管疾病與中風風險。

　　前面已經提到吃雞蛋反而能促進形成「好的膽固醇」，此外，也有研究指出雞蛋可以降低糖尿病風險。日本公共衛生中心針對約六萬名受試者的調查指出，吃雞蛋與糖尿病並無顯著相關，而一項芬蘭研究發現，在2,322名男性受試者中，吃最多雞蛋和吃最少的人

雞蛋營養成分豐富,安心吃下去就對了!

比起來,得糖尿病的風險降低了38%。

　　人體血液中的低密度膽固醇多數是自行合成的,健康的人攝取較多膽固醇也不太會造成心血管疾病風險上升。這些研究的共同結論是:雞蛋是很棒的食物,安心吃下去就對了!

資料來源:風傳媒,2015/06/15。

第10章

牛奶的製備

- 乳類的營養成分
- 烹調上的特色
- 利用乳酪的烹調
- 牛奶的加工食品

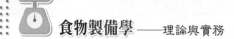

乳汁含有哺乳動物誕生後在相當期間（斷乳期）只靠此就可生長的各種營養素，與蛋並列爲重要食品之一，而且容易被消化吸收的膠體狀溶液。

又牛奶中的鈣以容易消化吸收的形態存在，爲代表性的鹼性食品，所以意義也大。

作爲牛奶的利用形態有下列幾種：

1.飲用占約50%。

2.添加於咖啡、紅茶、可可亞、菜湯等。

3.澆在麵包、粥、米湯、草莓及其他水果等。

4.肉、魚、蔬菜的烹調時的副調味料。

5.西式糕餅類的副材料。

6.做成加工品：乳酪、乾酪、奶粉、煉乳、鮮奶油等。

第一節　乳類的營養成分

牛奶的蛋白質100g中含有酪蛋白3.5g，乳白蛋白（lactoalbumin）0.5g，乳球蛋白（lactoglobulin）0.05g，脂肪爲水中油滴型的乳液，所以對加熱也頗爲安定。牛奶中的碳水化合物爲乳糖，成爲牛奶甜味的主體，但母乳（人乳）即以乳糖較蛋白質多，脂肪較少。維生素就成長所需者幾乎都有，但維生素B_1稍微少，維生素C卻由殺菌而遭到破壞。

如**表10-1**所示，牛奶的營養豐富，水分也多，所以細菌容易繁殖，因此要保存在10℃以下。

牛奶中的脂肪以短鏈脂肪酸為多，易被酵素作用，所以容易消化吸收，脂肪酸種類頗多，也是其特色。

表10-1　乳類的營養成分（100g中）

	熱量 （kcal）	水分 （g）	蛋白質 （g）	脂質 （g）	醣質 （g）	灰分 （g）
牛乳	59	88.6	2.9	3.8	4.5	0.7
羊乳	62	88.0	3.1	3.6	4.5	0.8
母乳	61	88.2	1.4	3.1	7.1	0.2

	無機質				維生素					
	鈣 （mg）	鈉 （mg）	磷 （mg）	鐵 （mg）	A （I.U.）	胡蘿蔔素 （I.U.）	B₁ （mg）	B₂ （mg）	菸鹼酸 （mg）	C （mg）
牛乳	100	36	90	0.1	100	20	0.04	0.15	0.2	2
羊乳	120	35	90	0.1	120	0	0.04	0.14	0.3	1
母乳	35	15	25	0.2	100	20	0.02	0.03	0.2	5

第二節　烹調上的特色

一、使料理呈白色

　　牛奶呈白色不透明是因為酪蛋白與鈣、磷結合的膠體粒子，加上脂肪也呈乳濁狀的關係。因此利用牛奶的白醬（white sauce）、白色冷果（blanc-manger）、杏仁豆腐等都呈白色。

二、料理特有的潤滑與風味

牛奶為膠體溶液，且由豐富的營養成分混合而成，所以對添加的料理會賦予濃厚味。

三、由添加物而凝固

因含有蛋白質，所以由酒精、酸、單寧等的添加而會凝固。pH值達到4.6也會因添加食醋而凝固，又會因番茄（番茄醬）的添加而凝固，所以要注意添加物的加入。

四、由加熱而凝固

牛奶中的乳白蛋白在75℃即會凝固，在鍋中加熱，即在牛奶的表面會形成薄皮膜（在65℃以上加熱就會形成），所以要注意。這是分散在牛奶中的脂肪球與由加熱凝固蛋白質，互相交絞浮上，在表面形成薄膜的結果。此膜含有牛奶中的四分之三白蛋白，三分之二脂肪，六分之一灰分，所以如果除去即會造成營養素的損失。

要防止此種膜的形成，不要在65℃以上加熱，又加熱時，偶爾給予攪拌或加入乳酪即可。

市售的鮮奶都會標上經過均質處理（homogenized）的標示，這是在加熱前，經過加壓處理迫使牛奶中的脂肪球，經過細縫變成細脂肪球，不易形成薄膜。以此處理的牛奶，不但在加熱或久放後也不會形成薄膜，且容易消化吸收。

酪蛋白與鈣、磷結合，在日常的100℃以下的烹調處理時，並不會凝固。

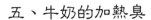

五、牛奶的加熱臭

　　牛奶的香氣是由低級脂肪酸與丙酮（acetone）體混合而成，經激烈的振盪，急冷就會形成椰子臭〔酪酸，天門多胺酸（aspartic acid）所引起者〕。又由加熱發出的牛奶香是由於含硫化合物所發生者。這是由於脂肪球、皮膜蛋白質的熱變性而活性化的硫氫（-SH）基所產生的揮發性硫化物，在75℃以上加熱就轉變為焦糖臭，但並不呈不快的臭的感覺。

六、牛奶的酸凝固

　　在草莓上澆牛奶，就由於水果中的有機酸而酪蛋白會凝固。又在適溫（30℃）長時間放置乳酸菌就會繁殖，所產生的乳酸（平常牛奶含有約0.14～0.18%乳酸，酸敗煮即高達0.25%），使酪蛋白凝固。乳酸飲料、酸酪乳都是利用此性質所製成者。又以乳酸發酵與凝乳酵素（rennin）（含在小牛胃液中的凝乳酵素，rennet是其製劑）凝固者即為乾酪（cheese）。

　　對蔬菜、肉等添加牛奶加熱時會凝固，這是因為蔬菜或肉類含有單寧或有機酸的關係（據說單寧有脫水作用，所以會將其改變為親水性的溶膠）。

七、給糕點等賦予焦色

　　糕點等帶有漂亮的金黃焦色，除了砂糖以外，添加牛奶有很大的功用。使用牛奶烙餅hot cakes，烤好後，顏色很漂亮。焦黃色是牛奶中的酪蛋白與還原糖（乳糖）反應產生的梅納反應（褐色）的產物。

八、吸附腥味

含有脂肪球、酪蛋白粒子,具有吸附力,所以浸泡在牛奶中,就可除掉魚的腥味、肉的腥味等。

 馬鈴薯湯

材料 (6人份)

材料	分量	材料	分量
馬鈴薯	200g	牛奶	540ml
胡蘿蔔	80g	食鹽	1/4小匙
洋蔥	60g	乳酪	1大匙
水	3杯	胡椒	少許
高湯精	2個	味精	1/2小匙
麵粉	2大匙	土司	1片（40g）
切碎香菜	2小匙		

做法

❶馬鈴薯要削皮,切成1公分厚並脫澀,洋蔥切絲,胡蘿蔔切成薄片。

❷在鍋中將水煮開,加入高湯粉(雞精粉亦可),再加入馬鈴薯、洋蔥、胡蘿蔔,煮爛後將蔬菜與湯分開,給予壓濾。

❸在鍋內溶解乳酪,加入麵粉以小火大炒7~8分鐘,以燙煮湯汁溶解,加入過濾蔬菜、牛奶、食鹽、胡椒,以小火煮(但不要沸騰)一下,移至熱過的容器,加入所有材料與切碎香菜供食。

因為加入牛奶,所以不要讓其沸騰,加熱中要偶爾給予攪拌。

熱煎餅

材料（6人份）

低筋麵粉	400g	雞蛋	2個
小蘇打	$1\frac{2}{3}$ 大匙	砂糖	60g
註：麵粉的3.5%		乳酪	20g
糖漿 {砂糖	80g	牛奶（水）	480ml
{水	80ml	註：麵粉：水＝1：1.3～1.4	
乳酪	1大匙		

做法

❶麵粉與小蘇打混合，篩過二次。

❷在盆中加入砂糖，乳酪攪拌均勻，蛋黃分少量多次一邊攪拌一邊加入，再加入牛奶混合，然後加入已攪拌至變硬的蛋白，再混合均勻後加入麵粉輕輕混合。

❸煎鍋加熱並塗油，再將多餘的油擦拭掉。

❹將已熱煎鍋離火，俟溫度稍微下降後，將混合好的麵糊1人份，倒入中央（調整其成爲圓形），加蓋以小火燒烤約3分鐘。俟膨脹產生洞後，翻轉燒烤約3分鐘。

❺將砂糖與水加熱，煮沸濃縮至約三分之二，呈黏稠後停火。

❻在盤上疊上二枚，上面放乳酪，澆糖漿供食。

1.要焙烤熱煎餅需要使用熱容量大、溫度變化少者（鐵板或專用電熱烤餅機較佳）。

2.熱煎餅要膨脹得好，表面呈金黃焦色為宜。塗油不良就會不均勻而不美觀，以小火加蓋燒烤3～4分鐘才好。影響外觀的顏色是牛奶與砂糖，如要烤成漂亮焦黃的產品，這是必用的材料。但是砂糖用量太多就容易燒焦，因此以麵粉的15%為

宜，而以糖漿補甜味更佳。當然也可以使用楓糖漿（maple syrup）以欣賞其特別風味。脂肪會阻礙膨化，但外觀會呈現濕潤，所以最好使用量為麵粉的10%。

3. 熱煎餅麵糰的硬度以其麵糰重量為麵粉的1.3～1.4倍時，膨化得最好。

4. 鐵板的溫度以160～180℃為最適宜。

 ## 番茄湯

材料（6人份）

番茄	300g	月桂葉	1枚
洋蔥	100g	食鹽	1/4小匙
胡蘿蔔	60g	胡椒	少許
乳酪	3大匙	味精	1/3小匙
麵粉	3大匙	牛奶	2瓶
高湯	$3\frac{1}{2}$匙杯	煎土司 { 土司	40g
（高湯精）	（2個）	油	少許

做法

❶ 番茄以滾水燙後剝皮，輪切，除種子，切碎。洋蔥、胡蘿蔔都切成薄片。

❷ 在鍋內熱溶乳酪，加入番茄、洋蔥、胡蘿蔔，炒至洋蔥變軟，撒上麵粉炒至淡茶色。

❸ 將高湯煮開，加入已用水溶解的高湯粉，加入香草以中火煮約20分鐘，再將蔬菜撈出壓濾，加回湯中加入牛奶，加熱但不要煮沸，調味後停火。

1. 在牛奶中加入像番茄，酸性（pH4.4～4.6）強的原料時，如量多則酪蛋白會凝固，所以加熱時間要短，不要沸騰，以炒麵糊（roux）增加濃度後再加入牛奶就不容易凝固。如添加約0.2%小蘇打，則pH值會上升，不易凝固。分少量多次添加，並添加後就不斷攪拌為宜。

2. 同樣的範例有歐羅拉醬（sauce aurora）。除了上例以外，使用牛奶的調理還有前述的明膠、布丁、卡士達布丁等。要做炸肉（cutlet）時，先浸泡於牛奶中，除消臭外，還賦予濃厚味，雖然不是主角，在西式料理中被利用，且有提高營養價的功能。

 ## 第三節　利用乳酪的烹調

　　乳脂肪以脂肪球分散於乳汁中，將牛奶放置即會互相吸著而變大，上升至表面而成為脂肪層。如此則會降低牛奶的品質，所以市販的鮮奶都要以均質機（homogenizer）處理，將其變成小粒子。將這脂肪球分離者就是鮮乳酪，被利用於各種甜點、飲料、菜湯等。

牛奶慕斯

材料（6～8人份）

明膠粉（gelatin）	16g	砂糖	80g
註：製品的3.5%		鮮奶油	100ml
水	50ml	香草香料	少許
牛奶	180ml	起泡奶油｛鮮奶油	90ml
蛋黃	2個	砂糖	20g

做法

❶明膠粉加水攪拌，膨潤10分鐘以上。

❷蛋黃加牛奶3大匙混合備用。

❸在鍋內放進剩下的牛奶與砂糖，加熱至約60℃，加入明膠與蛋黃牛奶，俟明膠溶解後停火，加入香草香料，冷卻至呈黏稠。

❹將鮮奶油打起泡，將做法❸成品分少量緩慢加入攪拌。

❺在果凍模型塗上薄薄一層油，將做法❹倒入，冷卻固化（浸在冰水中，或放進冰箱內）。

❻泡沫奶油：將鮮奶油冷卻至10℃以下，然後將其放入盆內，浮於冰水浴中，慢慢打發起泡，開始固化即加入砂糖混合，突出不掉落即停止混合（攪打過度就會分離）。

❼將做法❺成品由模器拔出盛於盤上，將泡沫奶油裝進袋子中擠出裝飾在上面，可添加蜜柑罐頭、草莓等。

1. 明膠在40℃即可溶解，所以加熱時不要加熱過度。
2. 明膠濃度以約4%為宜，凝固溫度以10℃以下為理想（到了約13℃則不容易凝固）。如果要冷卻5小時以上，則2～3%的濃度就可以。
3. 泡沫乳油做法的祕訣：
   (1) 為安定氣泡要使用含有25%以上脂肪的鮮奶油。
   (2) 氣泡要穩定，脂肪球要被蛋白質膜包裹，同時氣泡也被蛋白質膜所包裹（鮮奶油的脂質含量為25%，蛋白質為4.8%）。
   (3) 鮮奶油在10℃以下，否則很難起泡。浸泡在冰水中攪拌，即因不發熱，所以會成功打發。
   (4) 固化後如再打發，就脂肪會分離，所以如何判斷停止打發的時機很重要。
   (5) 泡沫乳油可利用於蛋糕、水果等的裝飾，或是泡芙、煎蛋包等的餡料。

第四節　牛奶的加工食品

一、乾酪

　　對牛奶添加乳酸菌酛（starter）及凝乳酵素，保持在一定的溫度（42℃）使其凝固，將此凝乳塊壓乾，壓成一定形態，裹蠟，貯藏約6個月，使其熟成，就會產生乾酪特有的組織與風味。

食物製備學──理論與實務

二、乳酪

將牛奶分離脂肪，給予殺菌、冷卻、發酵或不發酵、攪拌、只收集乳酪粒、水洗、煉捏、壓成一定形態包裝。從前都經過發酵賦予乳酸味，但最近市販的都是沒有經過發酵者。乳酪中的脂肪多為短鏈脂肪酸，揮發性大，具有特有的香氣，溶點低且容易消化。

最近因為消費者認為其所含脂肪酸多為飽和脂肪酸，所以都敬而遠之，影響其消費量。

三、鮮奶油

指乳酪、糕餅（甜點）製造用以外的鮮奶油（fresh cream）（參閱前述）。這是將牛奶的乳脂肪分離者，打泡（whipping）用要以脂肪含量30%以上者為理想。**表10-2**為鮮奶油的種類與成分。

四、酸酪乳

酸酪乳（yogurt）為對脫脂奶與脫脂奶粉添加菌酛，保持在一定溫度，使其乳酸發酵凝固者，這是利用酪蛋白會由酸凝固的特性者。最近流行的各種乳酸飲料（當作保健食品）都是這一類產品。

表10-2　鮮奶油的種類與成分

	脂質	蛋白質
淡奶油（light cream）	19	2.94
泡沫奶油	36	2.20

五、奶粉

盡量不改變牛奶特有的特性，將水分除去做成粉狀者，通常都使用噴霧乾燥法製造。因其體積及重量均減少，保藏性也佳，易溶於水，多用於加工之使用。不生產牛奶的地方，多加水還原為牛奶的狀態利用。又嬰兒配方就是利用奶粉，以調整其成分，接近母乳以供嬰兒飲用。

也有將脫脂乳脫水乾燥的脫脂奶粉。現在市販的即溶奶粉（instant milk powder）是對奶粉噴蒸氣再乾燥，製成多孔性、易泡的製品。

六、煉乳

對全乳、脫脂乳添加砂糖濃縮者，有加糖全脂煉乳、脫脂煉乳、無糖煉乳等的差別。

乳製品

牛奶的迷思

所有的乳品業的經營（包含有機乳品業），之所以能存在，都是靠著對數百萬無力反抗的母牛，做出那對母親而言最殘忍的事——生下小牛後不久，就要被迫與孩子分離，奪走她們的孩子。一輩子被迫反覆懷孕，只是為了讓人把牠痛苦地連結到機器，不斷地抽取牠的乳汁⋯⋯

故，牛奶，來自於一個悲傷、痛苦的母親。

消費乳製品，也就是支助這樣的殘酷行為。

乳牛泌乳的理由：為了餵養牠們的孩子，跟人類跟人類泌乳的理由一樣。而促成泌乳的過程也與人類相同——懷孕、生產、哺乳。沒生小牛、小孩，就不會泌乳。

成長激素（荷爾蒙）以及密集性的取乳，導致乳牛的乳腺疼痛並且沉重到有時會在地上拖行，造成經常性的發炎和抗生素的過度使用（因為酪農要治療發炎）。

透過基因改造和密集生產的科技。大部分現代乳牛，每天可以產出100磅的牛奶——是母牛自然狀況下產乳量的10倍（泌乳多，擠奶久，患有經常性的乳腺炎）。

乳品業者聲稱：「大家要喝牛乳才能保持健康。」

錯了！

對人類而言，牛奶其實是一種不健康的飲品，當中包含了各種有毒、致病的物質，對於飲用者，會有累積性的傷害。

所有的牛乳（包含有機牛乳），都有五十九種仍有效的激素（荷爾蒙），二十多種過敏原、脂肪、膽固醇。

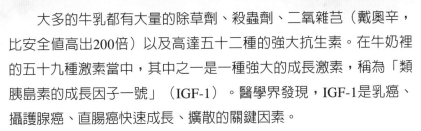

　　大多的牛乳都有大量的除草劑、殺蟲劑、二氧雜苢（戴奧辛，比安全值高出200倍）以及高達五十二種的強大抗生素。在牛奶裡的五十九種激素當中，其中之一是一種強大的成長激素，稱為「類胰島素的成長因子一號」（IGF-1）。醫學界發現，IGF-1是乳癌、攝護腺癌、直腸癌快速成長、擴散的關鍵因素。

　　IGF-1是所有牛奶正常的成分，因為出生的小牛本應依靠牛乳來快速生長。

　　牛奶是為小牛量身打造的，而不是為人。

　　同體積的硬乳酪，有10倍於牛奶的有害物質，因為要10磅的牛奶才能做出 1磅的乳酪！

　　母的牛寶寶經常被用來取代他們筋疲力盡的母親，或者出生後就立即屠宰，來獲取他們胃裡面的「凝乳酶」（rennet，是市售乳酪的成分）。

　　每一口的冰淇淋有12倍牛奶的有害物質……每塗抹一次奶油，就有比一口牛奶所含的脂肪分子，多出21倍的有害物質。

　　食用乳製品對健康的影響呢？肥胖、心臟病、癌症、過敏症、消化問題、糖尿病、氣喘、對抗生素的抗藥性、行為問題……還有更多。

　　你可以停止造成這些牛媽媽的受苦，只要拒絕支持乳製品生產業的殘酷；同時，這對你的健康也大有幫助！

資料來源：轉載自網路資料。

編著者意見：牛奶一直被認為營養豐富，是缺少母乳嬰兒必需的食物。但最近有
　　　　　　人做過大規模的實驗，證明牛乳有害人體。本篇就是其中之一，但
　　　　　　不代表編著者的意見，僅供為參考。

Note

第11章

蔬菜的製備

- 蔬菜的分類
- 有色蔬菜
- 淡色蔬菜
- 蔬菜的收斂味
- 蔬菜的香氣
- 蔬菜與生食
- 蔬菜類在烹飪中其營養素的變化
- 淡色蔬菜的烹調

蔬菜所含固形物少，水分占90～95％，主要為維生素（胡蘿蔔素、維生素C）源，又作為礦物質源很重要的食品。肉類、魚貝類等含有多量磷、硫黃、氯等鹽類，多攝取這類食品則血液、體液會偏於酸性，但蔬菜和水果含有多量鈉、鉀、鈣、鎂等鹽類，為鹼性食品，如果合併食用即可中和體液，維持微鹼性。再者，蔬菜和水果的纖維或有機酸會適當地刺激腸道，改善排便。就此觀點而言，不但有重要之營養上的意義，蔬菜、水果本身具有的自然色彩，會使所做成的各種菜餚更多采多姿。

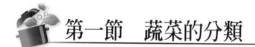

第一節　蔬菜的分類

一、有色蔬菜（綠黃色）

含胡蘿蔔素（維生素A前驅體）多的食品，其含量在1,000 I.U.（國際單位）以上者。**表11-1**為其種類與成分。

二、淡色蔬菜（其他蔬菜）

指胡蘿蔔素1,000 I.U.以下者。

> 黃瓜、萵苣等雖然呈綠色，但維生素A效力（胡蘿蔔素）少，所以屬於淡色蔬菜。

表11-1　有色蔬菜的種類與成分（可食部分100g中）

蔬菜名	水分	蛋白質	脂質	醣質	灰分	無機質（mg）						維生素（mg）			
						鈣	磷	鐵	鈉	鉀	胡蘿蔔素	B₁	B₂	菸鹼酸	C
明日葉	88.6	3.3	0.1	5.2	1.3	65	65	1.0	60	540	3,700	0.10	0.24	1.4	55
秋葵	89.3	2.3	0.1	6.3	1.0	95	60	0.6	3	320	340	0.13	0.10	0.8	16
南瓜	78.5	1.7	0.2	17.5	0.9	24	37	0.6	1	370	850	0.10	0.08	0.7	39
紫蘇	87.5	3.8	0.1	5.5	1.6	220	65	1.6	1	470	8,700	0.12	0.32	1.0	55
茼蒿	91.9	2.8	0.1	2.7	1.6	90	47	1.9	50	610	3,400	0.09	0.21	0.8	21
蘿蔔葉	92.4	2.0	0.1	3.0	1.4	210	42	2.5	39	320	2,600	0.07	0.13	0.4	70
青江菜	95.2	1.5	0.1	1.6	1.0	130	33	1.1	40	320	1,500	0.04	0.09	0.4	29
番茄	95.0	0.7	0.1	3.3	0.5	9	18	0.3	2	230	390	0.05	0.03	0.5	20
韭菜	93.1	2.1	0.1	2.8	1.0	50	32	0.6	1	450	3,300	0.06	0.19	0.6	25
胡蘿蔔	90.4	1.2	0.2	6.1	1.1	39	36	0.8	26	400	7,300	0.07	0.05	0.9	6
青蔥	92.0	1.7	0.2	4.6	0.7	80	38	1.0	1	200	860	0.06	0.10	0.4	33
洋莞荽	86.9	3.0	0.2	6.4	2.0	190	55	9.3	14	810	7,500	0.20	0.24	1.4	200
青辣椒	93.5	0.9	0.1	4.2	0.5	10	23	0.6	2	200	270	0.04	0.04	0.6	80
花椰菜	84.9	5.9	0.1	6.7	1.3	49	120	1.9	6	530	720	0.12	0.27	1.2	160
菠菜	90.4	3.3	0.2	3.6	1.7	55	60	3.7	21	740	3,100	0.13	0.23	0.6	65
孢子甘藍	83.9	5.5	0.1	7.8	1.3	35	70	1.0	5	580	400	0.18	0.22	0.9	150

> 國際單位（International Unit）：具有維生素量的一定效力為單位，由國際上規定者。
>
> 1 I.U.＝0.6γ（0.0006 mg）所示的效力為1單位，胡蘿蔔素類相當於維生素A的0.3μg。

 ## 第二節　有色蔬菜

一、什麼是有色蔬菜

1. 指綠、黃、紅色蔬菜，含有胡蘿蔔素1,000 I.U.以上者。
2. 綠色蔬菜因含有葉綠素：胡蘿蔔素＝3：1，所以會看起來呈綠色。
3. 比淡色蔬菜的維生素C含量多，也有含B_1、B_2、菸鹼酸等。

二、有色蔬菜的烹調

不使綠色蔬菜的顏色與水溶性維生素損失，在烹調時不要煮沸太久，而要在3～5分鐘內做好。炒菜，油炸物可在短時間內加熱處理，所以維生素C的損失少，又因油脂而胡蘿蔔素的吸收會改善，故甚為合理。

三、葉綠素在烹調上的特性

(一)食物的顏色

食物的顏色在以視覺享受食物時爲很重要的因素，這與食慾有密不可分的關係。蔬菜和水果的顏色以綠、紅、紫、黃色等原色爲主，賦予料理各種色彩。但由於調理的方法，色素會改變而變成不愉快的顏色，也成爲營養損失的結果，所以應該隨著食品而採用正確的調理方法。

(二)葉綠素遇到酸，加熱時的變化

1.綠色蔬菜長時間浸泡於酸性溶液（醋漬）時。
2.綠色蔬菜以酸性液加熱時。
3.綠色蔬菜雖然以中性溶液長時間加熱時。

其葉綠素（chlorophyll, $C_{32}H_{30}ON_4Mg$）中的鎂會被分離變成脫鎂葉綠素（pheophytin），呈黃褐色。

$$C_{32}H_{30}ON_4Mg \bigg\langle \begin{matrix} COOCH_3 \\ COOC_{20}H_{39} \end{matrix} +2H \rightarrow C_{32}H_{30}ON_4H_2 \bigg\langle \begin{matrix} COOCH_3 \\ COOC_{20}H_{39} \end{matrix} +Mg^{2+}$$

chlorophyll　　phytol　　　　　　　　pheophytin

(三)葉綠素遇到鹼，加熱時的變化

以添加小蘇打的沸騰水燙綠色蔬菜時，會變成深綠色，這是因爲葉綠素因鹼而分解成葉綠酸（chlorophyllin）a或b，而呈深綠色的

關係，但是因鹼液的關係，水溶性的維生素容易遭到破壞，纖維會軟化，所以不宜使用於葉菜類。

$$C_{32}H_{30}ON_4Mg \begin{matrix} COOCH_3 \\ \\ COOC_{20}H_{39} \end{matrix} \xrightarrow{\text{葉綠素分解酵素}}_{\text{（小蘇打、鹼）}} C_{32}H_{30}ON_4Mg \begin{matrix} COOH \\ \\ COOH \end{matrix} + CH_3OH$$

葉綠素   chlorophyllin（葉綠酸）

註：Thomas法：在77℃的熱水中短時間浸泡後加熱，即葉綠素分解酵素不會消失，而可獲得漂亮的綠色（小柳達男：《調理科學》）。

 ## 燙菠菜

材料（6人份）

菠菜	400g		味醂	$1\frac{1}{3}$ 大匙
醬油	$2\frac{1}{2}$ 大匙	ⓐ	註：材料重量的5%	
註：材料重量的10%			味精	1/3小匙
			芝麻	1/2大匙

做法

❶ 菠菜洗乾淨除根，根部較粗大者縱切（使易受熱），根部排整齊，鬆鬆束縛。

❷ 煮開菠菜的5～6倍水，添加1%食鹽，先把整束根部浸入燙約2分鐘，俟其軟化後，連葉子部分全部放進燙2～3分鐘。

❸ 燙好後取出，即時移至冷水中冷卻。

❹ 撈出滴乾，切成7公分長，盛於盤上撒芝麻。

❺ 將ⓐ混合，食用前才澆上。

1. 菠菜的草酸含量多（其他蔬菜也多少都有），使用前要除澀。

2. 蔬菜類尚含有蟻酸、醋酸等有機酸時，加熱即會破壞組織，使葉綠素變色，因此燙煮時不要加蓋。水量少即易受到氧氣影響，所以宜使用多量水來燙煮。

3. 燙煮時要等水開了才投入蔬菜。如此可使蔬菜中的氧化酵素不活性化，所以可獲得顏色漂亮的燙菜。

4. 加入1%食鹽，食鹽中的鈉離子可與葉綠素的鎂離子置換，保持綠顏色，也可以抑制維生素C的氧化。

5. 綠色蔬菜如加熱時間太長，則維生素C的溶出也多。雖然是中性溶液，對會變色的蔬菜，加熱也以約5分鐘就停止為宜。又纖維太軟也不好吃，所以對嫩葉者，其氽燙時間要調整，以提早結束為要。

 ## 炒蘿蔔葉（saute，煎菜餚）

材料（6人份）

蘿蔔葉	250g	砂糖	2小匙
薑	5g	註：材料重量的2%	
米酒	1大匙	沙拉油	1大匙
醬油	2大匙	註：材料重量的5%	
註：材料重量的10%		魚板	半支

做法

❶ 將切嫩蘿蔔葉以熱水氽燙，切碎，薑也切碎。魚板切片再切成0.2公分角。

❷ 鍋內熱油，投入薑與蘿蔔葉，以大火炒，加入調味料，再加入魚板，混合停火。

註：魚板是將魚漿放在木板上蒸熟的魚肉漿食品。

1.炒葉菜要以大火短時間炒好，用小火即滲出水分變成煮菜。

2.先汆燙除澀再炒為宜。尤其是蘿蔔葉等要除去苦味再調理，即會好吃。蘿蔔葉的營養價甚高，以油炒就胡蘿蔔素的吸收會改善，甚為合理。

青辣椒充填味噌

材料（6人份）			
青辣椒	6個	味噌	4大匙
薑切碎	5g	味醂	2大匙
油	適量	砂糖	3大匙
芝麻	2大匙	絞肉	40g

做法

❶青辣椒縱切為二，除去種子，以160℃低溫油炸約2分鐘。

❷炒芝麻加以磨碎。

❸在鍋內放入1小匙油，炒切碎薑及絞肉，再加入以味醂溶解的芝麻、味噌、砂糖等全部調味料，煮成適當的硬度。

❹在青辣椒中充填，在盤上各排兩個供食。

　　葉菜、青辣椒等要以約160℃的低溫，慢慢油炸即可做成顏色漂亮且口感香脆的菜餚。

四、胡蘿蔔素在烹調上的特性

胡蘿蔔、南瓜、木瓜和柿子的紅、黃色素，是胡蘿蔔素、綠色蔬菜與綠色植物，即胡蘿蔔素與葉綠素共存，以葉綠素3：胡蘿蔔素1的比例存在，但因葉綠素多，所以呈綠色。因此綠色濃者，胡蘿蔔素含量也高。

(一)溶於油不溶於水

胡蘿蔔素不溶於水，但易溶於油。將胡蘿蔔等以油炒，即胡蘿蔔素的吸收會改善，所以是很合理的烹調法。

(二)易氧化

胡蘿蔔素分子內，雙重結合甚多，易被氧化，放置在空氣中即顏色會劣化。

(三)耐熱性強

耐熱性較強，蒸煮、油炸均不變色。

(四)不受酸鹼影響

使用於烹調的酸、鹼不會引起其變化。

(五)營養價值

綠、黃、紅色蔬菜在營養上，與別的蔬菜被加以區別，但營養上有用的是胡蘿蔔素。胡蘿蔔素中，有些可以在體內轉變為維生素A的前驅體（provitamin A）者，如玉米黃素（cryptoxanthine）等幾種就是。作為植物維生素A具有營養價值，其效力被認為是A的三分之一。平常維生素A攝取過多會引起中毒現象，但植物性者卻不

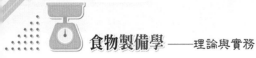

會有中毒問題。最近，番茄所含番茄紅素（1ycopene）卻因具有抗氧化作用，而被當作保健食品使用。

 ## 南瓜澆絞肉餡

材料（6人份）

南瓜	500g	砂糖	4大匙
醬油	$1\frac{1}{2}$ 大匙	太白粉	2小匙
高湯	300ml	味醂	$1\frac{2}{3}$ 大匙
註：材料的70～80%		老薑汁	1小匙
絞雞肉	150g	食鹽	1小匙

做法

❶南瓜切成3～4公分角，添加高湯、調味料，加浮蓋以小火煮約20分鐘至煮爛爲止。

❷在上述煮湯（150～200ml）中加入絞雞肉，打散，加熱，熱透後加入薑汁，水溶太白粉，俟有黏稠且透明後，澆在盛於容器上的南瓜供食。

1.不要使南瓜煮爛崩潰，所以可削皮後使用。

2.南瓜的皮硬且味道不容易浸透，所以可在皮上幾處給予剝皮即容易熱浸透。

第三節 淡色蔬菜

　　胡蘿蔔素含量低於1,000 I.U.者被認為是淡色蔬菜，但很多淡色蔬菜胡蘿蔔素含量相當高，且綠色的蔬菜也有屬於此類者。營養上，主要為維生素C及無機質的供給源，為鹼性食品，如與魚、肉類、雞蛋等酸性食品一起食用，即被消化吸收，以保持體液的微鹼性，是極重要的食品。又為攝取維生素C而攝取的食品，以不加熱生食為宜；若為了蔬菜本身的咀嚼感、香味的立場來說，也以生食為宜。但是纖維素較硬、澀味重者，則有加熱的必要，所以有採用維生素C損失較少的加熱方法之必要。關於淡色蔬菜的特性、特殊成分則參閱**表11-2**。

　　花青素系色素mucin黏蛋白質與醋共煮即咬感改善；綠黃蔬菜含有葉綠素、胡蘿蔔素，多呈綠、黃或紅色。但是淡色蔬菜中，如蔥、黃瓜、豌豆莢等呈綠色者，番茄的紅，茄子的紫色等呈漂亮色彩者也很多，要稱為淡色蔬菜好像不適宜者也不少。下述為主要的色素：

(一)類黃酮素（flavanoids）

　　為水溶性，存在於植物中，如白色蔬菜、柑桔類的皮中。在酸性時呈白色（蓮藕、百合根等浸於醋水即呈白色），鹼性下呈黃色〔麵粉添加鹼做饅頭，或油麵製造時添加鹼水（鹼性液），則麵粉中的類黃酮素會變色而呈黃色〕。

　　以發粉烘烤時不會變色是滲有中和劑的緣故，做麵包時使用小蘇打，如添加約2%食醋就可保持白色產品。

247

食物製備學——理論與實務

表11-2　淡色蔬菜的特殊成分與特性

淡色蔬菜	維生素(mg)			鈣(mg)	胡蘿蔔素(I.U.)鐵(mg)	特殊成分
	C	B₁	B₂			
甘藍	50	0.08	0.05	45	—	鈣的吸收佳，含有抗壞血酸（氧化酵素）
綠蘆筍	90	0.16	0.36	29	胡蘿蔔素1,000	含有黑尿酸（homogentisic acid）（帶有澀味）
毛豆	4.5	0.3	-	98	胡蘿蔔素400	
胡瓜	15	0.02	0.02	19	胡蘿蔔素100	含抗壞血酸
牛蒡	2	0.30	0.05	47	鐵0.8	含正兒茶素（orthocatechin）與漂木酸（chlorogenic acid），由氧化酵素而褐變
菜豆莢	20	0.10	0.05	57	鐵0.9胡蘿蔔素300	綠色（黃綠素）
豌豆莢	20	0.18	0.13	46	鐵1胡蘿蔔素500	綠色（黃綠素）
芹菜	10	1.03	1.02	37	鐵1.4	含有香氣成分
蠶豆	25	0.15	0.07	27	鐵1.9	
蘿蔔	30	0.03	0.04	38	—	苦味
竹筍	10	0.10	0.08	4	—	如與少量米或麵粉一起煮即可吸著而除去澀味
洋蔥	10	0.03	0.02	40	鐵0.5	類黃酮素系之香氣為硫化丙烯
番茄	20	0.06	0.03	3	胡蘿蔔素400	特殊的顏色為nasnin（花青素系）色素、澀味為草酸鈣
葉蔥	30	0.05	0.10	65	鐵2胡蘿蔔素1,000	
白菜	40	0.05	0.05	33	鐵0.6	為花青素系色素，加醋，加熱即變白，加麵粉也會變白
花椰菜	50	0.16	0.11	21	—	
孢子甘藍	70	0.06	0.13	35	鐵0.7胡蘿蔔素300	
黃豆芽	25	0.15	0.06	15	鐵2	
蓮藕	20	0.05	0.03	20	鐵0.5	花青素系色素

(二)花青素（anthocyanins）

水果、花朵的紅／紫／藍、茄子的紫色等，就屬於這種色素，為水溶性。由酸會呈紅色（糖醋漬嫩薑），由鹼性會由紫藍變綠色。

茄子的色素會與Fe離子，Al離子結合呈穩定的藍紫色。鹽漬茄子或煮黑豆時，加入鐵釘，或鹽漬茄子時使用明礬，以固定顏色也是為了這緣故。又在150℃油中油炸就可防止變色。

為了有效利用蔬菜本身的美麗色彩，有必要瞭解色素的特性而給予烹調。

明礬$KAl(SO_4)_2 \cdot 12H_2O$會解離為K^+、Al^{+3}、SO_4^{-2}等，與茄子的nasnin形成安定的錯鹽，呈藍紫色。

第四節　蔬菜的收斂味

蔬菜類一般都被稱為收斂成分多，其真正成分尚不明瞭，但不被喜歡的味道稱為收斂味。

一、收斂味

竹筍、芋頭、蘆筍等的收斂味是草酸鈣，以黑尿酸（homogentisic acid）為主體者。要除去這味道，可將其在添加10%米糠的水中汆燙一下即可。

食物製備學——理論與實務

二、苦味

1. 辣椒的配醣體（辣椒油與葡萄糖、酸性硫酸鉀所結合者）：辣椒在粉末狀態下，配醣體相互結合，所以不辣，但加入50～60℃熱水揉捏，即其所含酵素：芥子酶（myrosinase）開始作用，將其分解而顯出辣味。
2. 蘿蔔的苦味：添加少量米或麵粉煮沸，即被澱粉吸著而可除去。
3. 柑桔類的苦味〔橘皮苷（hesperidin）〕。
4. 由植物鹼（alkaloids）的苦味（茶、咖啡的咖啡因，可可的theobromin）。
5. 鈣、鎂等的無機質。

三、澀味

植物的澀味以單寧類為主，被水或淡鹼液溶出，具有收斂性。由鐵鹽、鹼變成黑藍色、黑綠色。

四、其他

牛蒡含有正兒茶素（orthocatechin）、漂木酸（chlorogenic acid）、多酚類（polyphenol）等，由氧化酵素變成褐色。這酵素易溶於水、食鹽水，由於酸其酵素作用會被抑制，由熱會失去作用。水果的褐變是多酚類由氧化酵素變成醌類（quinones）者。

這些收斂成分不但損及風味，也使顏色劣化，所以要考慮各種蔬菜的對應烹調處理才可以。

日本人對風味很講究，在中文裡只有「澀味」，但日文卻分為「あく」、「えぐ味」、「澀味」、「苦味」等。えぐ味則包括其他幾種味道的總稱。えぐ味或許可翻譯為收斂味，澀味與苦味就是中文。

第五節　蔬菜的香氣

蔬菜類各有其獨特的香氣，香氣雖然迥異，但化學上大致屬於同一類的化合物。尤其香味蔬菜具有增進食慾的功用。**表11-3**為蔬菜的香氣。

蔬菜、水果都各有其獨特的芳香，因而被欣賞，但這都是揮發性物質，任由加熱或放置在空氣中就會逸失，結果會變成不爽快的風味。因此要考慮如何將能互相搭配者，或以適當的操作法，將其香氣調和以增加風味。

表11-3　蔬菜的種類與香氣

香氣種類	主要蔬菜
醇類	黃瓜、脯瓜類
酯類	紫蘇、胡蘿蔔、香菜、綠葉有 $\beta - \gamma$（gamma）－己醇（hexanol）的青臭味
含硫化合物	蘿蔔、洋蔥、甘藍、山葵、韭、蒜頭、蘆筍、香菜
有機酸	水果含有檸檬酸、蘋果酸、草酸等混合香氣

第六節　蔬菜與生食

　　很多蔬菜可以生食，而且生食時，其咀嚼性、顏色、香氣等甚佳，在攝取維生素C上也很合理，所以宜多生食。但是其中澀味強、纖維硬者頗多，所以需要加熱。

　　生食者可作為附菜（萵苣、香菜、番茄、蘿蔔絲）、沙拉、蘿蔔漿、鹽漬物、泡菜等。生食時，要將不純物澈底水洗，寄生蟲、病菌等完全除去，但以減少維生素類的損失為宜。

　　最近各種合成洗劑出現，其中ABS〔烷基苯磺酸鹽（Alkyl Benzene Sulfonate），為代表性之陰離子界面活性劑（清潔劑）〕系中性洗劑為高級醇類的酸性硫酸酯的鈉鹽，水溶液為中性，在硬水、海水中也可使用，浸透性、乳化性強，可去除寄生蟲、病原菌，據稱其除卵率可達97%，又對維生素的破壞力也少。使用後的水洗要澈底，要完全除去洗劑的殘留。以0.2%溶液浸泡4～5分鐘即污染物（寄生蟲、微生物、農藥）容易自食品分離，再以流水沖洗幾次即可完全除去。

 ## 第七節　蔬菜類在烹飪中其營養素的變化

一、燙與蒸

　　蔬菜類在燙的時候，其營養的損失相當大，尤其是水中添加小蘇打，使其轉變鹼性，以保護其綠色時是最大（如**表11-4**）。

　　雖然對菜餚來說，外觀很重要，但我們也要重視其風味及營養成分。在燙的時候，維生素C的破壞最嚴重，有時候會高達90%，平常也都有40%以上的損失（如**表11-5**）。

表11-4　燙蔬菜時的營養成分損失（％）

蔬菜	燙的時間（分鐘）	乾物量	糖分	蛋白質	無機質
菠菜	2	16～39	50～66	5～10	25～30
菠菜	4	—	60～75	8～15	35～45
豆類	2	8.2	—	4.3	24
豆類	4	11.6	30	17.3	34
豌豆莢	2	1.2	—	5.9	11
豌豆莢	4	10.4	—	—	21

表11-5　由燙而引起的維生素C的破壞

蔬菜（100g）	燙前維生素C（mg）	燙後維生素C（mg）	破壞率（％）
馬鈴薯	12	7	45
菠菜	30	17	44
結球白菜	12	7	43
甘薯	29	22	27
甘藍	75	16	79
小白菜	40	2	95
大頭菜	100	16	84

　　以不同時間點燙蒸馬鈴薯時，以燙的方法10分鐘，蒸的話12分鐘即可供食用。但此時，以蒸的方法，其B_1的殘存率會比燙的方法多出4.5%。如果30分鐘的話，蒸的會比燙的高出14.9%（如**表11-6**）。

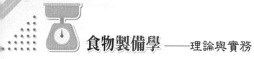

表11-6 以蒸與燙馬鈴薯時，其B_1殘存量的比較

煮蒸時間 （分鐘）	蒸 (r)	燙		蒸 (%)	燙	
		薯 (r)	薯與汁合計 (r)		薯 (%)	薯與汁合計 (%)
0	85.0	85.0	85.0	100.0	100.0	100.0
10	—	63.7	80.7	—	74.9	94.9
12	67.5	—	—	79.4	—	—
15	—	61.4	79.1	—	72.3	93.1
30	65.6	53.5	74.3	77.6	62.7	87.4

二、煮沸

　　蔬菜類以及其他食物在煮沸時，由於切法不同，其維生素B_1的損失也不同。如**表11-7**所示，B_1在煮湯中的溶出量是根菜類為8～20%，葉菜類8～21%，果菜類15～33%，豆類8～24%，大致上以10～20%較多。如與煮湯一起算的話，根菜類91～96%，葉菜類88～98%，果菜類94～99%，豆類89～98%，減少率2～8%者為多。由此可見，以普通的煮沸B_1的破壞甚少。

表11-7　適當煮沸時B₁的變化

種類	煮沸時間(分)	生蔬菜(r)	熟蔬菜(r)	煮湯(r)	總計(r)	熟蔬菜(%)	煮湯(%)	總計(%)
甘薯	7	104.4	87.3	13.2	100.0	83.6	12.6	96.2
馬鈴薯	10	85.0	63.7	17.0	80.7	74.9	20.0	94.9
蘿蔔	10	22.0	17.1	3.0	20.1	77.7	13.6	91.3
大頭菜	15	26.4	19.4	5.4	24.8	73.5	20.5	94.0
蓮藕	10	62.4	49.1	10.4	59.5	78.7	16.7	95.4
牛蒡	15	27.6	22.7	2.3	25.0	82.3	8.3	90.6
胡蘿蔔	10	41.6	62.7	741	39.8	78.6	7.1	95.7
波菜	5	91.0	65.2	19.3	84.5	71.6	21.3	92.9
甘藍	5	52.3	42.6	7.3	49.9	81.5	13.9	95.4
白菜	5	44.0	36.6	5.0	41.6	83.1	11.4	94.5
青蔥	10	40.2	32.5	4.2	36.7	80.9	10.4	91.3
洋蔥	10	43.8	36.2	5.2	41.4	32.6	11.9	94.5
竹筍	10	30.3	23.9	2.9	26.8	78.9	9.6	88.5
南瓜(日本種)	10	61.4	49.0	10.0	29.0	79.8	16.3	96.1
冬瓜	10	19.5	12.8	6.4	19.2	65.6	32.8	98.4
黃瓜	10	43.4	34.0	6.6	40.6	78.4	15.2	93.6
番茄	10	45.5	—	—	45.0	—	—	98.6
黃豆	60	816.3	557.5	199.2	756.7	68.3	24.4	92.7
豌豆	15	622.4	502.8	69.1	571.9	80.8	11.1	91.9
紅豆	60	260.5	202.4	32.6	235.0	77.7	12.5	90.2
毛豆	20	312.3	253.9	24.3	278.2	81.3	7.8	89.1

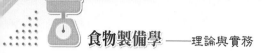

維生素C與B$_1$、B$_2$相同；均為水溶性維生素，對熱不安定，所以烹飪時要特別注意（如**表11-8**）。

表11-8　蔬菜類在烹飪時維生素C的損失

蔬菜	烹飪法	菜餚中的殘存率（%）	湯汁中的溶出率（%）	破壞率（%）
黃瓜	浸於水中	100	—	0
	浸於醋中（20分）	24.3	—	75.7
洋蔥	煮3分鐘	51.0	37.4	11.6
	煮10分鐘	33.4	51.7	14.9
蘿蔔	磨漿汁	84.1	—	—
	磨漿渣	15.9	—	—
	磨漿渣後	100	—	—
	磨漿1小時後	97.3	—	—
	煮10分鐘	55.9	33.4	10.7
	浸於醋中（15分鐘）	73.9	—	26.1
甘藍	煮10分鐘	36.1	42.5	21.4
	澆滾水	72.8	—	27.2
綠豆芽	（從冷水）煮沸	36.1	42.5	21.4
	（放入滾水）煮沸	14.2	26.3	59.5
南瓜	煮沸（15分鐘）	75.3	9.4	15.3
	煮沸（30分鐘）	63.0	0	37.0
甘薯	煮沸（15分鐘）	80.5	—	19.5
	蒸（40分鐘）	74.7	—	25.3
	油炸	100	—	0

三、油炸

各種蔬菜滾麵漿油炸時，其B$_1$的殘存率如**表11-9**，其殘損存失率為87.0～93.3%，所以損失率不高。

表11-9　油炸時蔬菜中B₁的變化

種類	水分 （%）	生蔬菜中 B₁（r%）	濕度 （℃）	時間 （分鐘）	B₁ （r）	B₁殘存率
甘薯	67.8	89.0	160	3	82.4	92.6
馬鈴薯	81.1	131.6	155	4	114.8	87.0
胡蘿蔔	84.0	41.6	160	3	38.8	93.3
蓮藕	79.0	69.3	160	3	63.2	91.2
乾豌豆	13.2	412.5	150	4	376.0	91.2

　　然而維生素C在油炸時的損失如**表11-10**，約爲30%，這比蒸煮法爲低，原因是油炸的溫度雖然較蒸煮法爲高，但有滾麵漿的保護，而且加熱時間較短。

表11-10　油炸時蔬菜中C的損失

種類	損失（%）
油炸蓮藕	32
油炸蔬菜	35
油炸甘薯	0
洋蔥天婦羅	41

此節資料來自高井富美子、小瀨洋喜共著（1957），《調理科學》，株式會社可樂娜社（日本，東京）。

 醃漬蘿蔔絲

材料（6人份）			
蘿蔔	250g	食醋	2大匙
胡蘿蔔	50g	註：材料重量的10%	
海帶	5g	砂糖	1大匙
		註：材料重量的3%	
	ⓐ	醬油	2小匙
		食鹽	1/3小匙
		註：材料重量的1.2%	
		高湯	1大匙
		味精	少許
		芝麻	少許

做法

❶先做甜醋ⓐ，浸泡海帶絲。

❷蘿蔔、胡蘿蔔切成5公分絲狀加1%食鹽醃漬。俟變軟後，搾乾備用。

❸將所有材料混合盛裝於容器，撒上芝麻供食。

1.胡蘿蔔都以新鮮者直接醋漬，或磨漿。存在於其中的抗壞血酸（ascorbic acid）氧化酵素會破壞維生素C，為防止這現象，可將其浸漬於食醋，或在65℃加熱2分鐘即可將酵素不活化。

2.對蔬菜添加1%食鹽，可減少水分改善風味，且可使蔬菜柔軟。要澆糖醋時，注意不要多加食鹽以致太鹹。

甘藍沙拉

材料（6人份）				
甘藍	200g		食醋	2大匙
大頭菜	100g		沙拉油	3大匙
胡蘿蔔	50g	醋油醬	食鹽	1/2小匙
沙拉菜	12張		砂糖	1小匙
			山葵醬	1小匙
			味精	1/4小匙

做法

❶蔬菜要全部切成絲狀，用水泡一下，瀝乾備用。

❷盤中先墊沙拉菜，再盛上切絲蔬菜，食用前再澆上醋油醬。

1. 甘藍無澀味，維生素C多，含有容易吸收的鈣，整年可以買到，所以常被利用為沙拉、醃漬物、炒菜等。作為動物性食品的附菜是不可缺的食品之一。

2. 生食是要享受其咬感的料理，所以當然要選擇新鮮的材料，要使其有脆感不限於沙拉，作為生魚片的附菜，在切好後浸泡於水中，讓其吸水後再食用。

3. 澆撒用調味醬或食鹽要在食用前再澆或撒上，裝於別的容器另外供用。

4. 希望蔬菜脆則切好後浸泡於水中，因水比細胞液濃度低，水會浸透到細胞內（內外的壓力平衡為止），所以細胞會漲飽呈脆性。相反地，如浸泡於比細胞液濃度高的溶液（醋水、糖水、鹽水），則細胞液中的水會外移而細胞收縮、變軟。此時，灰分、維生素類會逸失。

5.甘藍、黃瓜、南瓜、胡蘿蔔等含有多量抗壞血酸氧化酵素，所以與含有維生素C的食品混合，要即時食用，或添加食鹽、食醋，使其酵素不活性化，才與其他材料混合為宜（經加熱也可使酵素不活性化）。

 ## 醃漬物（韓國泡菜）

材料（6人份）			
包心白菜	5kg	胡蘿蔔（細切）	100g
食鹽	125g	砂糖	50g
註：白菜的2.5%		辣椒粉	250g
大蒜（剁碎）	100g	註：白菜的1%	

做法

❶包心白菜（Chinese cabbage）切除不良葉片，洗淨，切半（縱切），去芯，再橫切為3～5公分的條狀。

❷以食鹽（精鹽）與白菜混合均勻，在室溫放置一天至一天半，滲出水分後，準備入缸。

❸對剁碎之大蒜及細切胡蘿蔔添加砂糖、（泡菜用）辣椒粉。

❹將白菜撈起（鹽水部分不要放入），與所有配料混合均勻，緊密壓緊實放入5公升裝之泡菜缸，請壓緊勿留空隙。泡菜缸於醃漬後頭兩天，乳酸發酵旺盛，可能有大量（二氧化碳）氣體產生，所以缸口不要蓋得太緊密。

❺於20～25℃發酵4～5天，如不能控制溫度，則於室溫發酵3～4天後，取部分泡菜試吃，找出適當的發酵時間（冬天較長，夏天較短）。

❻發酵完成後之泡菜，可貯藏於冰箱下層約一個月（請保持缸清潔，密封，盡量保持無氧狀態）。

第八節　淡色蔬菜的烹調

　　除了部分葉菜、根菜、蔬菜都要加熱料理，其目的是要使其膨潤、組織軟化、調味料的浸透等，以在水中煮沸加熱或乾式以炒爲主。

調味蘿蔔

材料（6人份）			
蘿蔔	600g	砂糖	2大匙
海帶	10公分	註：味噌重量的1/2～1/3	
赤味噌（紅色味噌）	3大匙	高湯	3大匙
註：約蘿蔔重量的10%		味醂	3大匙
		白芝麻	2大匙

做法

❶蘿蔔切成4公分厚的段塊，削皮，底面切十字形切口（爲使其易煮爛）。

❷鍋內墊海帶，放上蘿蔔，添加可覆蓋的高湯，以小火煮到軟爲止。

❸將芝麻炒磨到快出油爲止，添加味噌、砂糖、高湯、味醂，入鍋加熱至適當的硬度，顯出光澤即停火。

❹盛於容器，澆上芝麻味噌，趁熱供食。

　　蘿蔔含有揮發性的苦味、辣味成分，要除去此種味道，則將米1大匙以紗布包起來，在燙煮時加入，或添加1大匙麵粉即可。這是因爲澱粉的膠狀粒子會把苦味成分吸附的緣故。

食物製備學——理論與實務

 蛋包蝦仁

材料（6人份）			
雞蛋	12個	乳酪	30g
洋蔥	60g	食鹽	3/4小匙
番茄	120g	胡椒	少許
蝦	240g	米酒	2大匙
香菜	1大匙	香菜	少許
		番茄醬	5大匙

做法

❶洋蔥切成粗粒。

❷番茄熱燙後剝皮，切成1公分角。

❸蝦抽取砂筋後，以1%鹽水燙一下，剝殼，切細。

❹香菜切碎。

❺在鍋內溶解乳酪，加入洋蔥炒，再加入番茄，煮至溶解，最後加入蝦肉，以胡椒、食鹽調味。

❻打散兩個雞蛋，混合1人份的冷卻炒好蝦仁，再加入香菜，以蛋餃的方法做成半熟柔軟的蛋餃。

❼盛於盤上，附香菜，澆番茄醬供食。

1.本菜餚主要在早餐供食。

2.番茄有特有的鮮麗顏色，爽快酸味，作為維生素C源，適合於生食，可利用於菜湯、炒菜、烘烤菜餚等。

3.番茄剝皮法：將整粒番茄以熱水浸燙2～3秒，即時投入冷水中，從蒂部剝皮，如浸燙太久，則剝皮後表面不光滑。又以菜刀的刀背擦番茄，即可容易剝皮。

填肉洋蔥

材料（6人份）

洋蔥	6小個（120g）
絞豬肉	100g
食鹽	絞肉＋洋蔥的1%
胡椒	少許
麵粉	少許
高湯（雞精1個）	2杯
番茄醬	5大匙
西式五香醋	1大匙

做法

❶洋蔥的上下部薄薄的切掉（上方切掉1公分厚），外側留二層，以湯匙挖掉中間，挖掉的洋蔥切碎。

❷將絞肉與切碎洋蔥放在磨缽中磨細，並以食鹽、胡椒調味。

❸在洋蔥的內側散布麵粉，充填肉餡，在淺鍋內煮開水溶解雞精（或用高湯），排入洋蔥蓋浮蓋煮至軟化。

❹添加食鹽、胡椒、西式五香醋調味，煮沸一下，撈起盛盤備用。留下的湯汁中添加番茄醬，煮至濃稠，澆在洋蔥上供食。

1.洋蔥與青蔥都屬於蔥類，含有特殊的刺激臭與辣味的硫化烯丙酯酶（allyl sulfide），不但可使各種料理的味道更突出，且可由蒜素原酶（alliinase）分解生成蒜素（allicin），這與維生素B_1結合，變成相同效力，但持效性更長，吸收也好，所以在營養面頗為重要。因此有人認為這還可增加精力。洋蔥由於加熱，辣味成分的一部分會消失，還被還原，分解變成甜味〔丙硫醇（propyl mercaptan）〕。

2.洋蔥因具有獨特的辣味、刺激臭,所以被利用於沙拉、醃漬物、菜湯、煮菜、油炸食物、炒菜等,料理變化很廣,尤其可消除肉類腥味,增加風味,所以屬於肉類料理不可缺的食品之一。

3.生食的洋蔥要選擇辣味低、甜味高的品種。台灣生產的洋蔥多為辣味重者,不太適合生食。

 ## 調味漂水洋蔥

材料(6人份)

洋蔥	300g	食醋	20ml
(絞搾後剩下約210g)		削片柴魚	10g
醬油	20ml		

做法

❶將洋蔥切成薄絲狀,撒食鹽醃一下,俟軟化後,以綿布包起來水洗後絞乾。

❷澆上食醋、醬油,再撒削片柴魚供食,可滴上香油。

1.適合於做配酒菜食用,是一種很爽口的料理。

2.要將生洋蔥利用做沙拉時,將其切成薄絲狀。暫時浸泡水中使其變脆香,在冰箱內冷卻一下再使用即會更美味。

3.絞搾用綿布以洗劑洗淨時會變黃,這是洋蔥所含黃酮(flavone)色素由於鹼性而變黃的結果,可再用食醋洗一下就會消失。

淡味煮豌豆

材料（6人份）			
豌豆	2杯（280g）	水	1杯
食鹽	2.8g	砂糖	4大匙
註：豌豆的1%		米酒	1大匙

做法

❶以添加1%食鹽的熱水燙3～4分鐘。

❷俟軟化後添加砂糖、米酒，以小火煮2～3分鐘，將其放冷。

　　加砂糖後長時間煮沸即皮會有皺紋產生，又將水加到可覆蓋的量再煮就不會有皺紋。將其浸在煮湯中，味道就自然會浸透進去而會好吃。

 孢子甘藍煮乾酪

材料（6人份）			
孢子甘藍	300g	胡椒	少許
乳酪	21g	牛奶	150ml
註：孢子甘藍的7%		乾酪粉	3大匙（12g）
食鹽	3g		
註：孢子甘藍的1%			

做法

❶將孢子甘藍外側葉子剝掉1～2張，切掉根部，切十字切口，以1%鹽水燙7～8分鐘（由大小而異），能以鐵串刺入爲止。

❷燙過的孢子甘藍以乳酪炒，加鹽、胡椒、牛奶、乾酪，再以小火煮5～6分鐘。

孢子甘藍可利用做沙拉、奶油煮、烤燒菜、炒菜等。

 ## 烤茄子

材料（6人份）

茄子	6個	味醂	4大匙
味醂	2大匙	芝麻	1大匙
油	3大匙	砂糖	3大匙
高湯	3大匙		

做法

❶茄子除去蒂部，縱切爲二，浸於水中4～5分鐘以脫澀。

❷在煎鍋中多加油燒開，將茄子炸至兩面都稍焦。

❸將芝麻以外的調味料加入鍋中，以小火煉捏煮至有光澤，塗在茄子上，再撒上已炒且粗磨的芝麻供食。

1. 茄子鹼性強，具澀味食品，切開後即褐變。因為氧化酵素作用強，所以要即時浸泡於水中除澀。

2. 茄子帶有獨特的濃紫色為花青素系的茄黃苷（nasunin），遇熱不穩定，對酸性、鹼性都會褐變或褪色。但以油炒、油炸等高溫處理卻不變色。茄子多被利用做炒與油炸食品的理由也在此。加上茄子的纖維容易吸油，與油脂的調和也佳為原因。據說，茄子澀味的成分，如在150℃以下的油中處理，即會轉變為甜味。事實上，油炸茄子、烤茄子帶有甜味，而變得頗美味。

3. 在醃漬時要添加鐵釘，或以燒明礬鹽漬，則內含的鐵或鋁離子與nasunin結合來固定色素，不使其變色的緣故。

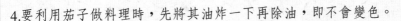

4.要利用茄子做料理時,先將其油炸一下再除油,即不會變色。

5.茄子的澀味成分為草酸鈣等。

6.茄子的料理有烤茄子、燙後澆蒜頭醋醬油、菜湯的料理、沙拉、油炸、炒菜等,利用範圍頗廣。

7.日本茄子的皮甚厚,所以有時候要削皮,台灣品種的皮較薄可連皮食用。

 ## 竹筍加木芽漿

材料（6人份）

竹筍	200g	
ⓐ 醬油	1/2大匙	
食鹽	1/4小匙	
註：材料的1%		
砂糖	2小匙	
註：材料的2%		
高湯	1/2杯	
註：材料的50%		
花枝	200g	

白味噌	90g	
註：材料的20%		
ⓑ 砂糖	2大匙	
註：味噌的20%		
味醂	2大匙	
高湯	1大匙	
註：味噌的50%		
木芽（一種可食樹芽）	8g（12張）	
菠菜	50g	
註：1份磨漿		

做法

❶竹筍切厚度0.5公分,大1.5公分的角,以調味料ⓐ煮沸並調味。

❷花枝剝皮,切成跟竹筍一樣大小,以1%食鹽水熱燙一下,再澆冷水。

❸木芽澆熱水,摘取葉子,以磨缽磨碎,加上ⓑ再磨混,加入磨碎菠菜使其呈適當的顏色,將竹筍與花枝混合供食。

1.菠菜漿的做法：將菠菜的嫩葉細切，以磨缽磨碎，加1杯水，將葉漿以綿布過濾，搾汁放入鍋內加熱，沸騰而在液面有綠色團粒浮上，再以綿布過濾得到菠菜漿。

2.竹筍的燙法：剛採收者有甘味而不必燙，但時間稍久即會產生澀味且變硬，所以要燙煮後再使用。對10杯水加入1杯米糠的比例，以此洗淨竹筍，從尖端如削鉛筆從三方向以斜方向切掉皮，從皮上縱方向切入刀口，加浮蓋加熱，俟沸騰後以中火煮沸至軟（40分鐘至1小時），以鐵串能刺入為度，停止加熱，冷卻。冷卻後剝皮，浸泡於水中。要以米糠水燙煮是米糠中的澱粉粒子會包裹竹筍的表面，防止氧化，成為白色的食品，米糠中的鈣與草酸結合，又草酸會移到米糠水中除去澀味的緣故。又據稱，米糠中的酵素會將竹筍軟化。連皮燙煮是因為皮含有還原性的亞硫酸鹽，具有軟化纖維的特性。

3.日本料理中有竹筍與若芽（裙帶菜）等海藻一起煮的若竹湯等菜餚，這是利用海藻中的褐藻酸將竹筍纖維軟化的原理（黃豆與海帶的煮菜也是同樣道理）。

什錦炒牛蒡

材料（6人份）			
牛蒡	200g	醬油	2大匙
胡蘿蔔	50g	註：材料的2%鹹味	
雞肉	100g	味醂	1大匙
砂糖	2大匙	辣椒	1個
註：材料的6%		油	$1\frac{1}{2}$ 大匙
		註：約材料的7%	

做法

❶ 牛蒡要削皮，切成4～5公分火柴棒型，換幾次浸泡水（或浸泡於醋水）以脫澀。

❷ 胡蘿蔔也切成同樣大小，雞肉要切絲。

❸ 鍋中熱油，將牛蒡充分炒熟，再加肉與胡蘿蔔炒，加入調味料，煮至湯汁吸乾為止。

---

1. 牛蒡因為含有正兒茶素、漂木酸等，所以會由多酚氧化酵素把切口褐變，這種酵素會溶解於水、食鹽水，被酸抑制其酵素作用，又浸漬於酸性劑液即黃酮系色素會呈白色，酵素會由加熱被破壞掉。作為準備工作，一定要先脫澀再料理，不然顏色與味道會劣化。

2. 因纖維硬，所以加熱後食用，被利用做炒菜、油炸、煮菜、醋漬等，因其咬感與風味而受歡迎。

花菜沙拉

材料（6人份）			
花菜	400g	砂糖	1小匙
食醋	2大匙	檸檬汁	1大匙
沙拉油	3大匙	蛋黃（燙煮）	1個
香菜切碎	1小匙	水芹（water cress）	1把
食鹽	1/2小匙	胡椒	少許

做法

❶將燙煮花菜切開為小花菜，撒0.5%食鹽與胡椒，澆檸檬汁。

❷在沙拉盆的周圍放水芹，中央盛花菜，撒上打散蛋黃與切碎香菜，附醋油醬供食。

---

1. 花菜的燙法：將葉子切除，以1%鹽水浸泡約20分鐘以除去裡面的小蟲等。在鍋中放3杯水、鹽1%、麵粉1大匙、食醋1大匙，俟煮沸後加入花菜，煮12～13分鐘至軟化為止（在花朵部分能輕輕插入鐵串即可）。先以熱水洗再分為小花朵。

2. 花菜煮熟軟化後可利用於各種菜餚。沙拉、燒烤菜、煮奶油、炒菜、油炸、醋醃、肉料理的附菜等。

3. 因屬於類黃酮系色素，所以對燙煮的水添加食醋就可煮成白色食物。添加麵粉的原理與竹筍相同。

糖醋蓮藕

材料（6人份）

蓮藕	250g
ⓐ 食醋	25ml
砂糖	25g
食鹽	1/2小匙
高湯	2大匙
味精	少許

做法

❶蓮藕切為3～4mm厚片。

❷浸泡於2%醋水脫澀（如脫澀不完全，加熱中可能會褐變）。

❸加入1杯水，1小匙食醋，加熱燙2～3分鐘，瀝乾。

❹將ⓐ加入鍋中煮開，將蓮藕煎煮使調味料浸入。

---

1. 蓮藕要浸泡於醋水以防變色，換水幾次並水洗，如此才能得到潔白食物。

2. 以醋水短時間加熱，即黏蛋白（mucin）會變化成為獨特咬感的菜餚，為了口感不要長時間煮沸。

料理山藥、大蒜，媽媽們最好戴手套

母親節快到了，每天忙著料理三餐的媽媽一定要知道，接觸某些食物時，可能需要防護措施，才不會影響媽媽的皮膚，以下列出幾種可能會導致接觸性皮膚炎的食物。

★山藥

山藥是非常健康的食材，除了對腸胃有幫助之外，近年也發現山藥具有抗氧化的效果。建議媽媽們在削山藥皮時，最好戴上手套，以免引發過敏症狀。

在1988年就有接觸山藥皮引發過敏性接觸性皮膚炎的病例報告，最近也有引發氣喘及鼻炎的病例報告。因為山藥皮中含有脂溶性的物質，在料理的過程中，接觸到皮膚時，經由毛囊進入表皮，而引發接觸性蕁麻疹，也可能經由吸入，而引發呼吸道症狀。如果手部皮膚在接觸後，產生搔癢及紅疹，建議清洗乾淨後，使用外用藥膏減輕過敏反應。

除了山藥之外，料理芋頭及鳳梨要削皮時，也建議戴手套。

★大蒜

大蒜是很常見的食材，中式及西式的料理都常常用到大蒜，大蒜外面包覆的膜狀物含有diallyl disulfide的化學成分，會引發接觸性皮膚炎，常見於手部的大拇指、食指及中指的指腹部位，就是料理大蒜要剝去外面的膜狀時，常會接觸到的部分。

臨床上可以發現，指腹的皮膚會脫皮及增厚、粗糙，甚至會出現小小的裂傷，如果常常使用大蒜的媽媽要特別注意，可以戴手套

有些人會對大蒜過敏，症狀包括皮膚過敏、氣喘、腸胃不適等

保護自己的皮膚。

　　除了大蒜之外，洋蔥、柑橘、鳳梨、芒果、生栗子及馬鈴薯也可能引發接觸性皮膚炎，做菜時要特別小心。

　　不論是家庭中料理三餐的媽咪或是餐廳飯店專業的廚師，因為廚房的工作環境總是讓手部處在比較潮濕的狀態，再加上料理過程中，常需要不斷地清洗食材及手部，因此手部皮膚水溶性的天然保濕因子會大量流失，經由表皮散失的水分則大幅增加，導致皮膚防禦的功能下降，出現脫皮或微小的傷口。

　　表皮不完整的手部在接觸生鮮食品，尤其是肉品或是海鮮時更要小心感染，需要特別的保護。

　　使用清潔劑清洗廚房相關用品時，一定要戴塑膠手套；接觸比較容易引發接觸性皮膚炎的特殊食材時，建議可以使用較為貼手，不含滑石粉的「檢診手套」，可以讓動作較為靈巧，不會因戴厚重手套之後，造成手部不靈活，導致使用刀具或削皮器時，發生危險。

資料來源：《自由時報》，2011/4/18，B18版。

植化素為植物的免疫系統

蔬菜與水果除富含維生素、礦物質及纖維質外，還有數千種不同的天然化合物，稱為植化素（phytochemicals）。它是植物生長的必要元素，也是植物五顏六色之天然色素和植物氣味之物質來源。植化素提供植物自我保護的功能，抵抗昆蟲、細菌、真菌、病毒的感染傷害，對紫外線、輻射線、空氣及土壤污染、化學藥物之種種傷害之保護作用。對人類而言，它雖屬「非必要性營養素」。但因人體本身無法製造植化素，必須從各種食物來攝取。

各種不同的植化素對人體有不同的功能，如它強力的抗氧化物質，可清除自由基，活化免疫機能，增強免疫力，輔助維生素發揮生理機能，激發體內酵素解毒活性，調節產生酵素，預防細胞受損，改善血流循環，抑制發炎及過敏，抵抗細菌及病毒感染，減少罹癌風險。對治療與預防慢性疾病，如高血壓、糖尿病、肥胖症、骨質疏鬆、心血管病皆有助益，也能改善睡眠、記憶，改善體質，促進健康長壽，即為增強免疫，抗老及防癌。這些有益人體健康的營養成分，統稱植物營養素（phytonutrient），亦有「21世紀的維生素」之稱。

★常見的植化素

1.類黃酮素：(1)花青素、前花青素；(2)兒茶素；(3)槲皮素；(4)檸檬黃素；(5)芸香素；(6)芹菜素等。
2.類胡蘿蔔素：(1)β-胡蘿蔔素、β-隱黃素、α-胡蘿蔔素；(2)葉黃素；(3)玉米黃素；(4)茄紅素；(5)辣椒素、辣椒紅素等。
3.有機硫化物：(1)大蒜素；(2)蘿蔔硫素；(3)麩胱甘肽；(4)吲

哚；(5)異硫氰酸酯等。

4.酚酸類：(1)綠原酸；(2)鞣花酸；(3)沒食子酸；(4)對香豆酸；(5)阿魏酸；(6)水楊酸等。

5.植物雌激素：(1)異黃酮；(2)木酚素；(3)薯芋皂等。

6.其他：(1)葉綠素；(2)薑黃素；(3)白藜蘆醇；(4)咖啡酸；(5)檸檬酸烯、檸檬苦素；(6)植物皂素；(7)苦瓜苷；(8)迷迭香酸等。

★五色植化素

1.黃：類胡蘿蔔素、類黃酮素、葉黃素、玉米黃素、檸檬黃素等。

2.綠：葉綠素、兒茶素、異硫氰酸酯等。

3.紅：茄紅素、辣椒紅素、鞣花酸等。

4.白：大蒜素、有機硫化物、槲皮素等。

5.紫：花青素、綠原酸、酚酸類、白藜蘆醇等。

參考資料：

1.《常春月刊》，409期。

2.吳映蓉（2011）。《營養學博士教你吃對植化素：可以防癌、抗老、調節免疫力》。台北市：臉譜。

3.生活智慧網，http://mays4.weebly.com/9679-268932928929983212703 2032-268932127032032.html

4.〈被忽略的保健功臣──植化素〉，歐陽英樂活生機網，http://www.oyoung.com.tw

5.劉語潔，〈防癌小尖兵──植化素〉，醫療財團法人辜公亮基金會和信治癌中心醫院（營養室）。

Note

第12章

水果類的製備

- 水果類的成分與特性
- 水果的烹調

 ## 第一節　水果類的成分與特性

一、水果的特性

水果的種類頗多，平常被食用者其特性如下：

1. 約90%為水分，含有富於糖分（主要為葡萄糖、果糖、蔗糖而成，10～15%）及有機酸（蘋果酸、酒石酸、檸檬酸）的果汁。含有這麼多豐富游離糖與有機酸就是水果類的特性。
2. 因含有酯類所以具有芳香與美味，會給予爽快感。
3. 富於果膠質（pectin，多醣類），所以可製造果醬、果凍、桔皮果子醬（marmalade）。
4. 富於維生素及無機質，為這些成分的供給源，是鹼性食品。

除此之外，水果的顏色漂亮、口感佳等特性，作為膳食形態以生食為最合適的利用法。

二、水果的色素

1. 主要為花青素系色素，多集中在外皮。
2. 石榴：天竺葵苷（pelargonin）（紅）；草莓：天竺葵苷（flagalin）（紅）；葡萄：葡萄花青素（oenin）（黑紅）；無花果：花青素（cyanin）（紅），對熱不穩，pH值高即會褪色。
3. 胡蘿蔔素在未熟時，與葉綠素呈綠色，但成熟即呈黃色、深粉紅色，但成為維生素A的主成分者少。

4.類黃酮素爲鹼性，存在於桔子類的表皮。

表12-1爲主要水果的糖類，**表12-2**爲主要水果的有機酸。

表12-1　主要水果的糖類（每100g中％） ※

水果	葡萄糖	果糖	蔗糖
溫州蜜柑	1.5	1.1	6.0
蘋果	2.6	6.2	1.9
梨子	1.9	4.5	1.2
柿子	6.2	5.4	0.8
枇杷	3.5	3.6	1.3
桃子	0.8	0.9	5.1
杏子	4.0	2.0	3.0
葡萄	8.1	6.9	0
草莓	1.4	1.6	0.1
香蕉	6.0	2.0	10.0
西瓜	0.7	3.4	3.0
鳳梨	3.0	3.0	7.0

※甜味強的果糖具有 α 與 β 型，冷卻即甜味強的 β 型會增加顯得更甜。

表12-2　主要水果的有機酸（每100g中％）

水果	有機酸含量	主要酸名	水果	有機酸含量	主要酸名
溫州蜜柑	1.0～1.1	檸檬酸	葡萄、枇杷	0.7～1.0	酒石酸
蘋果	0.5～0.7	蘋果酸	香蕉、無花果	0.2～0.6	蘋果酸
梨子	0.08～0.1	蘋果酸	草莓、杏子	1.0	蘋果酸、檸檬酸
柿子	0.06～0.07	蘋果酸			

三、水果的褐變

　　水果含有多酚類 （在苯C_6H_6置換三個以上的-OH：漂木酸、L－表兒茶素（L-epicatechin）、咖啡鹼單寧複合物（caffeine-tannin complex），如水果被切割時則由氧化酵素（多酚氧化酶，polyphenol oxidase）轉變為醌類即褐變，這稱為出現「澀」（如圖12-1）。要防止，浸漬於1％食鹽水即可。又可被Cu、Fe等金屬離子活性化，所以調理用具忌用這一類材料製成者。

多酚　　　　多酚氧化酶　　　　　　醌　　　+H₂O

多酚氧化酶

1/2 H₂O

多酚　　　　　　　　　　　　　　　　醌

圖12-1　酵素性褐變

　　水果的褐變，另外一個問題是水果除了上述例子以外，如香蕉等不被利用於果醬的製造。據說，在日本有一位教授擬將香蕉做成果醬，要他的研究生研究了很久，結果，剛做好的香蕉果醬呈淺黃色，然而放置後，很快地變色，最後呈褐色；會是令人厭惡的外觀，所以失去商品價值。

　　在水果中所含有的酵素：其含的蛋白酶，對食品的影響有正反兩面。例如做成「木瓜牛奶」時，如放置時間稍久，則會呈苦味，這是牛奶所含蛋白質被分解成酶的關係。奇異果的蛋白酶含量也相當多，如要做成「奇異果奶」就要小心了。然而相反地，其蛋白酶亦有其他用途，如鳳梨、木瓜等可以將其蛋白酶萃取，利用作為啤

酒等飲料以清澄化其所含蛋白質的混濁的溶解，以達到啤酒澄清化的用途。另外，木瓜酵素也利用於牛肉的嫩化。

在工業上，在來種鳳梨因帶有所謂「牙目」，在加工時要以手工除去，屆時作業員如用赤手，不帶橡皮手套，雙手表皮膚會被侵蝕（分解）至流血。

在加工番茄做番茄汁罐頭時，要將番茄洗淨後，即刻加壓搾汁裝罐。此時搾成番茄汁後，即時予以殺菁，如這操作拖延，則做出來的番茄罐頭，罐內的果汁會失去黏稠性，不像番茄汁。這是因為鮮番茄所含的果膠酶（pectinase）分解番茄中的果膠質，其失去黏稠性，則會使消費者誤以為番茄汁太淡了。

 ## 第二節　水果的烹調

作為生食有水果沙拉、水果潘趣飲料（fruit punch）、醃漬、附菜等，加熱調理則有蘋果或香蕉的油炸、糖煮以及烤蘋果、柑桔皮果醬、果醬、果凍等。

水果潘趣是宴會或舞會中常看到的顯眼飲品

圖片來源：https://thechicsite.com/2015/09/11/citrus-berry-punch/

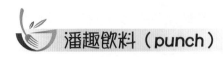

潘趣飲料（punch）

材料（6人份）			
蘋果	1個（200g）	水	200ml
夏蜜柑（日語）	1個（400g）	砂糖	20g
（夏季蜜柑）	（可食部分240g）	紅葡萄酒	$1\frac{1}{2}$ 大匙
香蕉	1支（240g）	蛋白	1個
	（可食部分160g）	砂糖	3大匙
蜜柑罐頭	半罐	香精	少許
鳳梨	3片		
草莓	6個		

做法

❶將水與砂糖放入鍋中加熱稍微煮濃，冷卻備用。

❷蘋果削皮切成8片，再切爲小塊浸泡於1%食鹽水2～3分鐘瀝乾。

❸蜜柑除掉瓣皮，將果粒鬆散。

❹香蕉斜切爲5mm薄片，在每一玻璃杯準備3片，其餘切爲小角，浸泡於糖漿以防褐變。

❺一片鳳梨輪切片切成放射狀的8小片。

❻浸泡的香蕉移到別的容器，將罐頭的汁液，葡萄酒加入冷卻備用。

❼在潘趣飲料[1]杯中裝飾裝盛，注入糖漿，做蛋白霜飾[2]在上面裝飾，添上草莓。

註：1.潘趣飲料指的是混合檸檬汁、砂糖、葡萄酒等的飲料。

2.蛋白霜飾爲meringue（法語）。

草莓果醬

材料

草莓	400g
砂糖	320g

註：約草莓重量的80～100%

做法

❶草莓除去蒂頭放入不鏽鋼鍋或塗琺瑯鍋，加入1/3砂糖輕輕混合，侯砂糖開始溶解即加熱，偶爾攪動而砂糖溶解且稍微濃縮，則再加入下一批砂糖，反覆這樣做，以木杓攪拌，但不要破壞草莓形態，侯溶縮至黏稠，體積成爲約2/3時就要停火。

❷裝填用瓶，先以溫水，逐漸提高水溫來殺菌。最後裝填達80℃的果醬，密封。如要長期貯存就要以蒸籠加熱殺菌。

1.水果細胞含有果膠質，具有接著鄰接細胞的功用，將此與酸、糖類一起加熱，冷卻即有膠化的性質。利用這原理做成的就是果醬、桔皮果醬、果凍。

2.果膠質多的水果有蘋果、檸檬、桔子、李子、草莓、杏子等。

3.果凍最好的比例是：

水分	30～35%
果膠質	0.5～1.5%
有機酸	0.5～1%（pH3～3.5）
糖分	50～70%

4.測定各水果的成分，補足其不足成分就可以做成很好的製品。但一般家庭缺少測定器具，實際上不可能做到。

果膠質的凝膠化，據稱有氫結合與離子結合的兩種形態，上述者為氫結合，-OH（氫氧化基，hydroxyl基）（group）作為果膠質分子的連接作用，而保持穩定的凝膠（gel），此時酸會抑制-COOH（carboxyl）基的解離，所以需要一定量的存在。砂糖會當著脫水劑作用，具有保持gel形態的功用。

艷紅的色澤、甜蜜的滋味，草莓果醬是許多人心中的最愛
圖片來源：http://www.1zoom.me/zh/wallpaper/428150/z7328.3/

水果的魔力

一、果實上貼的數字

閱讀在您的果實上貼的數字……

「水果標籤」會有幾個數字，它除了告訴消費者水果名稱與主要產地之外，還標示出選購的水果是屬於安全或不安全水果。

請注意閱讀您手上所拿的果實上標籤的數字，可別小看它，這數字可以說是獨有的另類身分證，代表的是有進口的才有貼，而且數字還大有玄機。

傳統的水果標籤：四個數字，開始為4

有機的水果標籤：五個數字，數字開頭為9

轉基因的水果：數字開頭為8

如果你在商店看到一個蘋果：

如果它的標籤是4922，這是一個傳統的蘋果，它是使用除草劑和有害肥料種植的。

如果它的標籤是9922，它是有機的和可以安全食用。

如果它的標籤是89222，那就不要買！它是經由轉基因的（GMO）。

因此，下次你去購物，請記住這些重要的數字，可知道如何避免購買到無機的和轉基因生物水果。

購物安全須知：這些應該注意，因為商店沒有義務告訴你哪些水果已被基因改造。

二、跟乳癌說Bye Bye的水果

乳癌，一直都是許多女性朋友的隱憂！現在有小小祕方──有

傳統的水果標籤

個水果可以讓妳跟乳癌說Bye Bye！

　　研究人員發現番茄汁內所含的番茄紅素具有防止乳癌的效果，特別是像番茄醬、番茄汁或是番茄湯等經過加工的番茄食品的番茄紅素特別容易為人體吸收，對降低罹患乳癌的效果比直接生吃番茄還要好。如果要達到預防效果，每天須吸收5毫克的番茄紅素。

　　英國《衛報》報導，有研究顯示食用番茄可以減少男人罹患攝護腺癌和心臟病機率，而這項由一家番茄醬公司贊助的研究則發現，番茄、西瓜與紅葡萄呈現紅色的番茄紅素可以預防乳癌、子宮頸癌、前列腺癌、結腸癌與心臟病，其中又以預防乳癌的效果特別顯著。而且也應吃足量的新鮮蔬果以維護健康。

資料來源：轉載自網路資料，2011/6/26。

三、為什麼香蕉不會有蟲害不會腐敗

　　香蕉愈成熟即表皮上黑斑愈多，它的免疫活性也就愈高。日本人愛吃香蕉不是沒有原因的，大、小朋友們都喜歡吃香蕉～真方便，每日五蔬果，疾病遠離我……。

　　根據日本科學的研究發現，香蕉中具有抗癌作用的物質TNF。而且，香蕉愈成熟其抗癌效果愈高。日本東京大學教授山崎正利用動物試驗，比較了香蕉、葡萄、蘋果、西瓜、菠蘿、梨子、柿子等多種水果的免疫活性，結果證實其中以香蕉的效果最好，能夠增加白血球，改善免疫系統的功能，還會產生攻擊異常細胞的物質TNF。

　　山崎教授的試驗也發現，香蕉愈成熟即表皮上黑斑愈多，它的免疫活性也就愈高。所以從現在開始要吃熟一點的香蕉唷！香蕉不會使白血球盲目增長，只有在數量少的時候才會大幅度增加。因此，專家們研究認為，香蕉具有的免疫激活作用比較溫和，在人體狀態健康時並不會使免疫力異常升高；但對病人、老人和抵抗力差的弱者，則很有效果。因此，在日常生活中，我們不妨每天吃1～2根香蕉，透過提升身體的抗病能力來預防感染，特別是預防感冒和流感等病毒的侵襲。山崎教授指出，在黃色表皮上出現黑色斑點的香蕉，其增加白血球的能力要比表皮發青綠的香蕉強8倍。

資料來源：《自由時報》，2011/7/31，D10版。

Note

第13章

洋菜與明膠的製備

- 洋菜的烹調
- 明膠的烹調

第一節　洋菜的烹調

一、洋菜的成分與特性

　　洋菜是由石花菜、龍鬚菜、鉤凝菜等紅藻類爲原料製成，含有中性洋菜（agarose）70%，酸性洋菜（agaropectin）30%。以半乳糖爲單位聚合物的聚半乳糖（galactan），不溶於冷水，但溶於熱水，而冷卻即成爲果凍狀。這是很優良的凝膠化物質，以0.3～0.4%的低濃度就具有凝膠形成能力，由酸會稍微被加水分解。洋菜凝膠以低濃度即可保持形態，具有彈性是因爲洋菜的絲狀分子會形成立體的網狀結構，而可將水分保持在其中的關係。**表13-1**爲洋菜與明膠的比較。

　　幾乎無營養價值可言，但可提高腸道的蠕動，防止便祕的效果。又因爲是低熱量不長胖而受到年輕女性的歡迎，被用於醫療（微生物培養基）、工業用途等。

表13-1　洋菜與明膠的差異

	主成分	融解溫度（℃）	凝固溫度（℃）	使用濃度（%）	咀嚼感	其他
洋菜	聚半乳糖	80～100	常溫（約30℃）	0.8～1.5	脆弱	營養上無價值，改善便祕，醫藥用，工業用
明膠	膠原（蛋白）	40～60	10℃以下	3～4	滑潤柔軟	營養上含有胺基酸，如與蛋、牛奶等一起食用即可提高蛋白價，消化好

> 　　溶膠冷卻被凝結的是凝膠，保持一定的形態呈固形狀即稱為果凍。

二、凝膠的形成

　　將洋菜溶膠冷卻即在約40℃以下，就急速增加黏度，遂失去流動性而凝膠化。此時濃度愈高愈容易凝固，隨著時間的經過，洋菜分子（colloid粒子）會互相連結，張開網目一樣，將多量水固定，不動化，產生彈性，變成不流動的凝膠。凝膠化能力有氫結合與離子結合參與。

三、洋菜的種類

　　1.天然洋菜：角洋菜、棒洋菜、絲洋菜。

　　2.工業洋菜：粒狀洋菜（granules）。

　　3.鱗片狀洋菜（flakes）。

　　4.粉末狀洋菜（powders）。

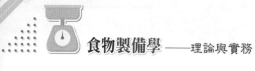

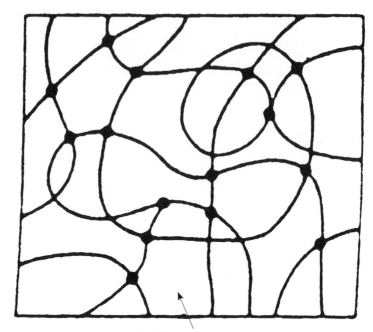

水合的水或自由水

圖13-1　果凍的網狀構造（平面圖）

四、由烹調產生的變化

1. 吸水膨潤：高分子碳水化合物有親水性，所以浸水即會吸水膨潤。
2. 加熱溶解：洋菜的濃度愈低愈容易溶解。
3. 冷卻凝固：由溶膠變膠狀凝膠。
4. 受到添加物的影響。

蜜柑果凍

材料			
洋菜	1束（7～8g）	砂糖	150g
水	350ml	蜜柑果汁	150g

做法
❶洋菜浸泡於水。
❷蜜柑剝皮搾汁取150g。
❸鍋內放進洋菜與水加熱，俟洋菜溶解後加入砂糖，溶解後過濾再倒回鍋中，慢慢煮沸。
❹濃縮至約2/3後停止加熱，冷卻到約60℃加入果汁攪拌均勻，在模器中冷卻凝固。

1. 對洋菜添加果汁加熱，即洋菜的多醣類會被果汁中有機酸產生加水分解，冷卻後也不容易凝固。如將洋菜溶液稍微冷卻以後才添加果汁，即可防止由酸的加水分解，所以一定要冷卻後再加入果汁。

2. 添加果汁即因果肉粒子的關係，其果凍強度會降低，所以添加量要限於製品的50%以下。

 水羊羹

材料（6～8人份）			
洋菜	7～8g	紅豆餡	200 g
水	2杯	食鹽	1.5g（0.3%）
砂糖	100g		

做法

❶將洋菜浸泡30分鐘以上，加熱溶解後加入砂糖，煮到溶解後過濾。

❷加入紅豆餡與食鹽，煮沸濃縮至3/4即停止加熱，攪拌冷卻，在40℃時，即可倒入模器中凝固。

1.像紅豆餡比重大者容易沉下，為防止其分離，所以將洋菜液冷卻至40℃，即黏度稍高才不會分離。黏度增加，醣類粒會卡在網狀結構可阻礙其沉降，所以可保持分散狀態。

2.所謂水洋羹即表示像水一樣柔軟，如煮沸時間長，醣類粒會產生黏性。

3.紅豆餡太少即易分離，以25～30%，砂糖濃度25～40%為最適當（與其比重的關係，請參閱蛋白一項）。

牛奶豆腐

材料（6～8人份）

洋菜	1/2條（3.5～4g）	檸檬皮	1個份
水	200ml	水	5大匙
牛奶	180ml（1瓶）	砂糖	5大匙
砂糖	80g	檸檬汁	1/2個份
檸檬汁	1/2個份		

做法

❶洋菜洗淨後絞乾，浸泡於水中30分鐘以上，加熱溶解後加砂糖，俟砂糖溶解後先過濾一次，再加熱濃縮至2/3，停止加熱後加入牛奶。冷卻到40℃就加入磨碎檸檬皮及檸檬汁，攪拌均勻，倒入平坦容器，凝固後切入菱形切口。

❷以砂糖、水做糖漿，冷卻後加入檸檬汁。

❸對洋菜澆入糖漿，即滲入切口，由於比重的差異會浮上來。

1.要做牛奶果凍時，與果汁果凍時相同，如牛奶量太多即不凝固，所以要比同液量稍微少些（牛奶的蛋白質或脂肪會阻礙洋菜凝膠之構造的緣故）。

2.本料理是利用糖漿與牛奶豆腐的比重差異者，牛奶豆腐的比重較輕，所以會漂亮地浮上來。容器的上方口徑要廣才會在切口生成空隙。

3.如以鳳梨或櫻桃裝飾會更漂亮。

第二節　明膠的烹調

一、明膠的成分與特性

　　由動物的結締組織或眞皮等的膠原蛋白，經加水分解即可得到明膠。種類有粒狀、板狀、粉狀的產品，主成分爲蛋白質，消化好，但其胺基酸組成缺少色胺酸（tryptophan）與胱胺酸，所以營養價稍差。

　　看起來洋菜與膠原很相似，但振動時其振動方法，或食用後的口感即差異很大。還會影響烹調時甜味料的使用量。

　　明膠與洋菜不同，其爲蛋白質，消化佳，所以有利於作爲斷奶食品或病人食品。

二、明膠的加熱與凝固

　　1.調理時先浸泡於冷水，俟吸水膨潤後再使用。

　　2.吸水膨潤後，在40℃即容易溶解。

　　3.煮沸過度即組織變弱，溶解即停止加熱爲宜，不要讓其沸騰。

　　4.香料或洋酒果凍製造時，要等稍微冷卻後添加。

　　5.凝固溫度比洋菜低很多，所以宜用冰冷卻（凝固需要在10℃以下）。

三、明膠的溶解

　　明膠的溶解溫度比洋菜低，所以室溫高時就會溶化，宜在供食時才從冰箱拿出來，且最好能及早食用。

　　另外要注意的是明膠的原料爲動物性，不能使用爲素食食品。

 ## 蘋果果凍

材料（6人份）			
明膠	24g（3大匙）	白葡萄酒	1大匙
蘋果	2個	起泡乳油	90ml
砂糖	80g	糖粉	2大匙
砂糖	80g	薄荷	1/2小匙
水	2杯	草莓	6個
鮮奶油	90ml		

做法

❶將明膠浸泡在100ml冷水中使其泡軟。

❷蘋果削皮去芯，切成4mm厚度，撒上砂糖加熱，先以小火侯煮出水分來，改用中火煮至軟化，過濾。

❸以砂糖80g及水400ml加熱泡軟的明膠煮溶，攪拌冷卻，投入蘋果攪拌至生黏冷卻。

❹鮮奶油攪拌至8分起泡，加入做法❸成品中，再添加白葡萄酒，最後倒入果凍模器冷卻凝固。

❺將起泡乳油（whipping cream）打起泡，加入砂糖，薄荷要一次少量分次添加，裝飾草莓。

1. 明膠有板狀與粉狀明膠，而粉狀者容易買到且使用法較簡單，但板狀者較有咬感。

2. 使用量分夏季與冬季，又因烹調法而不同，但平常以3～4%為宜，要存放在冰箱過夜時，使用量可斟酌減少。

3. 要從模器拔出時，以熱水把容器外壁熱一下，即容易取出。

4. 要做果凍時，如使用新鮮果汁為原料或新鮮水果做裝飾時，如要用鳳梨、木瓜、奇異果時，則因其所含蛋白分解酵素會將其溶解，無法凝固好。但如果使用罐頭或瓶裝（已加熱殺菌過）則無此虞。當然先將此類水果給予加熱處理也可以。因此要使用含有蛋白分解酵素的水果做果凍，則使用洋菜來製造。

第14章
海藻與菇類的製備

- 海藻的烹調
- 菇類的烹調
- 松露
- 猴頭菇
- 巴西蘑菇（姬松茸）
- 其他西餐用蕈菇

第一節　海藻的烹調

一、海藻的成分與特性

　　一般來說，蛋白質含量少，以碳水化合物為主成分，占風乾物的40～60%，其主要者為海帶多醣（laminarin）、褐藻酸等的黏質物或甘露糖醇，消化不佳，因其熱量含量低，通常不計其熱量，又灰分含量也頗多。

　　海藻類中以海帶的碘含量為最多，因為海帶含有麩胺酸鈉，所以在日本都被作為湯底，或作高湯之用。

　　海藻的特徵是富含無機質，尤其是以碘及鈣的鹼性食品，對高血壓或痛風者有利、對毛髮的發育有益，在容易變成酸性體質的現代飲食生活中，這是不可缺少的營養食品。

二、海藻的種類與加工品

　　1.藍藻類：水前寺海苔。
　　2.綠藻類：青海苔、乙箬、扁江蘺（淡水產）、綠藻（淡水產）。
　　3.褐藻類：裙帶菜、鹿尾菜、海帶、愛森藻、蔓藻、仿絲囊藻。
　　4.紅藻類：石花菜、龍鬚菜、淺草海苔。

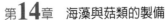
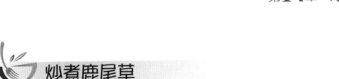

炒煮鹿尾草

材料（6人份）

鹿尾草	50g	砂糖	30g
註：復水後膨脹8～10倍		註：材料的6%	
油豆腐	30g	醬油	3大匙
嫩薑	10g	註：材料的10%	
高湯	100ml	油	1大匙
註：材料的30%			

做法

❶鹿尾草浸泡於水或50℃溫水使其柔軟，除砂。

❷油豆腐切成4公分長絲狀，嫩薑也切爲絲狀。

❸鍋中放油，加入鹿尾草炒，再加入油豆腐與嫩薑、調味料，以小火炒至湯汁收乾。

　　普通使用之海藻的水分為15～16%的乾物。乾物類要泡於溫水中，使其完全復水後使用。除了炒菜、沙拉，煮菜亦可使用。

海帶卷

材料（6人份）			
海帶（8cm長）	6枚	米酒	3大匙
鰊魚干	3隻	食醋	1大匙
乾脯瓜絲	1公尺	砂糖	8大匙
水	10杯	醬油	4大匙

做法

❶鰊魚干浸泡於木灰水一夜，使其柔軟，將一隻切半。

❷海帶擦拭乾淨以除去砂塵，浸泡水中。

❸撈出海帶，捲入鰊魚，再以脯瓜絲綁縛起來。

❹浸泡液過濾，連海帶入鍋，加入米酒，食醋以小火煮約1小時（使用浮蓋）。

❺加入砂糖再煮30分鐘。

❻加入醬油再煮至液汁收乾。

1. 海帶種類有多種，表面所附白粉為甘露糖（mannose），褐藻類的含量尤多。甘露糖為水溶性，帶有甜味。

2. 含有麩胺酸，維生素A、B_1、B_2、C，無機物則以碘多為其特性，海帶的甘味為麩胺酸與甘露糖醇。

3. 以醋液煮海帶即一部分纖維會溶解，組織會軟化。

4. 澀味強的魚干浸泡於鹼液，即筋肉的保水性會增加，柔軟化，澀味會消失。澀味是脂肪的氧化物與蛋白質的分解物所混合者，以洗米水浸泡也有相同的效果。

第二節　菇類的烹調

　　菇類的價錢不低，所以作爲營養品，不如說以賞其風味的嗜好品較爲合適。調理時不使其水分流失，又做成具有適當的咬感者才會受到歡迎。注意不要加熱過度以免失去其香氣。

一、菇類的成分與特性

　　生鮮者水分占約90%，蛋白質、脂肪均不多，但含有多量維生素D的母體的麥角固醇（ergosterol）。作爲熱量源的價值少，酵素含量多，暴露在空氣中則因酪胺酸酶而褐變，鐵、鈣、鎂等的特殊成分較多。

二、菇類的種類

1. 人工栽培菇類：洋菇、香菇、木耳、榎菇、平菇、舞菇、猴頭菇、金針菇、草菇。
2. 天然菇類：松茸、香菇、冬蟲夏草、竹蓀、珊瑚蕈、牛肝蕈、馬蹄蕈、珠蓋、老人頭蕈、小萱蕈、白蘇菇、鵝蛋蕈、野掌蕈、滑菇、大腳菇、黑虎掌蕈、黑牛肝蕈、黃落傘蕈、青崗蕈、麻母雞蕈、美味牛肝蕈、雞縱蕈、雞酒蕈。

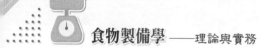

 # 烤鋁箔包松茸

材料（6人份）

松茸	180g	食鹽	9g
食鹽	1.8g	銀杏	18個
註：松茸的1%		芫荽	1把
蝦	90g	鋁箔	13×15cm6張
米酒	12ml	檸檬	1個

做法

❶將松茸的菇柄根部外皮削掉，以鹽水洗乾淨，大形者縱切為4片，撒上1%的鹽。

❷蝦剝殼，除去砂腸，撒上鹽與米酒，放置約5分鐘。

❸銀杏除去外皮，燙煮後除去內皮。

❹芫荽切成4公分長。

❺排在鋁箔上包裹起來，放入炸鍋上，加蓋以中火烤7～8分鐘。

❻將成品盛於盤上，附檸檬趁熱供食。

---

1. 松茸的香氣成分是桂皮酸甲酯與高級醇的辛醇（octanol）。本烹飪法不使芳香逸失，防止水分蒸發，所以可以說極適合於松茸的烹調。

2. 菇類如不新鮮則其所含卵磷脂會分解，產生膽鹼（cholin），再變成三甲胺（trimethyl amine）等而有中毒的危險，所以必須食用新鮮者。菇類的有害成分為胺類，有毒菇類廣泛含有的蠅蕈鹼（muscarine）會侵犯神經中樞。

第三節　松露

　　松露（truffle），是一種生長在橡樹林樹下的天然蕈菇，產期為每年十一月至隔年三月，外觀像橢圓形的薑，型態有小如玻璃珠，但也有大如拳頭者，因為只能在嚴苛的條件下才能生長，在酸鹼值不對的土壤則不生長，因此產量不多，價錢又因嗜好者多而被哄抬。

　　現在松露品種頗多，達到三十多種，主要產地包括西班牙、中國、義大利及法國南部一帶，然而最好的松露是義大利阿爾巴（Alba）的白松露（Tuber Melanosporum）及法國普羅旺斯佩里哥的黑松露（Truffle du Peorigord），但是西班牙出產的黑松露也叫佩里哥黑松露。

松露

松露生長在地下三十公分至一公尺深的地下，很難從地面辨別有無生長，因此尋找都要借重母豬去尋找。不過母豬太愛吃松露，常常在找到後被其一口吃下去，所以現在都改由訓練有素的狗來尋找，由於野生松露愈來愈難找，現在市面上的松露90％都由人工栽培而來，但價格卻十分昂貴。

松露又稱「盤中鑽石」，為法國人最喜歡的夢幻食材，其魅力是因為它有一股濃郁神祕的動物麝香味，只要聞一次就終身難忘，松露被稱為由雄鹿的精液遺留後自然形成者，根據現代的研究，松露的確含有雄性費洛蒙，而具有催情的效果，所以一直被王公及老饕所喜愛，早在四千年前，於美索不達米亞即有食用記載。

松露料理法很多，被稱為松露大餐者含有開胃菜：生雞蛋加上青菜、麵包，再刨上幾片新鮮的黑松露，稱之為「松露蛋塔」，主菜是用兔肉夾松露一起烹煮；另一道菜是「松露羊乳酪」，則為香濃的熱羊乳酪添加爽脆的新鮮松露；甜點是「松露冰沙」，冰冰甜甜的松露香讓人心滿意足。

其他松露除了作為食材以外，也被加工為松露油、松露罐頭等。

第四節　猴頭菇

猴頭菇（學名：Hericium erinaceus），是一種大型真菌，表面布滿像頭髮一樣的針狀菌刺，因形似猴頭而得名，含有多量蛋白質與多醣，以及七種人體所需胺基酸，其中麩胺酸含量特別高，是極富盛名的美味食用菌，常食用可提高免疫力、降低膽固醇、治療胃潰瘍，也有抗癌的功效，在中國傳統名菜裡與燕窩、熊掌、海參並稱四大名菜，近年來栽培猴頭菇十分有成。

猴頭菇

　　四大步驟是猴頭菇料理前建議的準備工作，無論是燉、煮、炒、炸……都可做的前置工作。

　　但有些猴頭菇的老饕也都沒做此四大步驟，直接拿至水龍頭沖洗解凍，然後剁塊，直接料理，也很營養美味哦！

1. 沖：當猴頭菇從冷凍庫取出的時候，先用水沖洗，一方面將猴頭菇解凍，一方面將猴頭菇清洗乾淨。
2. 剁：當猴頭菇變軟時，開始將它剁成塊狀，約50元硬幣的寬度。
3. 燙：將水煮沸後，將剁好的猴頭菇過水汆燙約1分鐘。
4. 冰：將汆燙好的猴頭菇，放入冰水中，一方面可以去除苦味，一方面可增加Q度，然後取出備用。

清燉猴頭菇

材料			
猴頭菇	300公克	人參鬚	3錢
枸杞	3錢	當歸（一大片）	約1.5錢
薑片	3片	鹽	2小匙
米酒	少許		

做法

❶將猴頭菇汆燙後瀝乾切成適當大小的塊狀備用。

❷炒鍋放入適量的油，將薑片爆香，再加入水及所有的材料放入鍋中燜煮15～20分鐘，最後放入猴頭猴煮1分鐘，加鹽及米酒即可。

 新鮮猴頭菇紅棗雞湯

材料			
猴頭菇	5顆	紅棗	6顆
金華火腿	1片	鹽	少許

做法

雞湯中先放入紅棗及火腿，燉煮20分鐘入味之後放入猴頭菇。水開了即可。

第五節　巴西蘑菇（姬松茸）

巴西蘑菇（又名姬松耳、柏氏蘑菇、小松菇）（Agaricus blazei Murill）原產於巴西、祕魯，美國加州南部和佛羅里達州海邊草地上也有分布。1965年美國的研究報告發現，巴西東南部聖保羅的Piedade山區居民因長期食用此種菇類而有較低的成人疾病罹患率。美國賓州大學辛登博士及蘭巴特研究所蘭巴特博士的免疫學調查研究結果，揭露了皮耶達提地區長壽健康的秘密。自此，巴西蘑菇一夜成名。1965年日裔古本隆壽，引進日本試種，1975年初期試種成功，一直到1992年才正式栽培量產。東京大學藥學系的柴田承二博士、國立癌症中心的池川哲郎博士及千葉博士等人，陸續在日本癌症學會總會發表指出，巴西蘑菇較其他的食用蕈類含有更多特殊的多醣體（polysaccharides）。這些特殊的多醣體可調節免疫系統的功能。巴西蘑菇可誘發干擾素的生成，產生阻止體內正常細胞轉譯成病毒細胞之mRNA的蛋白質。同時巴西蘑菇含豐富的胺基酸、維生素及礦物質，爲促進新陳代謝、使細胞再生的重要營養素。

在外觀上菇柄長又粗，菌蓋由半圓形到半張開，顏色爲金黃淺褐色。表面有細小鱗片，氣味香濃具強烈杏仁口味，甘甜又脆。可入菜做湯，巴西蘑菇由於較易腐壞，幾乎全是烘乾後才在市場上流通。

巴西蘑菇相較於其他蕈類含有含豐富蛋白質、脂質和醣類，括β-D-葡聚糖、α-葡聚糖、β-半乳糖葡聚糖、核酸（RNA）、蛋白質葡聚糖、木糖葡聚糖等。維生素則含有維生素B_1、B_2、菸鹼酸等，脂肪酸以不飽和脂肪酸爲主（如亞麻油酸），纖維質以幾丁質爲主，礦物質以鈣、鐵、銅、鎂、鉀等，其多醣則以β-D葡聚糖爲主，有助於平日身心健康的維護。

巴西蘑菇子實體含有獨特組成的高分子多醣體，植物凝血素等物質，多醣類包植物凝血素是從巴西蘑菇子實體中得到的糖蛋白質，能夠識別紅血球等生物細胞，並有使其凝集之作用。

從巴西蘑菇中分解出極高份量多醣體，初步認為乙型葡聚糖「β-glucan」能提高人體免疫功能。多醣體是由一些單醣分子串聯成的一型聚多醣。發現它能增強巨噬細胞（macrophage）的活性及引發補體的免疫活化能力。而巨噬細胞是白血球的一種，巨噬細胞的活躍就能表示免疫系統的功能頗強。

巴西蘑菇含有抑制癌細胞增殖的成分——類固醇類，在其子實體裡可以得到六種類固醇，其中三種具有防止癌細胞增殖的效果。成分中的脂肪酸3.6%中，有六種類固醇的成分，其中三種經過試驗，顯示對子宮頸癌細胞有效，由於類固醇具有油溶性穿越核膜的性質，能夠直達核心與核內的蛋白質結合，進而將癌胞消除，另一方面以四氯化碳使實驗的白老鼠產生急性肝障礙，經過投與巴西蘑

新鮮巴西蘑菇

乾燥巴西蘑菇

參考資料：http://www.cgb.com.tw/j2j0/cus/cus1/pdt/pdt_pdt_dtl_HC06.
jsp?pdid=HC06

http://home.kimo.com.tw/c1e1lky/agaricus1.htmhttp://www.ecbiotech.
com.tw/l_6.htm

中華自然療法世界總會靈芝學術研究發展委員會

菇多醣體後，抑制肝中中性脂肪的增加，而其GOT、GPT的指數上升也被明顯抑制。

　　服用巴西蘑菇注意事項，勿吃來路不明的巴西蘑菇，應選擇優良來源的巴西蘑菇。兒童服用時應審慎小心，適量而為。對該類成分有過敏者或不適者，應停止服用。

第六節　其他西餐用蕈菇

　　在台灣進口西餐用蕈菇有：雞油菌（chanterelle，又稱黃菌）、松茸（matsutake）、牛肝菌（cep）、羊肚菌（morel）。

雞油菌

牛肝菌

松茸

羊肚菌

香菇蒂頭再利用

　　很多家庭料理香菇時，因為香菇蒂頭比較硬，如果家中有孩子的話，很多人都會把香菇蒂頭切掉捨棄，這樣實在太可惜了，因為香菇蒂頭的部分雖然硬了點，但風味很足夠，只要懂得保存方法，你也可以將切下的香菇蒂頭運用在增加菜餚的風味上。你可以把切下的香菇蒂頭洗乾淨後，用手撕開成條狀後，放在篩網曬個半天左右，就能夠保存起來，乾燥過的香菇蒂頭營養價值不變，方便日後再拿來煮湯入菜。還有個方法是把乾燥後的香菇蒂頭用食物調理機打成粉末，加入餃子內餡中，可以讓餃子風味變得更鮮美。

　　如果嫌日曬風乾麻煩，也可以直接放冷凍保存，煮高湯時加入幾個，會讓湯頭更美味。

資料來源：《自由時報》，2011/1/19，http://www.libertytimes.com.tw/2011/new/jan/19/today-family3.htm。

第15章

乾物的製備

- 乾物的特性與種類
- 乾物的烹調

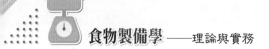

第一節　乾物的特性與種類

　　乾物是以貯藏為目的，將食品以乾燥（水分10～20％，天然乾燥、真空乾燥、冷凍乾燥、噴霧乾燥等）者，所以調理時幾乎都要浸泡於水或熱水，復水使用，在重量上有很大的變化，因此在調理時要考慮這問題而決定分量。

　　乾物的種類分為以下幾種：

1.蔬菜類：蘿蔔干、甘藍干、金針菜、梅乾菜等。
2.海藻類：海帶、洋菜、裙帶菜等。
3.豆製品：凍豆腐、豆腐皮、麩、百頁、豆豉等。
4.魚類：小魚干、魷魚干、柴魚、蝦米等。

　　柴魚是將鰹魚肉等蒸熟乾燥後，再讓其發霉，再乾燥者。其中甘味部分是來自原來的魚肉，另一部分是由於黴菌的蛋白分解酵素，將魚肉蛋白質加以分解，變成胺基酸所顯出的甘味。有些乾物可由乾燥而增加甘味（柴魚、魷魚干），但是魚肉類其蛋白質的變性強，油脂的變質等會引起風味劣化，又容易吸濕、發霉，所以要密封保存，且不要久存。購買時以無油耗味、無臭氣、有光澤、無變色者為選擇的對象。

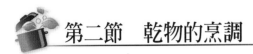

第二節　乾物的烹調

一、乾脯瓜絲的處理

　　洗淨後以食鹽揉捏者，再洗一次，以十倍水燙煮至透明為止。以食鹽揉捏即組織會破壞，容易變軟。**表15-1**為一般乾物的水分含量表；**表15-2**為吸水後的乾物重量變化。

表15-1　乾物的水分

乾物	水分（%）	乾物	水分（%）
米、穀類	15.5	海帶	14.7
乾豆類	12	麵粉	10.5
澱粉	15	凍乾豆腐	10.4
柴魚	14.3	鰊魚干	24
乾燥雞蛋	9.5	干貝	14.1
百頁	8.7	魷魚干	19
鱈魚干	34	洋菜	20.1
葡萄乾	21.2	乾脯瓜絲	30.4
木耳	10.1	蘿蔔干	31
香菇乾	15.8	麩	11.3
淺草海苔	11.1	若布（wakame）	16
鹽漬魚卵	18		

表15-2　吸水的乾物重量的變化

乾物	膨脹率（倍）	復水方法
凍乾豆腐	6～6.5	浸於溫水
乾脯瓜絲	4	浸於熱水
乾脯瓜絲	8	汆燙
香菇	5～6	浸水
若布	10	浸水
海帶	5～5.5	浸水
乾麵條	3～3.4	燙煮
豆類	2	浸水
豆類	2.4～2.5	煮沸
切片蘿蔔干	6	燙煮
粉絲	5～6	以溫水復水
腐竹	4	浸水

二、凍乾豆腐的處理

即製做硬一點的豆腐，將水分減少約80％，並在－10～－20℃急速冷凍後，放在－1～－5℃的冷藏室中，使其蛋白質變性，然後乾燥者。以前使用小蘇打，最近都讓氨氣吸收在其組織中，即施以膨脹加工（考慮如何使已變性蛋白質恢復吸水性）者。帶有氨臭者表示剛製成者，容易復水。

氣泡中充滿氨氣，脂肪不會接觸空氣所以不會氧化。又氨氣為鹼性，有助於細胞膜的軟化。

(一)復水的方法

　　注入多量約80℃的熱水，加以浮蓋浸泡，俟軟化後以雙手在水中壓，放鬆手續，反覆洗至不再流出白色液汁為止。不如此處理即風味不佳。又貯存太久者在氨水或小蘇打液（0.3%）浸泡即可將其軟化。

(二)煮法

　　鹹味淡一點，以砂糖調味，以小火慢慢煮至液汁吸乾為止。

1. 煮湯以復水豆腐的80%（覆蓋的量）。
2. 鹽味以復水豆腐的1〜1.5%（食鹽：醬油＝4：1）。
3. 砂糖以復水豆腐的5〜8%。
4. 脯瓜絲或凍乾豆腐可利用於壽司卷、紅燒菜餚、油炸物、菜湯的材料、炒菜等，用途甚廣。

三、若布（日語為wakame）（裙帶菜）的處理

　　洗淨後浸泡於水，約30分鐘即可將其軟化，除去筋部使用。為了防止其甘味成分逸失，可使用淡鹽水，以防因浸透壓的關係而甘味成分侵透到浸水中。

Note

第16章

調味料與香辛料

- 一般調味料的分類
- 砂糖（蔗糖）
- 食鹽
- 味噌
- 醬油
- 食醋
- 香辛料

調味料以調整食物的風味，增加其香味，做出更佳風味爲主要目的的副材料，是烹調上不可缺。現在作爲調味料使用者有食鹽、醬油、砂糖、化學調味料、味噌、食醋、醬類（豆瓣醬、甜麵醬、辣椒醬等）等種類頗多，其中以食鹽用途最廣，生理上也甚重要，爲調味的基礎。

第一節　一般調味料的分類

一般調味料的分類如下：

1. 甜味：砂糖、水飴、蜂蜜、人工甜味料（甜菊、索馬甜、甘草精等）。
2. 鹹味：食鹽、味噌、醬油、各種醬類。
3. 酸味：食醋（水果醋，米醋）、果汁（檸檬等），各種有機酸。
4. 甘味：味醂、柴魚、海帶、高湯、化學調味料（味精、核苷酸、雞精）。

第二節　砂糖（蔗糖）

賦予食品甜味的代表就是砂糖。甜味溫和，濃度高也不變質，因此可從稀淡的濃度（0.5%）至100%附近都可以加以利用。除了一般料理以外，亦可作爲糕餅等甜點的主材料或副材料利用，營養上作爲主要的熱量源。家庭普遍使用的特砂爲葡萄糖與果糖結合者，主要原料是甘蔗（甘蔗汁糖分10～15%）與甜菜（甜菜汁糖分16～18%）。

一、砂糖的種類與用途

　　表16-1為糖業公司各種砂糖名稱的品質及用途。

二、調理上的性質

(一)溶解性

　　砂糖帶有好幾個親水性基，所以對水的溶解性甚佳，被用於各種用途，都利用其容易溶解於水及易結晶的特性。

(二)黏稠性

　　超過40%即有黏稠性，所以果凍不會變形。對於拔絲，糖醋、糖漿等幫助膠體的水和，其凝膠更堅硬。

(三)沸點上升

　　將糖水加熱，水分會一直蒸發，濃度提高，hot cake、蜜豆等澆上的糖漿都是這樣做成。這些糖漿如加熱最終溫度為103℃，即濃度會達到60%。**表16-2**為砂糖溶液的濃度與沸點。

(四)結晶化

　　在高溫使其糖結晶，即可獲得較大結晶，在低溫即會得到微細結晶（及滑潤）。蛋糕使用的糖霜泥（fondant）是加熱至114℃再冷卻至40℃（過飽和狀態），然後迅速攪拌而得到細微結晶者。**表16-3**為砂糖加熱後的狀態變化。

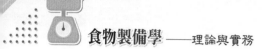

表16-1　臺灣糖業公司各種砂糖名稱的品質及用途

名稱	出廠規範	用途
特號白砂 （SWC）	糖度：99.6以上 水分：不超過0.65%	飲料、罐頭食品、糕餅等加工用
細特號白砂 （FGS）	糖度：99.6以上 水分：不超過0.05%	製品、糕餅業加工用
一號白砂 （SWC）	糖度：99.0以下 水分：0.30%以下 S02：5.00ppm以下	飲料、罐頭、糕餅加工用
二號白砂 （SWC）	糖度：98.0以上 水分：不超過0.5%	飲料、罐頭、糕餅加工用
粗砂 （RSC）	糖度：96.0以上 水分：不超過0.6%	飲料、甜點、糕餅添加用
方糖 （cube sugar）	糖度：99.6以上 水分：不超過0.05% 外觀：無雜點、黑點	咖啡、茶、果汁等飲料添加用
霜糖 （powdered sugar）	糖度：96.5以上 玉米粉：3%	水果沾食、湯糰元宵等製餡及一般調味用
金砂糖 （golden brown sugar）	糖度：91以上	煮豆湯、甜糕、西點黑糖代替品及一般調味用
甘蔗糖漿 （cane syrup）	蔗糖50%，葡萄糖及果糖各12%	沾食、塗澆麵包等中西餐點及調味用
細特砂（藥用） FGS（for pharmacy）	糖度：99.9以上 水分：不超過0.04% 灰分：不超過0.02%	製藥（製片、液劑、粉劑等）
精製細特砂（藥用） SQG（for pharmacy）	糖度：99.9以上 水分：不超過0.04% 灰分：不超過0.02% 耐溫細菌：每公克中不超過100個	煮豆湯、甜糕、西點黑糖代替品及一般調味用
晶冰糖 （diamond sugar）	糖度：99.5以上 水分：不超過0.05%	甜味飲料、烹飪調味、漢藥方配味、罐頭、糕餅等使用
金冰糖 （golden diamond sugar）	糖度：99.5以上 水分：不超過0.05%	飲料、烹調、罐頭、糕餅用

為防止結晶化，可將砂糖的一部分轉化，方法有與醋加熱，或添加麥芽糖、葡萄糖的辦法。如製造糖果時，砂糖溶解，濃縮後，會有結晶生成，如此即糖果會呈砂粒狀而無法得到光滑的組織。

表16-2　砂糖溶液的濃度與沸點

糖分（%）	水分（%）	沸點（℃）	糖分（%）	水分（%）	沸點（℃）
10	90	100.4	75	25	107.0
20	80	100.6	80	20	112.0
30	70	101.0	85	15	115.0
40	60	101.5	87	13	117.0
50	50	102.0	89	11	121.0
60	40	103.0	90	10	124.0
70	30	106.5	91	9	130.0

表16-3　砂糖由加熱溫度引起的狀態變化與所適合的調理

煮沸溫度（℃）	冷卻後的狀態	利用
110～111	可拉出絲狀	糖漿
111～112	硬明膠狀，可用湯匙取出	—
112～113	可在水中生成柔軟的球狀	—
113～114	中等程度柔軟的球	糖霜泥
114～115	在手中可保持約30秒的球狀	糖霜泥
115～116	中等硬度的球（長時間保持形態，可拉長）	—
118～119	硬球	—
120～121	硬球	軟牛奶糖（soft caramel）
122～123	硬球	牛奶糖（caramel）
124～128	非常硬的球	太妃糖（taffy）
130～136	稍微脆弱狀態	拉果糖（nougat）
138～155	硬絲狀（易脆掉）	水果糖（drops）
168～175	熔融而著色（巧克力色）	焦糖（caramel）

(五)轉化

將砂糖與酸或酸性鹽一起加熱，即很容易轉化（加水分解）成爲各一分子的葡萄糖與果糖的混合物，這混合物稱爲轉化糖。也可添加轉化酶（invertase）使發生作用。

$$C_{12}H_{22}O_{11} \ + \ H_2O \ \rightarrow \ C_6H_{12}O_6 \ + \ C_6H_{12}O_6$$
砂糖（蔗糖）　　　　　　　葡萄糖　　　果糖
　　　　　　　　　　　　　　　　轉化糖

砂糖變成轉化糖後，其吸濕性、甜度均會增加，亦可防止其結晶化（以砂糖甜度爲1.0時，增加爲1.2～1.3倍的甜度）。

(六)焦糖的形成

將砂糖溶液加熱，如在150℃以上即砂糖的一部分會轉化而生成葡萄糖與果糖。果糖會再被脫水生成羥甲基呋喃醛（hydroxy methyl furfural）主要是這些化合物聚合生成褐色的焦糖。葡萄糖不容易被脫水，焦糖化比較慢，但最後也成爲焦糖（170～190℃）。

不轉化的砂糖變成腐黑質（humin）與異聚蔗糖（isosaccharosan）的混合物。焦糖是這些糖的脫水縮合物的混合物，調理上作爲糕點、菜湯、醬油、醬類（sauce）的著色，又常用於布丁的糖漿。

(七)浸透性

砂糖作爲菜餚的調味用，幾乎都要與食鹽或醬油一起使用。調味料透過食品的細胞膜浸透時，以分子量小者先浸透，就砂糖與食鹽來說，食鹽的分子量較小，所以容易浸透擴散，又食鹽中含有鈣、鎂，所以有固化組織的作用。因此，要從分子量大、不易浸透的砂糖→食鹽（醬油）→味噌（豆瓣醬）→食醋的順序添加，效果

才會好。又要使用大量砂糖時,也不要一次添加,要分批添加,慢慢提高濃度才不致於將組織硬化(材料被高濃度砂糖液浸入時,組織的水分會被抽出而變硬,無法煮爛,請參閱第六章第二節中煮豆一項)。蜜餞製造時也利用這原理。

三、砂糖的功用

(一)改善熱浸透

麵粉的麵糰如不加糖而烘烤時,熱浸透會不良,形態會不正,但添加5～10%砂糖則會烤得很好。

(二)賦予誘人的烤焦色

由糖與胺基酸的反應,外皮褐色化(焦糖化)或有助於麵包特有的香氣〔胺羰(amino carbonyl)反應〕之生成。

> 胺羰反應〔梅納(Maillard)反應〕:胺基酸與還原糖(果糖、葡萄糖、乳糖等)被加熱至120～150℃,即發生的反應,形成褐色的梅納丁,蛋糕等烘烤時會產生的顏色、香氣。

(三)抑制 α-澱粉回到 β-澱粉

抑制蛋白質的熱變性或表面變性,而延遲脫水效果,又防止蛋糕等的乾燥。

(四)提高蛋白凝固點

提高蛋白的凝固點,又增加光澤、潤滑性,防止過度起泡。

(五)與有機酸共存

由於果膠質與有機酸的共存而生成果凍。

(六)具吸濕性

因具有吸濕性，所以要從細菌或黴菌等孢子奪去水分，阻礙其發育，而有防腐作用，提高保存性。

> 需要糖分72.5%以上，才有防腐作用。

(七)熱量源

有效的熱量源，而且是速效性。

(八)防止氧化

酵素難溶於砂糖的濃液，如與脂肪共存，而脂肪氧化也不會產生惡臭。

(九)有助於起泡或乳化

幫助起泡或乳化（蛋糕、泡雪）。

(十)潤滑感

賦予料理潤滑感（奶油、糖霜泥、卡士達乳油、蛋糕）。

(十一)黏稠性

賦予菜餚黏稠性（拔絲、糖醋排骨、蜜餞）。

(十二)幫助發酵

成為酵母的營養分，幫助發酵，有助於麵包、甜點生成多孔性組織。

(十三)有助於膠體水和

幫助膠體的水和，使凝膠更堅固（洋菜果凍）。

四、砂糖的濃度與用法

砂糖使用過量就會破壞材料的原味，所以不要添加太多（如**表16-4～表16-7**），要由材料而適宜調整。因為分子量大，難於浸透，以先添加較有效果。

要以濃厚的糖液長時間熬煮時，不要做一次添加，分幾次添加（會趕出材料中的水分變得較硬，請參閱前述煮豆一項）。

表16-4　適合各種料理的砂糖濃度

料理名	濃度（%）	料理名	濃度（%）
飲料	約10	副菜	2～8
紅豆湯	20～50	醋漬	3～5
煮豆	60～100	煮菜	3～5
乾物（煮菜）	8～10	紅燒	15
煮魚	2～3	甜煮	30
調味	1左右	防腐效果	50以上

表16-5　甜味料之甜度比較概略值（以蔗糖為100）

甜味料	來源	甜度
天然甜味料		
糖質甜味料		
蔗糖（sucrose）	甘蔗、甜菜	100
乳糖（lactose）	牛乳	16～27
葡萄糖（glucose）	澱粉之水解	50～75
果糖（fructose）	葡萄糖之異構化	100～173
轉化糖（invert sugar）	蔗糖之水解	80～130
非糖質甜味料		
甜菊精（stevioside）	甜菊的葉子	30,000
甘草素（glycyrrhizin）	甘草的根	25,000
索馬甜（thaumatin）	西非出產的果實（學名 Thaumatococcus danielli）	160,000
化學合成甜味料		
糖精（saccharin）	完全合成品	20,000～70,000
阿斯巴甜（aspartame）	天然型胺基酸	20,000～30,000

表16-6　蔗糖的溶解度（每100g蔗糖溶液中之蔗糖%）

溫度（℃）	溶解度（%）	溫度（℃）	溶解度（%）	溫度（℃）	溶解度（%）	溫度（℃）	溶解度（%）
0	64.18	25	67.89	50	72.25	75	77.27
5	64.87	30	68.70	55	73.20	80	78.36
10	65.58	35	69.55	60	74.18	85	79.46
15	66.23	40	70.42	65	75.18	90	80.16
20	67.09	45	71.32	70	76.22	95	81.77

表16-7　食物的含糖量

食物	紅茶、咖啡	冰淇淋	羊羹	紅豆湯	果醬	牛奶糖
含糖量（%）	8～15	12～18	25～30	25～30	60～70	60
食物	蛋糕	蘋果派	巧克力	餅乾	布丁	煮豆
含糖量（%）	30～40	15～20	40～50	20～25	15～20	35～40

拔絲白薯

材料（6人份）			
馬鈴薯	400g	食醋	2小匙
砂糖	90g	醬油	少許
豬油	5g		

做法

❶馬鈴薯削皮，縱切爲4，再切成5公分長，浸泡水中以脫澀。

❷將油加熱至150℃，投入拭去水氣的全部馬鈴薯，攪拌混合油炸，浮上來即調整溫度至180℃，炸至金黃色。

❸在鍋內煮溶豬油，加入砂糖與食醋，以小火慢慢煮溶，爲了砂糖能平均溶解，將外側的砂糖偶爾向內拉進混合，俟透明起泡則以大火煮沸，即時將馬鈴薯一次投入，迅速混合，停止加熱。盤上塗油，盛上供食。

1.白薯指的是馬鈴薯，也可以使用山藥。

2.加食醋則要使其產生轉化糖作用，即可防止砂糖的再結晶。

3.油炸馬鈴薯要趁熱混合飴糖，不然即會凝固，又冷卻後就風味盡失，所以要趁熱食用。

五、其他甜味料

其他糖質甜味料，除了砂糖以外，尚有葡萄糖、果糖、轉化糖。非糖質甜味料，如甜菊精、甘草素、索馬甜、山梨醇等，以及化學合成甜味料，如糖精、甜精、塞克拉美特、阿斯巴甜、sucralose、neotame、nutrasweet等。其中，化學合成甜味料已被禁止者有甜精、塞克拉美特、糖精等。不過後面兩者在標準局的特別准許下可使用於話梅等產品。其甜味度參考**表16-5**，化學式如**圖16-1**所示。

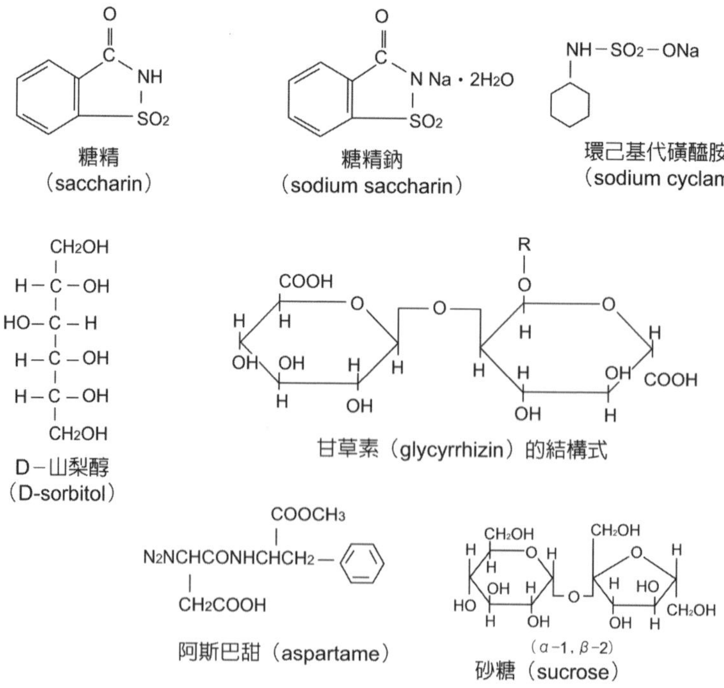

圖16-1　甜味料化學式

六、單醣、寡醣、多醣

(一)單醣

　　1.依分子中的碳數可分為：

　　(1)三碳醣（$C_3H_6O_3$）。

　　(2)四碳醣（$C_4H_8O_4$）。

　　(3)五碳醣（$C_5H_{10}O_5$）。

　　(4)六碳醣（$C_6H_{12}O_6$）。

　　2.依化學結構可分為：

　　(1)醛醣（aldose）：如葡萄糖具有醛基（aldehyde group：－CHO）者。

　　(2)酮醣（ketose）：如果糖具有酮基（keto group：＝CO）者。

(二)寡醣

　　由n個分子的單醣結合而失去n-1的水分子以醣結合所構成，其n為2～10者，分別稱為雙醣、三醣、四醣……，可再分為具有還原性及非還原性的寡醣，又可再分為由同一種單醣及異種單醣所構成的寡醣。食物中含量最多的是雙醣。

　　1.雙醣：有蔗糖、麥芽糖、乳糖等最常見者。

　　2.三醣及四醣：三醣的蜜三醣〔棉子糖（raffinose）：$C_{18}H_{32}O_{16}$〕甜菜根、大麥、棉籽等；含有四醣的水蘇四醣（stachyose：$C_{24}H_{42}O_{21}$）黃豆、四季豆等也含有。

　　寡醣本身由於不被人體消化酵素分解，且加工功能性差，故從

前被認為不具營養意義。但因與被腸道內雙叉乳酸桿菌（bifidus）利用而受到重視。該菌為有益人體健康的細菌，在腸道內可分解有害的物質及致癌物質。

目前已知功能有：減少腸內產生有毒物質、消除便祕、降低血清膽固醇等。現在被商品化者有：果寡醣（oligofructose）、半乳寡醣（oligogalactose）及黃豆寡醣（包括棉子糖及水蘇糖）。現在有些學者認為這些寡醣具有膳食纖維的功能。

(三)糖類的甜味

醣與糖的兩個字有差異，所謂醣類是指所有的碳水化合物，糖只指具有甜味者，如單醣中的五醣、六醣以及雙醣。

甜度的強弱順序為：果糖＞蔗糖＞葡萄糖＞麥芽糖＞半乳糖＞乳糖。

(四) 多醣

多醣是由多分子的單醣或其衍生物以糖甘結合而成，廣泛地存在於植物、動物及微生物。其中，纖維素（cellulose）、半纖維素（hemicellulose）、果膠質（pectin）、幾丁質（chitin）、軟骨素硫酸（chondroitin sulfate）等，主要具有構成細胞的功能；澱粉、肝醣、菊糖（inulin）等卻有貯藏熱量的功能；其他如黏質多醣即有保護、潤滑、防止凍結等功能。

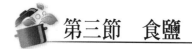 第三節　食鹽

食鹽呈鹹味，是調味的基本味道，生理上不可缺者，與我們生命有關，又利用浸透壓被應用於食品保存加工之用，扮演很重要的

角色。

　　食鹽為調味料的皇帝，如何使用影響食品美味與否，所以調整極為重要。市售的食鹽，其主成分為NaCl，但由精製方法而純度不同。

一、食鹽的種類與用途

　　依台鹽公司的目錄，其所推出的產品種類、規格品質、用途以及氯化鈉之溶解度如**表16-8**、**表16-9**所示。

表16-8　食鹽的種類、規格品質及用途

種類	規格品質	用途
粗鹽	純度含86～91%的氯化鈉	工業原料、醬油、醃漬物等
普通鹽	純度含99.0%以上的氯化鈉、雜質1.0%以下，水分3.0%以下	家庭用、食品工廠
高級鹽	純度含99.5%以上的氯化鈉、雜質0.5%以下，水分0.5%以下	家庭用

表16-9　氯化鈉之溶解度（對100g水的食鹽溶解量g）

溫度（℃）	氯化鈉	溫度（℃）	氯化鈉
—15	32.70	40	36.64
—10	33.49	50	36.98
—4	34.22	60	37.25
0	35.52	70	37.98
5	35.63	80	38.22
9	35.74	90	38.87
14	35.87	100	39.61
25	36.13	110	40.35

1. 氯化鈉純度低的食鹽會產生黏度，高者卻不會。

2. 市販的食鹽夾雜氯化鉀、氯化鎂、氯化鈣、硫酸鎂等，除了鹹味外尚有輕微的苦味與收斂味（Mg、K、Ca的鹽類*的關係）。

3. 餐桌鹽是經過精製者，又烘烤鹽所含鎂鹽變成不溶性，所以苦味甚低。

4. 餐桌鹽會在瓶中結團，均勻混合碳酸鈣0.5%與碳酸鎂0.4%，但因後者為容易吸收空氣中的濕氣，所以宜添加燒烤米粒（對食鹽100g添加米小1g）即可防止潮濕結團。燒烤米粒做法：米要洗乾淨，瀝乾，以無油分的鍋以小火炒至完全變黃色，俟冷卻後裝瓶，與食鹽混合。

*在味噌、醬油、鹽漬物等製造時需要這種鹽類，所以作爲原料的食鹽，要選擇純度較低的粗鹽。

二、食鹽的功能

1. 作爲鹹味料賦予料理爽快味、調和風味。

2. 生理上一天需要10g（爲不可缺者，體液含有0.9%食鹽，連其他無機成分或蛋白質，共同作用以維持體液或細胞的浸透壓爲恆定，也跟水分、其他代謝等重要生理作用有關）。

3. 柔化食品味道或給予強調（例如在紅豆湯強調其甜味、水果類沾鹽食用會覺得更甜等）。

4. 提高食品的貯藏性（要12%以上才有防腐作用）。

5. 由浸透壓抽出食品的水分（對蔬菜、魚類等撒鹽）。

6. 防止葉綠素的褪色（汆燙蔬菜時）。

7.促進麵筋的形成使其強韌，烘烤使其呈黃金色。

8.除去黏液（例如牡蠣的振盪洗淨、除去芋頭的黏液。牡蠣、
　魚肉類的黏液為三甲胺，芋頭的黏液為糖蛋白質而不溶於
　水，但可溶於鹽水）。

9.增加魚漿的黏彈性（魚丸、魚板等的煉製品）。

10.促進蛋白質的熱凝固（烤肉、烤魚）。

三、各種調理時的基本鹹味

　　食鹽的濃度如**表16-10**，但因身體狀況（勞動、安靜）、室溫等
而嗜好不一致（單獨添加時0.8～1.0%濃度為爽快味）。

四、食鹽的使用法

1.氯化鈉為電解質，溶於水中即解離為Na^+與Cl^-，Cl^-主要呈
　鹹味，Na^+有淡苦味而有加強Cl^-的鹹味之作用。調味料以
　分子量最小者，其浸透速度也最快，所以要與砂糖一起使用
　時，要在砂糖之後添加。

表16-10　適合各種料理的食鹽濃度

料理	食鹽濃度（%）
清湯、菜湯	0.9～1
味噌湯	1～1.2
調味飯	1（煮飯的水中）
烘烤食品、煮菜	2（材料中）
黑輪（滷菜）	1.5（湯中）
鹽漬物、紅燒	3～5
副菜	1.2～1.5
醋漬	約1.5

2.加工食品爲了保存，或其他目的，有的會使用5%以上的相當鹹味，但食用時會被米飯或其他所稀釋。

3.在做菜餚時食鹽的用法爲很重要的技術。適合材料的溫度、添加方法、添加的時機都會影響料理的成果，所以要愼用。

五、醃漬物

蔬菜撒食鹽壓重石時，食鹽會溶在周邊的水，變成濃鹽水，由於其與細胞的浸透壓差異，細胞中的水會跑出來。這水會溶解食鹽，再抽出細胞的水。細胞會因水分太少而死滅，失去半透性（只讓水通過，但鹽及糖類即不通過的性質），由微生物與酵素產生香味成分，而這些成分與香氣等也浸透進去而造成醃漬物獨特的風味。

> 醃漬物中維生素C極不穩定，所以一般都會減少，但使用的米糠或麥麴等所含維生素會移入，所以B_1、B_2卻會增加。

有關醃漬物的原理如下：

一般做醃漬物時要加鹽，由浸透壓的作用可將蔬菜原料中的部分水分除去，抑制雜菌的發育，繁殖乳酸菌（乳酸發酵）（利用蔬菜所含糖分發酵成乳酸、酒精、醋酸等），變成美味的製品，其化學反應如下：

1. $C_6H_{12}O_6 \xrightarrow{\hspace{5cm}} 2\,C_3H_6O_3$……正常乳酸發酵

   葡萄糖　　　乳酸醯基水解酶（lactoacylase）　　　乳酸

2. $C_6H_{12}O_6 \xrightarrow{\hspace{2cm}} C_3H_6O_3 + C_2H_5OH + CO_2$……異形乳酸發酵

   葡萄糖　lactoacylase　乳酸　　　酒精　　二氧化碳

3. $C_5H_{10}O_5 \rightarrow C_3H_6O_3 + C_2H_4O_2$…五碳醣〔阿拉伯糖（arabinose），木糖（xylose）〕

   五碳醣　　　乳酸　　醋酸　　細胞膜的成分也多少會被分解成為乳酸

　　乳酸菌繁衍的最佳條件是20℃添加5%食鹽，也有益於抑制雜菌。醋與食鹽會相乘，味道會感覺濃厚。剛開始雜菌也會繁衍，但乳酸生成後就會死滅（使米糠醃漬物腐敗的酪酸菌為嫌氣性，所以勤於攪拌則由於氧氣的補給而不能發育）。又由於酵母菌所含的糖化酵素、麥芽糖酶（maltase）等從酒精產生酯類，呈現芳香，同時由蛋白質產生胺基酸、有機酸，浸透在醃漬物而產生複雜微妙的風味。

 第四節　味噌

　　味噌是日本人的最愛，一般都作爲味噌湯食用，爲日常膳食的必需品。原料所含鹽分多，所以被認爲是攝取過量鹽分的元凶，最近卻被認爲可增加免疫而被當作保健食品。原料爲黃豆，富含蛋白質與脂肪，具有接受性（acceptability）（百吃不厭），爲食鹽供給源，營養價頗高。因爲使用相當量的食鹽做成，可抑制有害微生物的繁殖，所以頗耐貯藏性。

食物製備學——理論與實務

原料的黃豆蛋白質含有多量麩胺酸，因加水分解而味道改善，黃豆中的木糖或阿拉伯糖等五碳醣在製造中著色。

產生顏色同時會產生香氣，而被日本人所喜愛。味噌有鹽分高、糖分高、顏色濃、淡等各色各樣的產品（參考**表16-11**、**表16-12**）。

作爲調味料，可利用於做湯、燒烤、炒菜、煮菜等，又可作爲嗜好品，直接食用。在日本的消費情況是米味噌70%、麥味噌20%、豆味噌10%的比例被食用。

表16-11 味噌的種類、鹽分、產地、名稱

名稱	鹽分（%）	顏色	天然釀造時間	主要產地*	地區名稱
米味					
鹹味味噌	12～13	紅褐色	1年	東北	仙台味噌
甜味味噌	12～13	淡黃色	1年以上	東北	信州味噌
甜味噌	7～8	紅褐色	4～7天	東京	江戶味噌
白味噌	5～7	帶黃白色	夏天4天、冬天7天	關西、香川	西京味噌
麥味					
鹹味噌	12～13	紅褐色	1年	埼玉、九州	關東味噌
甜味噌	12～13	淡褐色	10～14天	九州	九州、四國味噌
豆味	11～13	紅褐色	3年	愛知、歧阜	八丁味噌（三州味噌）

註：東北、關西等均爲日本的地方名，並非中國地名。

表16-12 各種味噌與調味配方（對材料%）

種類	味噌	砂糖	味酥	其他	
醋味噌	15～20	5～10	—	食醋	10
辣味噌	15～20	—	10	辣椒	2
木芽味噌	白味噌20	5	5	木芽	2
山葵味噌	15～20	4	—	山葵	2
薑味噌	15～20	4	5	嫩薑	3～5
芝麻味噌	15～20	10	5	芝麻	1
白醋醬	白味噌15～20	—	5	食醋	8～10
甜味味噌	15～20	10	—	—	—

味噌湯

材料（6人份）			
高湯	900ml	豆腐	半塊
八丁味噌	90g	金針菇	60g
註：高湯的10%		茼蒿	20g

做法

❶豆腐切成小丁，茼蒿粗扯成葉片。

❷高湯先加熱，加入味噌打散，煮開加入豆腐、金針菇及茼蒿，煮開即停止加熱。

❸盛於碗供食。

1.味噌湯以香氣為最重要，所以煮沸久即盡失其香味。

2.不要重煮，大家族要食用時，先以高湯煮材料，只取要食用的人數的分量於小鍋，加味噌煮一下供食。

3.一般以蔬菜為主的素食料理都用甜味噌，普通料理以魚貝類為材料者多使用鹹的紅味噌。

4.味噌有消除腥味作用。

芋頭澆桔子皮味噌

材料（6人份）				
芋頭	10g×24個		白味噌	3大匙
			註：材料的20%	
ⓐ 高湯	1杯		白芝麻	1/2大匙
砂糖	2大匙		註：約材料的5%	
食鹽	1/2小匙	ⓑ	砂糖	$1\frac{1}{2}$ 大匙
醬油	1小匙		註：味噌的1/2	
桔子皮 1/3個			味醂（高湯）	6大匙
			註：味噌的2倍	
			蛋黃	1個

做法

❶ 將芋頭削皮，揉鹽洗掉黏液，以ⓐ的調味料煮軟。

❷ 芝麻炒後磨漿，加入ⓑ的調味料，加熱煉捏至產生黏稠，停止加熱加入蛋混合。

❸ 芋頭各2個串起來澆芝麻淋醬，撒上磨碎桔子皮供食。

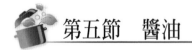 第五節　醬油

　　醬油被當作調味料使用已有悠久的歷史，在台灣照古法都由黑豆先製成豆豉，然後以鹽水萃取其可溶成分，這就是醬油。為了沾食品食用時的方便性，也有以糯米漿賦予黏稠性的醬油膏出售。近年來都改用日本式，以小麥、脫脂黃豆製麴的日本式醬油製造，以機械、自動操作來代替人工的現代式生產方法。日式醬油較鹹，台灣醬油卻偏於甜味。醬油的食鹽濃度為16～18%，甘味主要來自

麩胺酸、其他胺基酸、多醣類、有機酸鹽等。醬油具有甜、酸、鹹、苦等複雜的風味與香氣，甜味以葡萄糖、麥芽糖爲主，尚有少量甘油存在。酸味主要爲醋酸、乳酸、琥珀酸，苦味主要爲胺類、胜肽、鎂、鈣鹽等。醬油的香氣爲醇類、醛類、酮類、酯類、揮發酸、酚類等的混合臭，種類可能多達三十種，主要爲黃豆蛋白質的甲硫胺酸在熟成中被酵母分解生成硫醇基丙醛（methional）等。

一、醬油的種類

茲將醬油的種類與品質規範列於**表16-13**。

表16-13　一般醬油品質規範

區分	甲級品	乙級品	丙級品
性狀	具有優良釀造醬油味，固有之色澤與香味且無異味、臭味	具有良好醬油固有之色澤與香味且無異味、臭味	具有良好之色澤與香味且無異味、臭味
總氮量（g/100ml）	1.4以上	1.1以上	0.8以上
胺基態氮（g/100ml）	0.56以上	0.44以上	0.32以上
總固形物（g/100ml）	13以上	10以上	7以上
夾雜物	不得含有	不得含有	不得含有
內容量	須與標示之容積符合	須與標示之容積符合	須與標示之容積符合

註：1.釀造醬油果糖酸（levulic acid）含量下得超過0.1%。
　　2.總固形物不包括食鹽。

二、醬油代替食鹽的算法

以醬油代替食鹽使用時：

93　　　÷　　　18　　　≒　　　5

（食鹽的純度）　（醬油的含鹽量）

食鹽被稀釋約5倍含在醬油中，所以要以醬油代替食鹽使用時，即要使用5倍。

以大湯匙1匙＝3g，小湯匙1匙＝1g來計算即可。

三、調理上的秘訣

1. 調理時要注意醬油的甘味、色、香，所以避免長時間加熱，如需要長時間熬煮，則將要添加醬油的一部分留下，在料理完的最後階段才添加。
2. 具有清淡味道及香氣的蔬菜，或不喜歡著色的料理、菜湯即可使用淡色醬油，又油分多的魚或有特別味道者，就要使用濃色醬油，比較合適。換句話說，要以料理的目的或材料，加以區別，分開使用淡色與濃色醬油，以免糟蹋料理。

四、保存中發生的變化

1. 含有多量食鹽的醬油具有防腐效果，但從前到了夏天就發霉（看似黴狀，實際上是產膜酵母）。現在卻添加安息香酸鈉作為防腐劑〔0.25g／（公升）以下〕，被廣泛應用。
2. 在貯藏中，常發生顏色變濃帶黑、香氣劣化、黏度增加等現

象，這是由稱爲褐變反應的化學變化所引起。這在10℃以下溫度冷藏，則幾乎不會發生，所以要長期貯藏就要冷藏。

第六節　食醋

　　食醋可分爲釀造醋與合成醋，釀造醋有米醋、水果醋（葡萄醋、鳳梨醋、蘋果醋等）、酒粕醋等，都先將澱粉糖化後，再以酵母發酵轉變爲酒精，最後由醋酸菌發酵爲醋（水果醋即不必糖化，直接由酵母、醋酸菌發酵）。

　　合成醋是以冰醋酸、胺基酸、甜味料、色素、水等適當調配而成，其酸味都來自食醋中4～4.5%醋酸，其他尚含有琥珀酸、酒石酸、乳酸、葡萄糖酸、胺基酸或糖類，由這些成分賦予甘味或芳香，給料理芳香、風味、爽快感、刺激食慾。爲了給予味道的變化，這是很重要的調味料。

一、各種加醋菜餚

　　國人都將整瓶食醋放在廚房，使用時將其直接添加在菜餚上。日本人由於嗜好或習慣的不同，幾乎不會單獨使用食醋，配成如**表 16-14**各種食醋配料來使用，平常與砂糖和食鹽併用。在食醋配料中，食醋用量以可飲用的酸味，約材料的8～10%爲適宜，可以高湯、味酥稀釋，由各種不同材料而給予變化。食醋廣泛地被用於中、西、和式料理，尤其是西式沙拉醬的主要材料。在和式料理則與食鹽、醬油、砂糖、味酥等的調味料，或芝麻、味噌、辣椒等配合使用。又酸味能與甜味、甘味混合而能使其味道更佳。

表16-14　各種食醋配料的調配　　　　　　　　　　　（相對於材料的%）

	食醋	食鹽	醬油	砂糖	味醂	高湯	使用的材料
2杯醋	10	—	10	—	—	—	貝類、鯵魚、鱚魚、針魚
2杯醋	10	1	2.5	—	—	—	魚、貝、蝦、蟹、蔬菜等
3杯醋	10	1	2.5	3〜5	—	5	
甜醋	10	1.5	—	10	—	—	蘿蔔、結頭菜、水果
醋醬油	10	—	6〜10	0〜3	10	—	可以用高湯代替味醂
橙醋	橙汁 10	—	10	—	10	—	使用味醂或高湯均可，火鍋、貝、鱚魚
蛋黃醋	10	1.5〜2	—	5	—	—	蛋黃10（澱粉1）、魚、貝、蔬菜
芝麻醋	10	—	6〜10	5	—	—	芝麻10、胡桃10
辣椒醋	10	1	2.5	1.5〜3	可添加5%味醂、高湯		辣椒2、蔬菜、雞肉
山葵醋	—	—	—	—			山葵2、鮑魚、香魚、貝肉
蒜醋	—	—	—	—	—	—	蒜頭2粒、飯粒少

二、食醋的功用

1. 賦予酸味，增進食慾。
2. 降低食物的pH值，延遲腐敗。
3. 使魚肉蛋白質變性，緊縮（脫水作用）。
4. 消除魚腥味、蔬菜澀味。
5. 防止蔬菜類褐變，又由酸使花青素系色素呈鮮艷的顏色（紅甘藍、嫩薑、甜菜等）。
6. 使小魚的骨頭軟化。
7. 做拔絲菜餚時，添加3〜5%食醋即可使砂糖能部分加水分解，防止形成結晶。

8.除去食物的黏質物（芋頭等）。

9.因具有防腐力、脫水作用等，所以用於貯藏食品（醃漬物、醃漬魚）。

10.可促進新陳代謝，所以被當成健康食品（含醋飲料）。

 ## 第七節　香辛料

　　香辛料的種類頗多，在營養上並非必需者，但可賦予料理以風味與芳香，並有增進食慾、促進消化的功用，尤其在西式料理中是不可或缺者。在烹飪時放在廚房使用，或放置在餐桌上因各人嗜好來添加。香辛料一般都是含有揮發性或刺激性的精油的植物種子、花、葉、根、皮等乾燥者。

　　以香辛料在料理菜餚的功能上分類的話，按照其主要作用不同，大略可以分為六大類：

1.西餐烹調常用香辛料：洋蔥、芹菜、紅蔥頭、洋芫荽、青蒜、大蒜、香草等。

2.中餐烹調常用香辛料：大蒜、生薑、綠蔥、八角、陳皮、九層塔、紫蘇、芝麻等。

3.剋腥香辛料：迷迭香、鼠尾草、月桂葉、藏茴香、蒔蘿、豆蔻、薄荷等。

4.辣味香辛料：大蒜、洋蔥、生薑、辣椒、辣根、胡椒、百味胡椒等。

5.賦香香辛料：丁香、肉桂、小豆蔻、芫荽、百里香、牛膝草、茵陳蒿、茴香籽等。

6.著色香辛料：芥末、薑黃、蕃紅花、紅椒粉等。（觀點種子

食物製備學 —— 理論與實務

網，seed.agron.ntu.edu.tw/civilisation/student/town/spices/kind-frame.html）

香辛料的主要成分有帖烯類（terpenes）、醇類、醛類、酮類、酚類、酯類等。有關香辛料的原料、產地及用途等請參考**表16-15**。

1. 2～3種混合使用，風味會複雜而美味。
2. 粉末者經半年以上，芳香會逸失。
3. 添加於食品後要攪拌均勻，以芳香為主者久煮即揮發逸散。
4. 添加量太多反而會損及料理本身的風味，又由於料理方式不同，其添加法也不同，所以開始宜少量添加。
5. 胡椒要在完成料理前才添加。

表16-15　各種香辛料的原料、產地、用途

	名稱	原料	產地	用途
具有辣味者	胡椒 （pepper）	胡椒的果實	印度、馬來西亞、印尼	各種料理
	芥末 （mustard）	丁字科植物的種子	世界各地	各種料理
	辣椒 （cayenne pepper）	辣椒的乾燥果實	世界各地	各種料理
	薑 （ginger）	薑的根莖	爪哇、印度、中國	各種料理、清涼飲料
具有特別香氣者	蒜頭 （garlic）			肉、沙拉料理、醃漬物
	月桂樹葉 （bay leaf）	月桂樹葉的乾燥品	歐洲各地，尤其希臘	煮沸料理、湯類、醬類、醃漬物
	肉桂 （cinnamon）	錫蘭肉桂及乾燥者	錫蘭	糕餅類、醃漬物、火腿培根

（續）表16-15　各種香辛料的原料、產地、用途

	名稱	原料	產地	用途
具有特別香氣者	豆蔻（nutmeg）	蒜頭種子的乾燥者	印度、印尼、馬來西亞	絞肉料理、麵包、甜點、雞尾酒
	百味胡椒（allspice）	甜椒（pimento）的乾燥者	墨西哥、牙買加、其他西印度群島	肉料理、魚料理、醬類、甜點
	匈牙利椒（paprika）	西洋辣椒的果實乾燥者	匈牙利	湯類、醬類、沙拉等配色
	丁香（clove）	丁香花蕾的乾燥者	馬來西亞、錫蘭	肉料理、糕餅
	鼠尾草（sage）	香鼠尾草的葉子	南斯拉夫	香腸、醬類、湯類、乾酪
	大茴香（anise）	大茴香種子磨粉	西班牙、希臘、墨西哥、敘利亞	肉料理、魚料理、甜點、醃漬物
	姬茴香（caraway）	葛縷子果實	荷蘭、英國、北歐	利久酒、甜點
	芹菜仔（celery seed）	荷蘭的三葉的種子	世界各地	沙拉、醃漬物
	芫荽（coriander）	洋芫荽的乾燥成熟果實	摩洛哥、荷蘭、阿根廷	利久酒、各種料理、甜點
	蒔蘿（dill seed）	蒔蘿種子	印度、歐洲各地	醬類、醃漬物
	茴香（fennel）	茴香的乾燥果實	地中海沿岸、印度	甜點、利久酒、甜味、醃漬物
	肉豆蔻花（mace）	豆蔻的花	印度、印尼	果醬、甜點、醃漬物
	馬郁蘭（marjoram）	馬郁蘭取其蒸餾油	法國、智利	香腸、醬類
	番紅花（saffron）	番紅花的乾燥雌花柱頭	地中海沿岸	湯類、利久酒
	風輪菜（savory）	紫蘇科植物的乾燥花部及葉子	歐洲	醬類
	百里香（thyme）	麝香草的香油	歐洲、伊朗	醬類、乾酪、燉湯

(一)辣椒

辣椒的辣味為配醣體的一種，辣椒油、myrosin、葡萄糖、酸性硫酸鉀所結合者。對辣椒粉添加溫水（約40℃）煉捏，即由芥子酶分解產生辣味（sinigrin，黑芥子硫苷），因含有酵素，所以使用溫水比冷水其酵素作用快，效果好。

$$C_{10}H_{16}KNS_2O_9 + H_2O \xrightarrow[\text{(myrosinase)}]{\text{芥子酶}} \begin{cases} C_3H_5NCS\ (\text{allyl辣椒油}) \\ C_6H_{12}O_6\ (\text{葡萄糖}) \\ KHSO_4\ (\text{酸性硫酸鉀}) \end{cases}$$

（sinigrin）　（溫水）

(二)山葵磨漿法

吃生魚片所沾的山葵醬是來自山葵，將其如削鉛筆一樣，將葉子自莖部削掉，以刷子洗淨，以刻紋細的磨漿板，將附葉莖部部分以畫圓形的要領回轉磨漿。

第17章

飲料的製備

- 飲料的種類
- 咖啡
- 可可飲料
- 紅茶
- 綠茶
- 台灣茶
- 日本茶的泡法

飲料有餐前、膳食中、餐後飲用的各種飲料。這些飲料不但可喚起食慾、幫助消化、消除疲勞、補給水分、補充維生素等生理效果，且可給予爽快感、提神，在團聚時為不可或缺的。

 ## 第一節　飲料的種類

一、水

水對於西餐濃厚的料理而言是不可缺少的飲料，是餐桌上從頭到尾隨時可飲用的飲料，其清淡可顯出料理的風味。水宜用礦泉水，或經處理後無漂白粉（氯氣）味的飲用水。若在水中滴幾滴檸檬汁更佳。

二、碳酸水

含有碳酸氣（二氧化碳）會刺激舌頭並給予快感、清涼感（尤其是冰冷者）、促進消化。但添加砂糖的汽水卻會增加熱量的攝取，不宜飲用太多。在用餐中，飲用甜飲料會增加血液中的血糖量，減低食慾，麻木味蕾。

三、植物鹼飲料（主要為咖啡因）

1. 咖啡：種類頗多，有酸味強者，苦味強者等，因產地不同，具有不同的風味與香氣（如**表17-1**）。
2. 茶：有綠茶、烏龍茶、紅茶等。綠茶有玉露、煎茶、番茶等

表17-1 咖啡的種類

品種	產地	風味、香氣的特性
巴西	南美	有適宜的風味與苦味，廣泛地被飲用
哥倫比亞	南美	有甜香與溫和的風味，世界最高級品
摩迦	阿拉伯	溫雅的風味，有氣質的香氣
藍山	南非群島	具甜味，口感佳，世界上最佳品
瓜地馬拉	中美	高級品，芳醇風味與香氣
夏威夷康那	夏威夷	酸味強，野生的風味
爪哇羅姆斯達	印尼	苦味強，廉價

　　日本特有茶；在台灣則有烏龍茶、清茶、凍頂；中國則有普洱茶、雪茶、夷岩茶、花茶、紅茶、磚茶等。茶飲料頗為流行，有無糖或加糖之分；包裝方式亦可分為罐裝、塑膠瓶裝、鋁箔包裝等。更因茶具有加強保健等功能，而受到歡迎。

3. 可可豆、巧克力：僅次於紅茶、咖啡的飲料，多混合牛奶供為小孩的飲料。

4. 酒精飲料：含有酒精成分飲料的總稱。

5. 混合飲料：水與果汁或碳酸水與果汁、葡萄酒與碳酸水混合者等，種類甚多。又乳酸飲料亦是這一類飲料。最近所謂以保健為訴求的機能性飲料也紛紛被推出，如食用纖維飲料、維生素飲料等。

 Punch

材料（6人份）			
紅葡萄酒	90ml	水	900ml
砂糖	60g	檸檬切片	6片
碳酸水	900ml	冰塊	少許
做法			
將砂糖溶於水，添加碳酸水與紅葡萄酒，放進檸檬切片與冰塊。			

curaret是法國Bordeaux產的甜味紅葡萄酒，亦指curaret色（濃紫帶紅）。

檸檬汽水（squashes）是含果肉果汁碳酸氣的飲料。

 檸檬汽水

材料（6人份）			
檸檬	3個	碳酸水	900ml
砂糖	120g	冰塊	少許
水	900ml		
做法			
❶檸檬切半，先切6枚薄片，其餘榨汁。			
❷將檸檬汁與砂糖、水混合碳酸水，添加檸檬薄片與冰塊供用。			

第二節　咖啡

咖啡是常綠植物（coffee arabica）的種子，採收的種子以乾式（晒乾除去外皮與果肉）或濕式（壓碎外皮在水槽內發酵除去果肉），碾去果肉及外皮，在200～250℃，焙炒15～20分鐘即成為咖啡豆。咖啡的泡法有滴漏式（drip）、滲濾式（precolation）、真空虹吸式（siphon）、煮沸式（steeping）。

 咖啡

滴漏式			
材料（6人份）			
咖啡	水的7～10%	砂糖	8～10%
註：由個人嗜好而定		牛奶	適量
水	150ml		
做法			
在陶磁壺上放過濾器，將細磨定量咖啡放在上面，先以一大匙的咖啡濕潤，再澆上沸騰開水，就可得到起泡透明咖啡。澆完開水後，取下過濾器加蓋，注入已預熱過的咖啡杯中，或以絨布（flannel）細長袋子裝咖啡，從上面注入熱水沖泡亦可。			

滲濾式			
做法			
咖啡以粗磨者為宜，將定量的咖啡與水於爐上加熱。沸騰約7～8分鐘後停止加熱，等候2～3分鐘後注入已預熱過的杯子。			

真空虹吸式

做法

在容器的下側放入溫水或水，上部放咖啡，加熱而水開始沸騰即由於壓力的關係，沿著虹吸，熱水會升至上部，接觸咖啡，俟熱水全部移上即停火。下部冷卻即壓力下降，浸出液會由濾布過濾而流下。取下部液倒入咖啡杯供飲。

煮沸式

做法

在非金屬容器中放入定量的水，沸騰後加入咖啡攪拌1～2分鐘，（溫度以90℃，沸騰時間短為宜），加蓋停火，燜2～3分鐘，倒於已預熱而鋪上絨布的壺中，將上澄液慢慢倒於杯中供飲。

---

1. 咖啡豆以採收後經三年者最美味，但因產地不同其苦味的強弱亦不同，又因煎烤程度而有差異，所以由自己的嗜好來選擇最適宜者。
2. 將愈多種咖啡豆混合，愈能得到好喝的咖啡。
3. 咖啡的香氣來自揮發性的成分，所以宜用剛磨、剛烘烤、泡好後即時飲用才能享受到美味的飲料。如久放即會損及其風味。
4. 苦味可由砂糖來調整，酸味則由牛奶來調整（但也有喜歡不加糖及牛奶，而欣賞其原味者）。牛奶或奶油不易混合是因為酸度高，蛋白質凝固的緣故。
5. 即飲咖啡（instant coffee）以小湯匙1.5～2匙為最適當。
6. 泡出的浸出液以屬透明茶褐色、香氣高為最重要。
7. 容器以非金屬性較厚實的琺瑯、玻璃製者為宜。這是因為利於保溫，而冷卻後就會顯得苦澀。

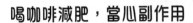

喝咖啡減肥，當心副作用

網路上持續有人流傳「咖啡減肥法」，聲稱「早餐前30分鐘，喝一杯黑咖啡，不僅可以抑制食慾，減少攝取食物達1/4，還能增加5%的脂肪燃燒」。現在市面上，還出現不少所謂「瘦身咖啡」，宣稱喝咖啡可以減重，但真的這麼神奇嗎？

★咖啡因可增加新陳代謝率

醫師表示，咖啡所含的咖啡因，的確可以增加新陳代謝，但攝取過量卻可能導致心悸、失眠或是加重胃潰瘍等副作用，能否有效減重仍值得商榷。

過去小規模研究認為，黑咖啡可以減重的主要理論有三種：其一是食慾抑制；其二是增加熱量燃燒，藉由咖啡因刺激體內的產熱（thermogenesis）作用；第三則是利尿作用。

★過量恐引起心悸、失眠、胃潰瘍

過去國內最著名的黑咖啡減重者就是藝人吳奇隆，當時他一天狂喝13杯黑咖啡，雖然快速瘦下7公斤，卻差點因此送命。

開業醫師劉伯恩指出，咖啡因是一種中樞神經興奮劑，會加快心跳、流汗等促進新陳代謝的作用，這也是咖啡能減重的主要藥理作用之一，但咖啡因可以抑制食慾，實在看不出其機制為何？他表示，門診中確實有不少病人曾嘗試黑咖啡減重。有人一天喝超過10杯咖啡，結果不只出現潰瘍，連失眠、焦慮症狀都跑出來。也因此，依據衛生署建議，一天不要攝取超過300毫克的咖啡因。

劉伯恩認為，喝黑咖啡減重不健康，若真的要把黑咖啡當作減重輔助，除了不能過量，也應配合肥胖成因。例如，新陳代謝慢、

平時不太流汗，又有便祕問題者，搭配適量黑咖啡，可提升新陳代謝，因為咖啡因能興奮內臟交感神經，提升腸子蠕動，有時能促進排便。但原本就有潰瘍、失眠或是心臟問題者，則不適合喝黑咖啡。

台灣肥胖醫學會蕭敦仁醫師強調，《美國臨床營養學期刊》過去研究，最佳減重飲品第一名是白開水，第二名是無糖茶，第三名才是黑咖啡。減重期間適度喝水最好，除非是本來有喝可樂等飲料習慣，想要換成喝黑咖啡，但一天不要超過三杯。

資料來源：《自由時報》，2011/8/7，D10版。

嗜飲咖啡　基因決定

生活科學（Live Science）網站說，研究結果顯示一個人嗜飲咖啡的程度有部分是由基因決定，咖啡喝得凶的人，通常身體對咖啡因的容忍度較高，不過沒有跡象顯示這種情況與腦部對咖啡因的反應有關。

這項研究發現有兩種基因與攝取咖啡因的多寡有關，而這個基因都涉及肝臟對咖啡因的分解程序。

國家癌症研究所研究員卡波拉索（Neil Caporaso）說，肝臟和腦部都影響咖啡因的攝取情況，不過結果顯示，每天的咖啡因攝取量主要是由肝臟而非腦部決定。

他說：「你可能覺得喝咖啡很享受，不過這種感受來自你的肝臟分解速率很快，你可能喝得更多。」

美國有九成以上成年人經常攝取咖啡，而研究結果有助於了解造成這種習慣的原因。咖啡因攝取適量，可能防止認知功能減退，可是攝取過量可能損害認知能力，甚至引起幻覺。

　　研究小組對超過47,000人進行基因掃描，並詢問他們對咖啡、茶、汽水和巧克力的攝取量。研究結果發現有兩種基因，CYP1A2和AHR，與咖啡因的攝取量有關。

　　每個人都有這兩種基因攝取量，比這些基因最不活躍的人多出大約40毫克，相當於一罐8盎斯的健怡可樂（Diet Coke）。

　　CYP1A2基因與分解許多化學物質有關，包括致癌物質。研究人員希望進一步探討這種基因的何種變異也會影響一個人的致癌風險。他們也在探究不喝任何含咖啡因飲料的人，這種基因是否有特別之處。

資料來源：舊金山科技組，《世界日報》，2011/4/9；引自國科會國際科技合作
　　　　　簡訊網，http://stn.nsc.gov.tw/view_detail.asp?doc_uid=1000713031。

與咖啡的最佳距離

　　「再忙也要和你喝杯咖啡」的經典廣告台詞令人印象深刻，風靡全球的咖啡魅力與對咖啡的眾多疑懼並存，喝咖啡到底好不好？有沒有方法能收咖啡之利，又不受其害？

　　從便利商店平價咖啡、罐裝咖啡到精品咖啡館，台灣這幾年的咖啡市場蓬勃，規模上估兩百億。

　　「喝杯咖啡」不僅成為生活中休閒的註腳，這幾年，不少研

究更指出，這種帶著濃郁香味和些微苦澀的飲料，還可能對身體有益。

日前國外的研究指出，咖啡對肝纖維化有保護效果：一天平均攝取212毫克咖啡因左右的肝病患者，要較攝取154毫克左右咖啡因的患者肝纖維化程度要輕。

過去更有研究指出，咖啡能抗憂鬱、控制體重，甚至可抗癌和預防心血管疾病；儘管對咖啡會不會造成骨質疏鬆、會不會咖啡上癮等恐懼，也一直沒有消失。

喝咖啡到底好不好？有沒有方法能收咖啡之利，又不受其害？

★咖啡的好與壞一體兩面

國泰醫院肝臟中心主治醫師黃奕文指出，許多對喝咖啡有益健康的「平反」是流行病學的研究，由觀察推導出結論，而非實驗的結果，儘管證據明確，還是有其限制。

此外，許多喝咖啡的好處，還未有最終定論。

如過去認為，過量的咖啡會提高罹患心血管疾病的風險，但也有人指出，咖啡中有抗氧化成分，對癌症、糖尿病的預防有幫助，也能保護心血管。去年荷蘭的一份研究甚至指出，一天喝兩到四杯咖啡，能降低罹患心臟病的風險。究竟咖啡對心血管疾病是好是壞？答案還莫衷一是。

而咖啡帶來的「好」，許多其實是有條件的，不宜過度解讀。

資料來源：謝明玲，《天下雜誌》，467期，2011/03。

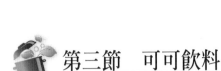

第三節　可可飲料

可可（Cocoa）的原料原產於中南美，西印度群島的可可樹的果實。然而在十五世紀由哥倫布帶兵歐洲而傳開者。最初作為藥用，後來逐漸被作為消除疲勞的營養劑飲用。更做成巧克力，而在十六、十七世紀普及化。進入十九世紀由荷蘭的潘加典開始從可可豆將油脂分除掉的方法。從此就發展為現在我們所飲用的可可亞飲料，固形巧克力的嗜好品而傳播至全世界。

可可的製法是將可可的果實（直徑約15公分，長20～30公分的橢圓形）切開，裡面有30～40個種子由果肉所包裹。將這果肉與種子一起堆積、發酵、水洗、乾燥，就可得到可可豆了。

可可亞（可可粉）是將其在120～130℃乾燥，打碎，經風力選別，分離果皮及胚芽，如有必要以碳酸鉀、鈉鉀調整pH值，再經乾燥、打碎後，除去可可亞乳酪（cocoa butter）後將其細粉碎化者。不添加任何添加物者稱為純可可亞，純可可亞加奶粉者就是牛奶可可亞（milk cocoa），純可可粉添加京糖、奶粉者就是即飲可可亞（instant cocoa）。

關於成分，可可亞比咖啡的脂肪酸含量多，其所含脂肪酸有palmitic acid（棕櫚油酸）、stearic acid（硬脂酸）、oleic acid（油酸）、linoleic acid（亞麻油酸），尤其是前三種為多，作為蛋白質的氮成分含量有18.3%，其他尚有獨特的neopromin（新promin之義，一種添加物英文名，成分是glucosulfone的鈉鹽）（約1.8%）及少量的可啡因（約0.8%）。就刺激性而言，前者較後者溫和。

第四節　紅茶

　　很多人認爲紅茶與咖啡、可可亞等都是由西洋傳來的飲料。的確現在紅茶的飲用法是要添加奶油或檸檬以及加糖，而這是由西方傳來的，然而紅茶的發祥地卻在中國。圖**17-1**爲茶的分類。

 紅茶

材料（1人份）			
紅茶	1.5～2g	水	150ml

做法

❶ 容器要給予預熱，加入紅茶並注入熱水，俟約2分鐘後，倒入預熱過的杯子（要經過茶濾網）。容器不要有水氣，無其他臭味的陶器或玻璃製者爲宜。

❷ 熱水要只沸騰一次者，如連續煮沸者就會損及茶的風味。泡茶的水不要使用自來水（帶有漂白粉味），最好使用礦泉水，或貯放一夜的自來水。

---

1. 紅茶是將茶葉的嫩葉經過挑選，發酵所成，呈紅褐色帶有芳香。紅茶的顏色是由葉綠素與單寧氧化所成，維生素C經氧化作用已盡失。

2. 加入檸檬即可增加香味，但浸出液中的類黃酮色素會被加水分解，所以茶色會變淡。

3. 要做冰紅茶時，要使用熱紅茶的兩倍量的茶葉泡出較濃浸出

液。如讓其自然冷卻，即浸出液中的咖啡因與單寧的化合物，因溫度降下而析出混濁（亦稱為cream down），所以過濾茶湯要注入於冰塊上急冷。

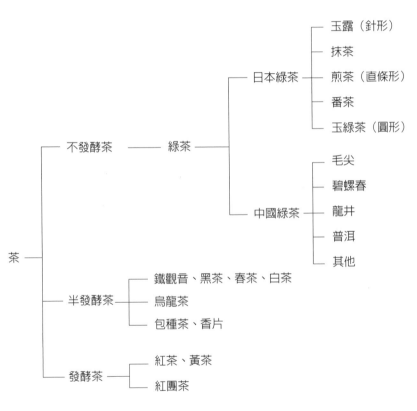

圖17-1　茶的分類

 **第五節　綠茶**

一、玉露的泡法

　　1.茶葉量約為熱水的6%。

　　2.茶壺與茶杯要預熱。

　　3.茶壺中投入茶葉並注入冷卻至50～60℃的開水，放置2～3分
　　　鐘，待茶葉泡開後，移至茶杯，要分配至每杯同樣濃度。

二、煎茶的泡法

　　1.茶葉量約為開水的3%。

　　2.泡法與玉露相同，但水溫為80℃，注入熱水後，放置約1分鐘
　　　後再倒於茶杯。

三、番茶的泡法

　　1.茶葉量約為開水的2.5%。

　　2.茶壺中放入茶葉，將滾水注入，浸出約1分鐘即分注於茶杯。

1.泡茶後要及時飲用，不然單寧會被氧化而呈褐色，溫度下降
　就會混濁，但沒有紅茶那麼厲害。

2.茶壺中的浸出液如留下來，即單寧的溶出，變成澀味極強，
　很難飲用。

第六節　台灣茶

　　台灣茶，以烏龍茶最普遍。最近因日本對綠茶研究結果，發現綠茶對抗癌、免疫方面有效，而受到大家的注意。美國以及台灣也有類似的研究成果。然而烏龍茶、普洱茶等也被發現對消除口臭、降低膽固醇、血脂等有幫助。

　　針對不同的台灣茶之泡法如下：

一、包種茶

1.茶具：使用白底蓋杯即可，因為如此始可看出碧綠的茶色。
2.泡法：須用滾開100℃的水，水量不要太多，如想聞香即可多浸1分鐘。

二、烏龍茶

1.茶具：使用紫砂壺或蓋杯即可，最好配聞香杯，可聞其香氣，欣賞其琥珀色茶湯。
2.泡法：如同包種茶，先用滾水洗茶具、茶杯，再沖滾水於茶葉上，馬上倒掉以洗茶葉，然後再倒滾水沖洗，俟幾分鐘後倒於聞香杯先聞香，再倒於茶杯飲用。

三、鐵觀音

1.茶具：紫砂壺透氣性好者。

2.泡法：第一泡以滾水沖泡，第二泡後漸降溫，五、六泡後以
85℃以上熱水即可，茶葉用量為茶壺的三分之一即可。

四、東方美人茶

1.茶具：透明玻璃杯或蓋杯均可。
2.泡法：以90℃沖泡即可，茶葉量也不需太多。

 # 第七節　日本茶的泡法

一、泡出美味的茶

茶的甘味成分之胺基酸要以60℃的水溶出，苦味的咖啡因、澀
味的單寧要以80℃的水溶出，所以要讓其剛好調和均勻。

二、幸福來自朝晚的茶香

由於茶種的不同，其所含成分亦不同。玉露茶要以玉露茶的
量，煎茶要以煎茶要的茶葉的量，搭配適當水溫的水添加上去，以
適宜的時間與溫度的組合泡出為祕訣。倒於客人的茶杯中，各杯茶
的濃淡須一致，茶壺中也不能有殘留。

夏天也可以做成on the rock（加冰塊），即可以喝出其美味。

水一定要煮沸後使用。利用自來水時，如漂白劑臭味強時，要
將自來水放置一段時間後，利用上澄液。茶葉的香味容易變劣，所
以茶包經開封後，要儘早用完。

三、保藏方法

　　茶葉要以能密封的容器，收藏於無日照的地方，且避免高溫多濕的場所。

四、好喝的玉露茶泡法

1.在茶壺中倒入熱開水放冷（高級茶 50℃，普通茶60℃）。

2.將茶壺中的開水倒入茶杯中，七分量 （約20ml）。剩餘的開水倒掉。茶杯 要使用玉露茶專用的小杯。

3.將茶葉放入茶壺中。以廚房用的大湯 匙2杯分。

4.將茶杯中的開水倒入茶壺中，等約2分 鐘，讓其成分緩慢釋出。

5.將茶湯輪流倒入各茶杯，倒量要均 勻，茶壺中不要有剩餘茶湯。能喝出 好風味的約35～40℃。第二泡是以冷 開水倒入後30秒為宜。

五、好喝的煎茶泡法

1. 在茶杯中倒入八分量的開水讓其冷卻
   （上茶70℃，普通茶90℃）。
2. 茶葉放入茶壺中，普通茶5人份10g，
   大湯匙2杯分；高級茶3人份6克。將冷
   卻的開水倒入茶壺中，等茶葉的成分
   溶出。浸溶時間約1分鐘，高級者約2
   分鐘。
3. 倒入茶杯中的茶量要等量，輪流倒茶
   以保持茶色相同。

第一泡茶可出其80%的成分；第二泡倒入90～95℃的開水，等
約10秒則可飲用。

六、冷水泡的美味煎茶

1. 將茶葉15g左右（茶匙5～7杯分）倒入
   泡茶筒。
2. 將冷水倒入茶筒1,000ml的刻度為止。
   加蓋，貯藏於冷藏庫3～6小時以便萃取
   其成分。萃取時間因產品而不拘，由個
   人的嗜好來調整。
3. 在飲用前，將茶筒緩緩轉動，以使萃
   取分能均勻分布。

4.要倒出萃取液,等茶葉沉澱後,才慢
慢倒出於杯子。

七、日本茶的機能性

1.抑制癌症效果:兒茶素(catechin)、β胡蘿蔔素
(β-carotene)、維生素C。

2.抑防成人病:維生素A、C、E、兒茶素。

3.預防蛀牙、口臭:兒茶素、氟素。

4.預防糖尿病效果:維生素B群、多醣類。

5.提高注意力、集中注意力:咖啡因。

6.節食(Diet)美容效果:無熱量、維生素C。

7.解毒、殺菌作用來防止食品中毒:兒茶素。

8.香菸之尼古丁的消除:兒茶素、維生素C。

9.流行性感冒感染的防止:兒茶素、維生素C。

嗜喝綠茶　腎病友高血鉀

　　洗腎室一位三十多歲小姐，因為第一型糖尿病開始洗腎兩個多月，有一天突然被送來急診，主訴心跳緩慢、下肢麻痺，經抽血檢查發現，血中鉀離子是一般人的2倍高，經聯絡洗腎室緊急透析後，病人才獲得症狀緩解，也開立降鉀離子藥物，並囑咐飲食控制鉀離子。

　　之後洗腎室例行抽血檢查發現，這位小姐的鉀離子一直偏高，經詢問她的飲食習慣，並沒有特別高鉀食物。有一次她因為低血糖，自行由袋子中拿出一包茶糖後，我詢問她是否平常有喝茶的習慣，她回答說，她不喜歡喝白開水，但是例行性每天會泡綠茶喝，

綠茶含有高量鉀離子，腎功能不佳者須嚴格控制攝取量

圖片來源：http://www.nipic.com/show/2304991.html

原來她的高血鉀是喝綠茶所造成。

　　經過衛教後，這位小姐立刻改掉喝綠茶的習慣，從此鉀離子正常，也不需再例行服用降鉀離子的藥物了。

★腎臟無法代謝　嚴重恐致命

　　洗腎病人因為腎臟代謝鉀離子的狀況不好，很容易造成鉀離子累積，一般人體內的血鉀若過高，會產生一種嚴重的心臟毒性副作用，且會造成心律不整導致死亡。因此，高血鉀症即被視為一種致命的電解質異常現象，洗腎病人更應嚴格控制鉀離子攝取。

　　一般而言，鉀離子多存在於各種蔬果中，例如芹菜、茼蒿、空心菜、菠菜、莧菜、香菇、胡蘿蔔、馬鈴薯、硬柿、香蕉、芭樂、棗子、蘋果、柳橙、柑橘、龍眼、香瓜等。另外，海鮮類、肉類、動物內臟等，皆含有高量的鉀離子，而茶類食物，尤其是綠茶也含有高量鉀離子，可是卻往往被洗腎病友所忽略。

　　綠茶對於腎功能正常的人而言是養身聖品，因為含豐富茶多酚可以抗氧化，其鉀離子可以經由腎代謝，但是對腎臟不好及洗腎病人而言，卻可能因為其含豐富鉀離子而無法經由腎代謝致命。

　　腎臟不好及洗腎病人更須嚴格控制茶類的攝取，以免因為高血鉀造成無法挽回的憾事。

資料來源：張懷民，《自由時報》，2011/6/5，http://www.libertytimes.com.
　　　tw/2011/new/jun/5/today-health5.htm。

Note

第18章

冷藏、冷凍食品

- 冷藏、冷凍食品的製法
- 冷凍對食品成分的影響
- 解凍的方法

在低溫可將食品安全地保藏，所以常將食品在低溫或冷凍後給予貯藏。一般在10℃以下，0℃以上貯藏者則稱為冷藏；在0℃以下，以凍結狀態貯藏即稱為冷凍貯藏。

普通微生物在0℃以下即不會繁衍，酵母與黴菌比細菌更可在較低的溫度存活，但孢子卻不會因冷凍而損傷。因此，冷凍不會將微生物完全殺滅，只能給予抑制而已。

另一方面，食品成分的氧化、褐變等化學作用或酵素作用，都由於低溫而速度轉為緩慢。

 ## 第一節　冷藏、冷凍食品的製法

一、製法

冷藏食品是將食品以新鮮狀態，或先給予前處理後包裝，在10℃以下，0℃以上給予貯藏者。冷凍食品則將水果、蔬菜、畜產物、水產物、派、餃子、包子、油炸物等新鮮或調理食品經冷凍後，貯藏或販售，然後在調理或食用時給予解凍者。

冷藏或冷凍食品也有將其直接冷藏或冷凍，或以塑膠、薄膜、鋁箔等包裝後，裝於鋁箔盒或紙箱後給予冷藏。

冷凍食品都將原料先經過處理，除去不可食部分再加以調製者，所以在家庭不會有廢棄物產生，甚為方便。

蔬果類在冷凍前都要殺菁（blanching）以制止酵素作用，所以不會發生品質劣化問題。

水在0℃冷卻即會結凍生冰，其結晶會逐漸生長發展。但如給予緩慢冷凍就會促進結晶的生長，破壞細胞，再解凍時不能恢復原

來的形態。不但如此，因不能吸收液體，而流出所謂滴液（drips）的現象。

二、存法

1. 直接浸漬冷凍法：採用食品與冷媒直接接觸的方法。一般都利用食鹽水或砂糖溶液為冷凍交換材料，可急速給予冷凍。將食品浸入流體槽，或噴霧。最近也有使用液態氮的方法。
2. 間接接觸冷凍法：食品與金屬板接觸來冷凍。金屬板內部為中空而流通冷卻液。
3. 空氣中冷凍：有靜放在冷空氣中及送冷風冷凍的方法。

以上均需在−20℃以下的低溫冷凍。尤其是送冷空氣冷凍時，食品會由乾燥而發生變色，組織、營養價劣化的問題，這稱為「凍燒」。最簡單的防止法是在食品上覆蓋碎冰，或將冷凍過的食品浸水後取出，促使其被一層薄冰包裹起來，稱為「冰衣」的方法。

 # 第二節　冷凍對食品成分的影響

一、酵素

反覆冷凍與解凍時，蛋白質會產生變性，破壞其物理的構造而引起食品之品質劣化的後果。酵素如不預先給予不活性化（殺菁），則在冷凍貯藏中，動物組織中的蛋白質會產生分解等現象。雖然低於−37℃的溫度下，酵素仍然會緩慢的作用。

二、脂肪

脂肪含量高的食品，則常會發生氧化變化。脂肪含量高的水產品常會發生品質劣化，植物性食品則較少發生。

三、維生素

冷凍對維生素的破壞少，但在食品中維生素C的損失比別的維生素大。冷凍食品中的B_1及B_2，在貯藏中損失少，胡蘿蔔素卻有損失。

除上述之外，寄生蟲等昆蟲則會受到冷凍而阻止其生育。所以，一般超級市場都規定冷凍食品要貯藏在$-18°C$以下的冷凍櫃中，冷藏食品如鮮奶則須在$10°C$以下冷藏。

在水產食品原料處理時，因為魚肉經過冷凍、解凍後會變性，所以要除去水溶性物質，以免發生鹽析等現象。即原料先漂水，再混合0.2％聚合磷酸鹽，5％砂糖〔葡萄糖或山梨糖醇（sorbito1）〕、漬擂、冷凍即可，煉製品（魚丸、魚漿製品）的原料由遠洋漁船以此方法處理。

像果汁等液體食品需要濃縮貯藏或運輸時，也可利用冷凍濃縮法。原理是水溶液在冷凍時，水會變成冰，再分離濃厚的液質，就可分離冰與濃縮液。此法因在濃縮當中，不必加熱，所以可保持其風味與營養成分。

豆腐、洋菜、冬粉等水分多的食品，則經冷凍，解凍後壓榨，除去游離水分，以減少其水分後，再以日曬等製成。這是將冷凍應用於乾燥的方法。

第三節 解凍的方法

一、冷凍食品

冷凍食品的品質與風味與解凍方法有密切關係。平常採用在室溫、冰水、冷水、鹽水中等方法，但以冷水爲最多，然而這並非最適當的方法，原因是速度快，以致組織會崩潰。吸收大量水分，所以解凍後的食品會因水分太多，而品質不佳。最好的方法是在室溫中自然解凍，但因不同食品，應該使用不同的方法。

二、肉類與魚類

肉類、魚類等新鮮動物性食品的解凍，以放在室溫自然解凍爲最佳。解凍時溫度愈低，解凍時間愈長者，其肉類組織的恢復情況最佳，則其液汁流失最少。隨著溫度提高，液汁流失就會增加，組織崩潰也愈厲害。如果解凍溫度達到45℃，則不管其凍結方法如何，液汁流失會甚多，而且蛋白質變性亦會發生。

雖然低溫解凍較佳，但在－1～－5℃解凍卻不宜，因爲放置在此溫度，即冰晶會成長，組織會被破壞。因此一般的魚類宜在10～15℃，花半天時間來解凍。

三、蔬菜類

蔬菜類大都在冷凍時，經過蒸氣加熱即殺菁過，所以直接加以解凍就會損及組織，最好能放進沸騰水中1～2分鐘，長者4～5分鐘

後撈出瀝乾放冷。又要以乳酪或油脂炒熟，或蒸煮者，以凍結狀態直接調理為最佳。

四、水果類

水果類幾乎都是將新鮮者給予凍結，所以若自然解凍則組織會崩潰，外觀也不佳，因此以將凍結者直接食用，或完全解凍前食用。又作為果汁應用時，可將凍結狀態者以果汁機（mixer）處理即可。當急著要解凍時，常放在流水中解凍，但此時會發生相當程度的組織軟化。

五、真空包裝

冷凍調理食品的解凍，由於不同食品而迥異。真空包裝者，將其投入熱水中，約10分鐘後剪開封口倒於盤中食用。裹麵包屑者，將冷凍狀態者直接投入油鍋中油炸，如解凍後再油炸，反而形態會崩潰，或油炸後不會酥脆。油炸或烘烤後冷凍者，將其直接投入烘烤箱，烘烤約20分鐘即可。

六、糕食類

糕餅類及調理便當連包裝放入烤箱加熱約20～30分鐘，就可恢復原狀。特別的是最近流行的便利商店出售的便當，這以18℃貯藏者，可在微波爐熱幾分鐘即可食用。在微波爐加熱時，一定要先開封以免爆炸。又蛋糕、三明治、麵包類即可使用自然解凍，但需要約2小時30分鐘。

最近解凍方法日新月異，有利用微波爐、電磁爐者，亦有真空加熱解凍法等的推出，不但迅速且衛生。

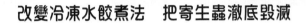

改變冷凍水餃煮法 把寄生蟲澈底毀滅

　　大家都知道，豬肉不可生食，因為裡頭常會有「豬肉條蟲」（taenia solium） 寄生，攝食後，會轉而寄生在人體的腸道裡。產卵後，孵化的幼蟲會穿過腸壁進入腹腔亂竄，最後寄生在腹腔、橫紋肌、腎、脾、肺、心肌、舌肌、淋巴組織、眼或腦部等，引發「囊蟲病」（cysticercosis）。發生在眼部的，會造成視網膜病變，嚴重的可能瞎眼；在腦部的，則可能引發水腦，甚至死亡。更可怕的是，成蟲在人體的生存期竟可長達25年以上。

　　傳統的水餃煮法是，先把水煮滾，然後放入水餃，蓋上鍋蓋，繼續煮滾後，再加入一大碗冷水，蓋上鍋蓋，再煮滾，如此重複三次。老祖宗發明這樣的煮法時，世上還沒有冰箱或冷凍庫，針對現包的水餃，這樣的程序實足可將水餃裡的內餡煮熟，殺死可能寄生在豬肉裡的條蟲。

　　然而，現在時代不一樣了，我們很難有老祖宗那樣的閒情逸致，在家裡勞師動眾擀水餃皮、調餡，現包現煮。相對於從超市買回來，或偶爾利用假期，全家樂融融地包好後貯放在冰箱裡的冷凍水餃而言，按照上述的傳統煮法，常會發現裡頭的豬絞肉還半生不熟，略帶紅色（煮熟的豬絞肉會呈白色），吃得讓人膽戰心驚，於是只好再多加一、兩次冷水煮滾。結果常是水餃皮都煮爛、煮破了，餡裡的豬絞肉仍舊沒有完全煮熟！

　　在還不知道豬肉「囊蟲病」的可怕之前，或許會自我安慰說，都煮成這樣子了，不吃難道要倒掉嗎？知道了豬肉「囊蟲病」之後，我想，恐怕也只好倒掉，或是從此再也不買冷凍水餃了。

今天和大家分享一項突破性的煮法，保證可在水餃皮仍保有良好的彈性之下，將冷凍水餃的肉餡完全煮熟。仔細聽嘍：將冷水放入鍋內，瓦斯爐點火後，立即加入冷凍水餃，蓋上鍋蓋，待煮滾後，再重複一、兩次加冷水，蓋上鍋蓋煮滾即可。技術上和傳統煮法同樣要注意的是，在水餃第一次煮滾之前，要偶爾用鍋鏟輕輕推動一下，以免黏在鍋底。

或許你會懷疑，冷水煮水餃，水餃皮不會糊掉嗎？答案是，冷水煮現包的水餃，水餃皮當然會糊掉，但煮冷凍水餃，則不會。

水滾後才下冷凍水餃，水餃處在內凍外滾的環境，麵皮很快就被燙熟了，然而，穿過麵皮的熱量，進入仍處於結凍狀態的菜肉餡時，一方面要將它解凍，一方面又要煮熟它，需要花很長的時間。因此常在內餡還沒煮熟之前，麵皮就已經煮爛、煮破了。這樣煮出來的水餃，不但難看、難吃，而且衛生堪虞。

冷凍水餃和冷水一起加熱，當水溫度慢慢上升的同時，麵皮和內餡的溫度也跟著慢慢上升，到水滾時，水餃內、外和滾水的溫度已非常均一，因此煮出來水餃，彈性好，肉餡熟，安全衛生又可口。

若不敢置信的話，可以先試煮 5 粒冷凍水餃看看，就算被騙了，也損失不到 20 塊錢。順帶告訴大家，我已用家裡的炒菜鍋，煮過一鍋 45 粒的冷凍水餃，效果非常良好。

資料來源：劉兆宏，財團法人台灣優良農品發展協會顧問，前行政院衛生署食品衛生處食品安全科科長，美國Rutgers大學食品科學博士；引自網路資料。

第19章

食物烹調操作

- 單位換算
- 燃料與烹調用具
- 中國菜三十五種基本烹調法
- 高湯的製法

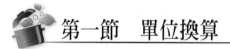

第一節　單位換算

一、量器

　　量器是容量的計測器具，依材質來分有木材、玻璃、瓷器、塑膠等製成的量器，實驗室使用的量器有吸管（pipette）、量筒（cylinder）等，工業上使用的量器有斗、升、合等，主要用於液體原料的容量計測。其單位有公制單位、英制單位與台制單位。

　　1.公制單位：1立方公尺（m^3）＝10^3公升（L）＝10^6毫升（mg）

　　2.英制單位：1加侖（gal.）＝4夸特（qt.）＝4.545公升

　　3.台制單位：1斗＝10升＝100合。1斗＝18公升

二、衡器

　　衡器是重量的計測器具，秤大量者使用地磅、平臺等。秤少量則用彈簧秤、天平等。重量單位分為公制單位、英制單位及台制單位，一般小型烘焙業者及傳統市場喜採用台制單位；教學單位則使用公制，因其採用十進位，計算比較方便（參考**表19-1**）。

　　1.公制單位：1公噸＝1,000公斤（kg）

　　　　　　　　　　　1公斤＝1,000公克（g）

　　　　　　　　　　　　　　1公克＝1,000毫克（mg）

　　2.英制單位：1磅＝16盎司（oz）

表19-1　重量換算表

公克	公斤	公噸	市斤	台兩	台斤	盎司	磅
1	0.001	......	0.002	0.02667	0.00167	0.03527	0.00221
1000	1	0.001	2	26.6667	1.66667	35.2740	2.20462
......	1000	1	2000	26666.7	1666.67	35274.0	2204.62
500	0.5	0.0005	1	13.3333	0.83333	17.6370	1.10231
37.5	0.0375	0.00004	0.075	1	0.0625	1.32277	0.08267
600	0.6	0.0006	1.2	16	1	21.1644	1.32277
28.3495	0.02835	0.00003	0.0567	0.75599	0.04725	1	0.0625
453.592	0.45359	0.00045	0.90719	12.0958	0.75599	16	1
......	1016.05	1.01605	203.209	27094.6	1693.41	35840	2240
907185	907.185	0.90719	1814.37	24191.6	1511.98	32000	2000

$$1磅＝453.6公克（g）$$

$$1盎司（oz）＝28.3g$$

3.台制單位：1台斤＝16台兩

1台兩＝10台錢

1台斤＝600公克

4.大陸地區：1市斤＝500公克

三、溫度換算

常用的分度法有華氏℉（Fahrenheit thermometer scale）及攝氏℃（Celsius thermometer scale）兩種。華氏定水之冰點為32度，沸點為212度，在這兩點之間可分為180等分，此法為英美各國家庭及工業上採用，稱為英制單位。攝氏定水之冰點為0度，沸點為100度，這種分度法，水之冰點及沸點間恰分為100等分，科學上常採用之，稱為國際單位（參考**表19-2**）。

℃為攝氏所表示某溫度，℉為華氏所表示某溫度，則因

$$1 / 100°C = 1 / 180°F$$

$$°C = 5/9 (°F - 32°)$$

$$或°F = 9/5 °C + 32°$$

表19-2　攝氏與華氏溫度換算表

攝氏(°C)	華氏(°F)	攝氏(°C)	華氏(°F)	攝氏(°C)	華氏(°F)	攝氏(°C)	華氏(°F)
0	32.0	22	71.6	44	111.2	66	150.8
1	33.8	23	73.4	45	113.0	67	152.6
2	35.6	24	75.2	46	114.8	68	154.4
3	37.4	25	77.0	47	116.6	69	156.2
4	39.2	26	78.8	48	118.4	70	158.0
5	41.0	27	80.6	49	120.2	71	159.8
6	42.8	28	82.4	50	122.2	72	161.6
7	44.6	29	84.2	51	123.8	73	163.4
8	46.4	30	86.0	52	125.6	74	165.2
9	48.2	31	87.8	53	127.4	75	167.0
10	50.0	32	89.6	54	129.2	76	168.8
11	51.8	33	91.4	55	131.0	77	170.6
12	53.6	34	93.2	56	132.8	78	172.4
13	55.4	35	95.0	57	134.6	79	174.2
14	57.2	36	96.8	58	136.4	80	176.0
15	59.0	37	98.6	59	138.2	81	177.8
16	60.8	38	100.4	60	140.0	82	179.6
17	62.6	39	102.2	61	141.8	83	181.4
18	64.4	40	104.4	62	143.6	84	183.2
19	66.2	41	105.8	63	145.4	85	185.0
20	68.0	42	107.6	64	147.2	86	186.8
21	69.8	43	109.4	65	149.0	87	188.6

四、計量

計量器與體積及重量的關係如下（參考**表19-3**）：

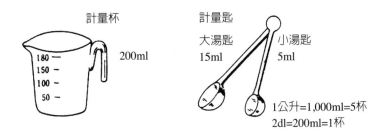

計量杯　　　　　　計量匙

200ml　　　　　　大湯匙　　　小湯匙
　　　　　　　　　15ml　　　　5ml

1公升=1,000ml=5杯
2dl=200ml=1杯

表19-3　容量換算表

計量器(ml)(g)　食品名	杯	大湯匙	小湯匙
水、食醋、酒	200	15	5
精鹽	200	15	5
砂糖	120	10	3
特砂	160	12	4
醬油、味醂	230	18	6
西式五香醬	220	16	5
太白粉	120	10	3
麵粉	100	8	3
麵包屑 生	40	3	1
麵包屑 乾	80	6	2
油、乳酪、豬油	180	13	4
味噌	230	18	6
咖哩粉、辣椒	85	7	2
芝麻	120	10	3
明膠粉	100	8	3

（續）表19-3　容量換算表

計量器(ml)(g) 食品名	杯	大湯匙	小湯匙
番茄醬	240	18	6
蛋黃醬	190	14	5
發粉	135	8	3
小蘇打	120	9	3
玉米粉	90	7	2
味精	160	12	4
乾酪粉	80	6	2
麥芽糖、蜂蜜	290	22	7
鮮奶油	200	15	5
米	160	—	—
紅豆	150	—	—
黃豆粉	80	6	2
上新粉（粳米粉）	120	9	3
白玉粉（糯米粉）	120	9	3
鮮酵母	—	8	3

第二節　燃料與烹調用具

一、熱量源

熱源的種類與性質

　　據調查，使用在調理熱量（energy）占我們所使用之全部熱量的約40%，其中以瓦斯與電熱為主。瓦斯主要被應用為一般烹飪的燃料。電源卻使用於電鍋、烤麵包機、烤箱、熱水器等以外，還作

為冰箱、冰櫃、果汁機、微波爐、電磁爐等的電源。

◆調理用的熱

調理用的熱源包括木炭、瓦斯、電熱等,可將其分類如下:

1.固體:木柴、木炭、煉炭、煤炭。

2.液體:石油(柴油)、酒精。

3.氣體:天然瓦斯、液化瓦斯(LPG)、水蒸氣。

4.其他:微波、電磁誘導、太陽能、電力。

◆熱效率

熱效率指的是自熱源所產生的總熱量中,有效地利用在加熱的熱量比率。因此雖然發熱量大,但效率低則毫無意義。

加熱調理時的熱效率,不只由燃料的性質、煤燃料器具的不同,更受到由燃燒的方法,鍋蓋的材質、形態、大小,調理材料、分量,再視當時的氣溫、熱量的測定方法等的影響,所以要算出正確的數值並不容易,通常以電熱、瓦斯、石油等熱源的效率為高。**表19-4**為主要熱源的特性與熱效率。

表19-4　主要熱源的特性與熱效率

種類	發熱量 (kcal/kg)	最高火焰溫度 (℃)	比重	熱效率 (一般調理) (%)	煮2公升米所需量
天然瓦斯	5,000 (m³) 11,000 (m³)	2,110	0.5～0.7	60～65	0.13～0.14 m³
液化瓦斯	28,800 (m³)	2,120	1.78	55～65	0.045kg
燈油	11,000	1,600	0.85	55～65	105g
木炭	7,000	800	0.2～0.9	約45	150g
柴	3,500～4,000	800	0.8～1.0	約45	400g
電熱	860 (KWh)	—	—	65～70	600W電鍋 40～45分

二、調理用具

(一)微波爐

利用磁控管（magnetron）所發出的915或2,450MHz的電磁波，將具有極性的食品成分振盪加熱，能在短時間內將食品加熱給予調理或解凍為其優點。不過也有加熱不均衡、因不同食品成分而受熱情形不同、受形態及厚度影響、不能透過金屬等缺點。其他尚有售價高、花費電力大、內部空間小、無法烤成酥脆焦黃的食物等缺點。

在國外，其普及率相當高。在台灣，購買家庭已逐漸增加，但也有懼怕電磁波有害健康而不敢使用者。

(二)遠紅外線加熱

遠紅外線加熱時不會有電磁波、輻射線等的產生，所以極為安全。在工業上，已將其利用於大規模的加熱、乾燥等，如汽車製造時，使用在噴油漆車體的乾燥等。也被併用於微波爐或電熱烤箱，作為熱源之用。

遠紅外線具有浸透性，在食品加熱時，不易燒焦且加熱快，所以受到歡迎。實際上，已被利用於炒花生、烤肉、烘烤餅乾等食品工業上。

(三)電磁爐

1970年首先由美國開發，日本卻在1974年推出電磁調理器。在交換磁界內放置的電導體，由於電磁誘導所產生的渦電流，電磁能量的一部分會轉變為熱量，電導體會產生Jewl熱「渦電流損失」被

利用作為調理器具。用手觸摸也不熱,但放在上面的鍋(限於會吸引磁鐵的平底鍋)就會在短時間內被加熱,不但溫度容易控制,且因安全性高、效率好、乾淨、安靜無聲等優點而受到歡迎。

(四)電烤箱

因小型電烤箱的價格合理、不占地方,所以普遍被使用。在家庭烤肉、烤魚、做餅乾、蛋糕等各種用途。

(五)各種鍋類

◆電鍋

從前煮飯要從起火至調整火候,所以要煮出好吃的米飯還不容易呢!但由於電鍋的發明,現在只要一杯水、一杯米,按鈕就可以自動煮飯了。新型的電鍋,甚至可以煮稀飯、燉湯、蒸菜餚,且都可以保溫,所以現在幾乎家家戶戶都有電鍋。現在也有使用瓦斯的團膳用大型蒸飯鍋出售。

◆各種金屬鍋

從前以鐵鍋及鋁鍋普遍被使用,銅鍋則較少用。最近由於健康問題,所以鋁鍋已少被使用了。代而興起的是各種合金鍋、特別處理的鐵弗龍鍋等。從傳熱等立場來說,以厚鐵製的鐵鍋較能保溫,適合於炒或油炸的用途。鐵弗龍等處理的鍋,雖然標榜不沾鍋,調理可少用油,但使用稍久,仍有鐵弗龍脫落的問題。

◆壓力鍋

要在短時間內煮爛豬腳、牛肉、花生米等,很多家庭都會使用壓力鍋。當然要使用壓力鍋時,要注意安全問題。其次以慢火燉出來的菜餚,其風味還是比壓力鍋煮出來的為佳。

◆燜燒鍋

　　最近幾年由於廠商的促銷，燜燒鍋已有普遍被使用的趨勢。這是利用保溫材，或雙重（真空）鍋壁保溫的原理，將煮沸的內鍋菜餚保溫，以較長時間燜燒熟者。由於保溫加熱，所以可節省能源。

(六)冷藏、冷凍器具

◆冰箱

　　從前以冷藏庫為主，那是將冰塊放在密閉的貯藏庫的上櫃內，下櫃則冷藏食品。隨著電冰箱的開發，現在幾乎家家戶戶都有電冰箱，更由於冷凍食品的發展，以及超級市場的普遍，不但冰箱大型化，其冰凍室也變大了。

　　在電冰箱使用時，其必備條件是要能保持低溫，可以裝大量食物，不妨礙內部空氣的對流，庫內不得有變質的食物。值得注意的是開閉次數不要太頻繁，冰箱內不同的位置其溫度不同，要視不同食物將其貯藏於適當的位置，不要塞滿所有空間。

◆冷凍櫃

　　照規定，冷凍食品必須貯藏於－18℃以下。通常販賣冰淇淋、冰棒或冷凍調理食品等店鋪，都宜貯藏於冷凍櫃。不過普通家庭卻較少購置冷凍櫃，這是因為國人常不會大量購買貯藏冷凍食品的關係。在國外，常要購買一星期分量的食物，所以必須有冷凍櫃。

　　在使用冷凍櫃時，值得注意的是冷凍並不能殺菌或破壞酵素，因此在解凍時，或解凍後，食物所含細菌或酵素會死灰復燃，甚至更旺盛，恢復繁殖及發生作用。

◆解凍器具

冷凍食品除了少數（如冷凍水餃、冷凍蔬菜等）可直接加熱調理，大都要在解凍後，再切割、調理。解凍方法很多，可利用放置於冰箱下面、室溫中、流水中等讓其緩慢解凍。也有人以加熱，或以微波爐來解凍，但因微波爐加熱不均勻，尤其是對於有厚度的食物，如肉塊常會從外面解凍，甚至外層已被烤熟了，裡面還是存在冰晶的狀態發生。

最近已有利用電波解凍的專用解凍櫃出售，可將食品裝於金屬容器，讓其接觸解凍庫庫壁，由於通電關係，容器內食物會在一夜內解凍。其優點為只解凍至0℃，且有保持此溫度，滴水少的優點。

廚房裡的各式調理用具

中式爐具

廣東式爐具

中式大型炒爐

中式腸粉爐

平頭爐

中式蒸爐

烤鴨爐

西式爐具

桌上型煎板爐

落地型煎板爐

桌上型油炸機

烤豬爐

履帶式烤箱

義式煮麵機

旋轉烤箱

紅外線烤箱

炭烤爐

壓力式炸鍋

矮湯爐

壓力蒸氣鍋

蒸氣烤箱

全罩式洗滌機

汽水雪泥機

咖啡機

洗菜機

食物冷藏切配台

車類設備及收納設備

調味車（含桶）

三層推車

污餐具收回車

碗筷存放車

配菜車

保溫飯桶車

L型手推車

污餐具收回車

保溫配膳車

關於微波爐的那些傳言

　　說明：本文原為美國紐約州立大學物理系退休的榮譽教授林多良博士所撰，經過了很多讀者的多次轉寄，其中有一位轉寄者加了這一段註文：本篇係美國紐約州立大學物理系退休的榮譽教授林多良所撰，是我以往曾經看過有關微波爐原理、功能及缺失等多篇文章中最有學理依據、最公正客觀而最具說服力的好文章，提供您參考，未來不必再每當使用微波爐時就心存恐懼了。

關於微波爐的那些傳言(1)

　　在所有的家用電器中，人們疑慮最多的大概是微波爐。微波、輻射這樣的詞總能引起許多人的恐慌，關於微波爐的可怕傳說也就往往得到格外的關注。在這個聞癌色變的年代，微波爐加熱產生致癌物更是在一遍又一遍的重複中成為廣泛接受的信念。本文從微波爐為什麼能加熱食物入手，來介紹微波爐的特點，並解析關於微波爐的一些傳言。

★微波爐為什麼能加熱食物

　　讓我們從水說起。水分子是由一個氧原子和兩個氫原子構成的，氧原子對電子的吸引力很強，所以水分子中的電子比較集中在氧原子那一端，相應的氫原子那端就少一些。整體來看，水分子的一端帶著正電，另一端帶著負電。在化學上，這樣的分子被叫做極性分子。

　　在通常的水裡，水分子是雜亂無章地排列的，正電、負電沖哪個方向的都有。當水處在電場中的時候，正電的那頭就會轉向電場的負極，而帶負電那頭會轉向電場的正極，所謂的異性相吸，同性相斥。

如果是一個靜止的電場，水分子們排好隊也就安靜下來了。如果電場在不停地轉，那麼水分子就會跟著轉，試圖和電場保持一順兒的隊形。如果電場轉得很快，那麼水分子們也就轉得很快摩擦生熱，水的溫度就升高了。

電磁波就相當於這樣一種旋轉的電場。用在微波爐上的電磁波每秒鐘要轉二十幾億圈，水分子們以這樣的速度跟著轉，自然也就渾身發熱，溫度在短時間內就急劇升高了。一旦微波停止，旋轉電場消失，水分子們也就安靜下來，它們的世界也恢復清淨了。在這個過程中，水分子本身並沒有被微波改變。

不僅是水，其他極性分子也都可以被微波加熱。通常的食物中都含有水和其他極性分子，所以在微波的作用下可以被迅速加熱。而非極性的分子，比如空氣，以及某些容器，就不會被加熱。我們平常熱完食物後覺得容器也熱了，往往是被高溫的食物給燙熱的。

★微波加熱，致癌嗎？

因為微波是一種輻射，所以許多人自然而然地認為它會致癌。微波是一種電磁波，跟收音機、電報所用的電波、紅外線以及可見光本質上是同樣的東西。它們的差別只在於頻率的不同。微波的頻率比電波高，比紅外線和可見光低。電波和可見光不會致癌，自然也就不難理解頻率介於它們之間的微波也不會致癌。其實，這裡所說的輻射，只是指微波的能量可以發射出去，跟X光以及放射性同位素產生的輻射是不一樣的。X光雖然也是電磁波，但是其頻率比微波高得太多，因而能量也高，而放射性同位素在衰變過程中會放射出粒子，所以它們能讓生物體產生癌變。微波不會致癌，也不會讓食物產生致癌物質。甚至，它還有助於避免致癌物的產生。對於

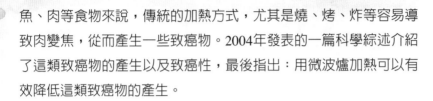

第19章 食物烹調操作

魚、肉等食物來說，傳統的加熱方式，尤其是燒、烤、炸等容易導致肉變焦，從而產生一些致癌物。2004年發表的一篇科學綜述介紹了這類致癌物的產生以及致癌性，最後指出：用微波爐加熱可以有效降低這類致癌物的產生。

★微波爐安全嗎？

太陽光是比微波更高能的電磁波。太陽光，安全嗎？微波的安全性跟太陽光一樣是否傷害人體取決於能量的強弱。和煦的陽光讓人舒爽，烈日曝晒則可以造成嚴重的皮膚灼傷。微波也是如此，既然能夠加熱食物，自然也能加熱人體。問題的關鍵在於：到達人體的微波還有多少能量？科學家們已經為我們做了大量的研究，找到了對人體產生傷害的最小微波功率。完好的微波爐，洩漏的微波功率距離傷害人體的強度還很遙遠，美國的規定是，在距離微波爐大約5釐米的地方，每平方釐米的功率不超過5毫瓦；而我國的標準更加嚴格，是1毫瓦。而且，微波的能量是按照距離的平方減弱的。也就是說，如果5釐米處是1毫瓦，50釐米處就降低到了1%毫瓦，更是人畜無害了。 所以，只要是合格的微波爐產品，使用中沒有被損壞，就不會洩漏出能夠傷害人體的微波來。

微波爐使用中的另一個安全疑慮是塑膠容器釋放的有害物質。的確，有些塑膠在受熱的時候可能會釋放出一些有害的成分來。FDA測定了各種塑膠容器在正常的微波爐中加熱時可能釋放到食物中的有害物質的量，要求這個量低於動物實驗確定的有害劑量的1%甚至1，才可以標注為可微波加熱。所以，那些合格的可微波加熱的塑膠容器是相當安全的。當然，如果還是不放心，或者不相信廠家的標注名副其實，改使用陶瓷或者玻璃容器也就心安了。

397

關於微波爐的那些傳言(2)

　　微波安全事故從何而來──煎炒烹炸涮，這些傳統的加熱方式安不安全？至少，因為做飯，有人被燙傷了，有地方著火了。FDA說，他們接到了許多因為使用微波爐而受傷的報告。不過，這些事故都跟微波爐本身無關，而是使用不當造成的。

　　以下是最常見的兩類事故：(1)液體過熱。傳統燒水的時候水會流動，到了沸點就開了。而微波加熱時水不流動，只是溫度升高，有可能超過了沸點還不開。但是這個時候的水溫度已經非常高了，只要有一點兒擾動，就會猛烈沸騰。如果這個擾動是你去拿水的時候產生的，那麼就會被燙得比被開水燙得還厲害。越乾淨的容器，越乾淨的水，就越容易發生這樣的事故。所以，為了安全，最好不要以身試法。其他的液體，比如牛奶、湯等，因為其中有別的成分，不容易過熱，但是長時間加熱也很容易爆沸而沖出容器。並不是說不能用微波爐來加熱這些食物，而是說要算好加熱時間。(2)雞蛋爆炸。微波爐不能加熱雞蛋，大概是一個常識了。雞蛋爆炸的原因有點類於水的爆沸。雞蛋內部過熱，壓力很大，一旦受到外界干擾，壓力便會釋放出來，於是雞蛋就爆炸了。如果爆炸發生在雞蛋進嘴的時候，大概就相當於在嘴裡放鞭炮了。

★微波爐，能否替代傳統加熱？

　　微波爐非常方便快捷，但是對於烹飪而言，它有著先天的不足。所以，儘管出現了許多所謂的微波爐食譜，微波爐依然只是廚房的一個好幫手，而難以占據烹飪的主導地位。許多食物的風味是把食物加熱到相當高的溫度才產生的，比如爆炒、煎炸、烘烤等。在高溫下，蛋白質與糖發生反應，碳水化合物變黃，一些香味物質

分解出來這些是美味的來源，也是通常所說的火候關鍵。這在傳統的微波爐中是無法實現的。一些新開發的高檔微波爐，增加了熱量對流和紅外加熱的功能，也能夠實現一些傳統烹飪的需求，不過，價格自然也就很貴了。微波爐加熱的優勢在於能夠很快地把食物加熱，所以擅長的是把已經做熟的食物很方便地再次變熱。這樣的加熱一般不足以殺死細菌，對於保存時間過長、有可能變壞的食物來說，微波爐加熱就不能保障安全了。

　　微波爐加熱食物最大的問題在於受熱不均。微波爐不加熱空氣，直接加熱食物，這是它的能源效率高的原因。但是它並不是像許多人認為的那樣從內向外加熱它也是從外向裡加熱的。只不過與傳統的加熱方式相比，微波的穿透力強一些，能夠直接加熱到幾釐米深的地方。而傳統的加熱是從表面逐漸向內，外層的溫度永遠比裡面的高。因為微波能達到的地方升溫很快，不能穿透的地方升溫慢，所以內外的溫度差別可能會非常大，這在化凍食物的時候尤其明顯。因為液態的水在吸收微波能量上遠遠比冰要高效，所以外層最先化開的部分進一步高效地加熱，而內層只能依靠外面被加熱部分的熱量慢慢往裡傳。如果用微波爐的常規加熱功能來化凍的話，可能外層的已經熟了但是裡面的卻還冰凍著。在多數的微波爐裡，有專門的化凍功能。對傳統的微波爐來說，實際上就是加熱一下，停一下，讓外層的熱量有時間往裡傳。

　　總的來說，關於微波爐致癌、產生有害物質的說法都是謠傳。雖然微波爐很難幫助我們做出很美味的食物，但是它所帶來的方便快捷，是它的巨大優勢。對於老人和小孩來說，用微波爐來熱菜熱飯，要比電爐或者煤氣灶安全多了。

資料來源：林多良博士撰文，娥興提供，http://www.jnk67.net/health/microwave.html。

第三節　中國菜三十五種基本烹調法

炒

鍋裡放油燒熱，把食物及調味料倒入，用大火快速翻拌至熟透謂之炒。分爲清炒、燴炒、爆炒等。

燒

煎炒之後加水或高湯以小火燒，味透質爛之方法謂之燒。有紅燒、白燒、乾燒等。

蒸

食物放入蒸鍋內火大水滾，利用水蒸氣的熱力使其熟透的方法謂之蒸。可分爲清蒸、粉蒸、釀蒸等。

爆

食物利用大火熱油或熱醬、熱湯，快速做成菜餚謂之爆。可分爲油爆、醬爆、湯爆等。

烤

食物調好味放在烤網上或烤箱內，加熱使之熟透謂之烤。可分爲乾烤、生烤、炭烤等。

炸

將食物放入多量滾油內利用油熱使食物在短時間內熟透，呈金黃色謂之炸。

（煎）

　　將食物以少許熱油在鍋中煎熟的方法謂之煎。可分為生煎、乾煎等。

（滷）

　　生或熟的食物放入燒滾的滷汁中，將食物烹煮成特殊香味者謂之滷。

（燻）

　　食物調好味放在火上燻成醬黃色謂之燻。可分生燻、熟燻等。

（凍）

　　食物煮爛調味加洋菜或果膠粉煮成羹，待其凝結即為凍。

（燴）

　　數種食物分別燙熟再回鍋一同混炒、混燒或混煮謂之燴。

（煮）

　　食物放入加適當冷水或滾水的鍋裡煮熟或爛謂之煮。

（燙）

　　食物放入滾水或滾油中至半熟撈出瀝乾再回鍋做其他烹調法謂之燙。

（醃）

　　食物洗淨瀝乾放入容器內，以鹽或醬油把食物醃漬入味的方法謂之醃。可分為鹽醃、醬醃等。

汆

食物由鍋邊傾入燒滾的湯裡，待再次大滾時加蔥花薑末連湯帶物倒入湯碗內謂之汆。

燉

食物加滿水放入鍋或大碗內加蔥薑酒調味，以小火慢燉至菜熟爛謂之燉。

燜

食物先炒或燒或煮加入少量高湯，以小火燜至湯汁收乾使菜餚熟透。

拌

將生吃的素食或已煮熟的葷食調味拌勻，待入味即可供食謂之拌。可分為涼拌、熟拌等。

焗

食物放入鍋內以小火慢燒，燒成熱成熟爛或成濃湯汁謂之焗。

醉

葷菜用好酒浸泡些時，再加以蒸熟或生食謂之醉。如醉雞、醉蝦等。

涮

食物切薄片放在鍋中滾湯中來回燙熟，沾著各種調味醬食用謂之涮。

泡

　　蔬果放入裝有鹽、高粱酒、冷開水、冰糖、香料之容器內泡些時候取食謂之泡。有鹽水泡及糖醋泡兩種。

風

　　食物以鹽、酒、香料醃製陰乾，利用風力把食物的水分完全風乾以便久存，此法謂之風。

溜

　　以太白粉勾芡或澆上熱油，使菜上桌時看起來滑嫩可口謂之溜。可分為油溜、醋溜、芡糊溜等。

烘

　　食物調好味放在平底鍋或烤網上，以小火將食物慢慢烘乾謂之烘。

滾

　　食物放入滾水或滾湯內，使其在短時間煮熟稱為滾。

煸

　　食物放進鍋內，不停以鍋鏟翻炒，以小火將食物水分煮乾加以調味謂之煸。

甜

　　食物加入適量糖分浸泡或煮成湯、烘成餅，此方法謂之甜。

醬

食物以醬油或豆瓣醬浸泡入味再加熱煮熟。

煨

食物放入鍋內以小火慢燒，燒成熟爛或成濃湯汁謂之煨。

糟

乾的魚類或鮮肉以酒糟浸泡入味使之持久不壞，食用時加佐料蒸熟，此種烹飪法謂之糟。

羹

又稱糊或濃湯，為材料煮成高湯最後勾芡而成之煮湯方法謂之羹。

酥

食物以熱油炸熟取出，於冷卻後以小火再炸一次，使其酥脆或加香醋慢慢煨酥，此法謂之酥。

扣

主菜處理好依序裝入碗內不使其散亂，上放佐料及調味品，入籠蒸熟，食用時倒扣在盤上，此種方法謂之扣。

拼

葷、素菜分別烹調製好，切成片或塊狀，分別排在一大盤內，此方法謂之拼，亦稱冷盤或拼盤。

第四節　高湯的製法

　　廣義地說，高湯是給菜湯賦予甘味的主角，材料有植物性、動物性食品以及化學調味料等，但主要者有禽獸肉、魚貝類以及海帶、蔬菜、香菇等的煮湯。小魚乾的甘味成分的主成分為核苷酸或麩胺酸等。海帶為麩胺酸等胺基酸，香菇為鳥胺酸等，化學調味料是由兩種以上的甘味成分所成。雖然是使用同樣材料，但由於做法不同，風味亦不同。

高湯是料理的美味關鍵

圖片來源：http://owldreaming.blogspot.com/2016/09/dashi.html

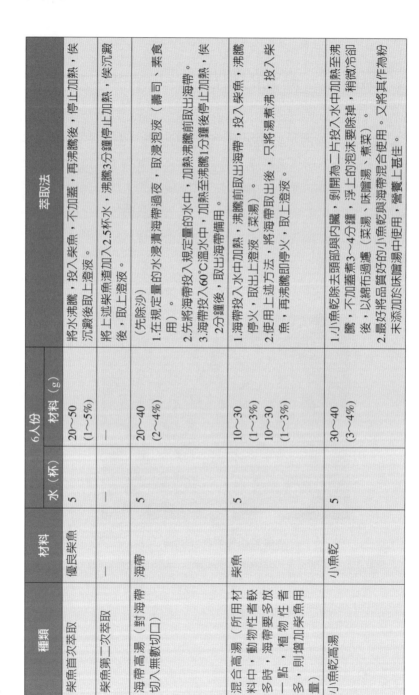

種類	材料	6人份		萃取法
		水（杯）	材料（g）	
柴魚首次萃取	優良柴魚	5	20~50（1~5%）	將水沸騰，投入柴魚，不加蓋，再沸騰後，停止加熱，俟沉澱後取上澄液。
柴魚第二次萃取	—	—	—	將上述柴魚渣加入2.5杯水，沸騰3分鐘停止加熱，俟沉澱後，取上澄液。
海帶高湯（對海帶切入無數切口）	海帶	5	20~40（2~4%）	（先除沙） 1.在規定量的水浸漬海帶過夜，加熱沸騰前取出海帶。 2.先將海帶投入規定量的水中，加熱至沸騰前取出海帶（壽司、素食用）。 3.海帶投入60℃溫水中，加熱至沸騰1分鐘後停止加熱，俟2分鐘後，取出海帶備用。
混合高湯（所用材料中，動物性者較多時，海帶要多放一點，植物性者多，則增加柴魚用量）	柴魚	5	10~30（1~3%） 10~30（1~3%）	1.海帶投入水中加熱，沸騰前取出海帶，投入柴魚，沸騰，停火，取出上澄液（菜湯）。 2.使用上述方法，將海帶取出後，只將湯煮沸，投入柴魚，再沸騰即停火，取上澄液。
小魚乾高湯	小魚乾	5	30~40（3~4%）	1.小魚乾除去頭部與內臟，剝開為二片投入水中加熱至沸騰，不加蓋煮3~4分鐘，浮上的泡沫要除掉，稍微冷卻後，以綿布過濾（菜湯、味噌湯、煮菜）。 2.最好將品質好的小魚乾與海帶混合使用，又將其作為粉末添加於味噌湯中使用，營養上最佳。

種類	材料	6人份		萃取法
		水（杯）	材料（g）	
雞骨頭高湯 日式 中式 西式	雞骨頭	7.5	1隻雞的量（150g） 30%	浸水約20分鐘以除去血泥，切成適當大小，加入水中以中火。蓋子不要蓋密，留少許空隙，以保持90°C，加熱40分至1小時，俟冷卻後，濃縮至2/3，以綿布過濾。添加打碎蒜頭、生薑母，又西式菜湯即可添加胡蘿蔔、洋蔥。
如何增加雞骨頭高湯的風味：			1.絞肉做成肉丸（約80g），在雞湯中煮沸後加於過濾備用。 2.將蝦米湯（約10%）煮沸約10分鐘後添加即更好。	
西式高湯的做法	牛腿肉 洋蔥 胡蘿蔔 芹菜 香草 食鹽	9	水約30～40% 水約20% 水約20% 水約20% 水約20% 0.5%	將肉切成薄片，以二倍水用中火煮沸。沸騰後以小火煮約1小時，加入切成大塊的蔬菜攪拌並加入食鹽，保持90°C煮約1小時，除去浮上的泡沫，以布過濾。
中式高湯做法	老母雞 豬肉（油分少者） 干貝 蔥 薑母 蒜頭 酒	2	水的20% 水的20% 水的5%（3%） 1支 10g（水的0.7%） 3g（水的0.2%） 2大匙（水的2%）	雞帶骨切成5公分大，以熱水燙一下。豬肉也切成塊，切成10公分長，蒜頭及薑母壓碎加入。對上面材料加水，在沸騰前將火候調小，保持90°C除去泡沫，加熱，煮至1/2，以布過濾。

種類	材料	水（杯）	6人份 材料（g）		萃取法
中式菜湯	干貝 蝦米乾 鮑魚乾	9	5個 1杯 中1個		水洗後浸於溫水，然後加熱，以小火煮約1小時。
速食菜湯	化學調味料 海帶茶 複合調味料	4.5	1/2小匙 2小匙 少許		化學調味料為湯的0.3%（食鹽的10%）為宜。 複合調味料0.06%。

參考文獻

1.荒川幸香等（1976），《調理の理論と手法》，化學同人。

2.杉田浩一（1964），《調理の科學》，醫齒藥出版。

3.河野友美（1968），《調理科學》，化學同人。

4.河野友美等（1975），《調理科學事典》，醫齒藥出版。

5.《食品成分表》，一橋出版。

6.有本邦太郎（1976），《調理科學》，光生館。

7.渡邊忠雄（1985），《食品學》，講談社サイエンテイフィク。

8.下町吉人、中嶋恭三（1965），《調理科學》，光生館。

9.山西　真（1968），《食品學》。

10.高井富美子、小瀨洋喜（1957），《調理科學》，コロナ社。

11.小柳達男（1971），《調理科學》，共立出版。

12.李錦楓（1990），《食品與營養》，黎明文化事業。

13.李錦楓（1998），《食品調理科學》，富林出版。

14.施明智（1991），《食物學原理》，藝軒圖書。

15.賴滋漢（1998），《食品加工》，富林出版。

16.張為憲等（1996），《食品化學》，華香園出版。

17.徐華強等（1979），《實用麵包製作技術》，台灣區麵麥食品推廣委員會、美國小麥協會。

18.林慶文，《畜產品原料學》。

19.Harald McGee (1984). *On Food and Cooking*, Macmillan Publishing Co.

20.Fennema Owen R. (1985). *Food Chemistry*, 2ed., revised and expanded. Marcel Dekker, Inc., New York.

食物製備學 —— 理論與實務

編 著 者／李錦楓、林志芳、楊萃渚
出 版 者／揚智文化事業股份有限公司
發 行 人／葉忠賢
總 編 輯／閻富萍
特約執編／鄭美珠
地　　址／新北市深坑區北深路三段 260 號 8 樓
電　　話／02-8662-6826
傳　　真／02-2664-7633
網　　址／http://www.ycrc.com.tw
　E-mail ／service@ycrc.com.tw
　I S B N ／978-986-298-296-9
初版一刷／2004 年 10 月
二版一刷／2008 年 9 月
三版一刷／2012 年 6 月
四版一刷／2018 年 9 月
定　　價／新台幣 500 元

國家圖書館出版品預行編目（CIP）資料

食物製備學：理論與實務 / 李錦楓, 林志芳,
楊萃渚編著. -- 四版. -- 新北市：揚智文
化, 2018.09
　　面；　公分

ISBN 978-986-298-296-9 (平裝)

1.烹飪　2.食物

427　　　　　　　　　　　　　　　107013935